O

Darwin's Century

Loren Eiseley

达尔文的世纪

[美] 洛伦·艾斯利

著

李超

李绍明

译

湖南科学技术出版社
·长沙·

献给卡尔·弗雷德里克·维特克

杰出的历史学家，

那些被历史遗忘的人们的朋友

钩沉索隐，功同再造。

——巴托尔德·尼布尔（Barthold Niebuhr）

目 录

第一章
大发现的时代

> 我们看见一些大鸟，样子像乌鸦，不过是白色的，
> 还长着长尾巴。每当看见这些鸟，我们就知道：美洲
> 近了。
>
> ——亚伯拉罕·肯戴尔，1594 年

> 我们到达一些新发现的土地，所见的住民几乎说
> 不上是人。他们是人形的野兽，有的只可说是粗具人
> 形，而人的理性是几乎没有的……
>
> ——伯纳德·勒布维·德方腾奈尔，1686 年

1　航海家

历史家每称：伟大的航海家所发现的世界，尤其是他们穿越大西海域之举，对于 16 世纪至 17 世纪欧洲人的思想，作用至伟。诚哉斯言。那些传奇船长们的发现，毫无朦胧晦涩之处。

无论是广见博识者，还是目不识丁者，无不为新的事实和场景所震撼，而思维日渐深密。这些思想，便通过航船所停靠的码头和归航船工所讲的故事，传播开来。沾溉所及，心智日开，整个欧洲皆受其益。这一过程，大大促进了科学时代的到来。

2   进化论，或称演化学说，就是这一波冒险经历所带来的一个间接结果。它本身就是一个新大陆，简直蕴意无穷。实质上，它就是由那些航海大师们，穿过层层浮草，透过茫茫海霾，冒险犯难窥探到的。后来，到了19世纪，进化论由达尔文这个航海-博物家确立为自然界的事实，那真是再合适不过了。像波谲云诡的大西海岛一样，进化论创立之初，思想界的大海同样是波涛凶险，抵岸非易。倘不成功，它就会被视为谵妄的幻觉，纯是由人的躁动不安的想象虚构出来的；它会被贴上种种可怕的标签，诸如"亵渎上帝""妄想"和"不信神灵"等等，简直是某种海妖水怪；最终，它就会像一缕缕升腾的海雾，一如既往地遮蔽人类的视野；那将是一片由幽灵和长不大的魂灵统治的旷野，而人类本身也将同它们一样浑浑噩噩，无法超拔于幽冥之境。人类从未梦见过的万古长夜将继续横亘于那个世界，在那个世界里，淼淼洪波，销蚀着山川的容貌，已逝的巨兽留下的累累白骨和躯壳，埋藏于不为人知的岩罅和深渊。

    20世纪就要到来，这样的蛮荒图景怕就要绝对地主宰人类头脑了。长期以来，基督教思想就认为世界是永恒的，然而那是一种属于上帝的没有影子、没有变化的永恒。相比之下，俗世的时间不过是堕落与救赎的幕间短剧，而自然界那个低等世界，只不过为道德剧做着舞台背景。托马斯·布朗爵士在《医生的宗教》(*Religio Medici*) 一书中写道:"时间嘛,我们是可以理解的。""只比我们大五天罢了,它的星象图跟我们世界的并无二致。"[1]

中世纪严丝合缝的狭小疆土,那只满载已知动物和圣经版人类的方舟,很快就要面临神学上的挑战:一系列意想不到的问题摆到了面前。浅而观之,航海家们是出去探索土地和财富,然而,他们却睁开肉眼看了,并把自己的观察带了回来;这些观察刺激了那些好奇心的仆役和足不出户的思想者。托马斯·布朗爵士后来在答辩时又说道:"我们随身携带着不依赖我们自己而存在的奇迹:在我们身上,有整个非洲和它的天才。"他说得对。然而,他为之惊叹的那些个怪异奇迹,显然是一种颠覆性的和不易捉摸的思想的产物,这种思想已经蔓延开来,就连那些待在自己菜园和花园里不喜走动的学者们也遭到入侵。侵入托马斯·布朗的虔诚世界的,还有"经书里没写的另一个秘密……尤难索解,那就是……美洲大地上,有那么多猛兽和有毒有害的动物,应该有的却没有,那就是马。这是非常奇怪的事"。不光是鸟,还有那些危险的、不受欢迎的野兽,都是从什么路径来的;为什么欧亚非三大陆从没见过的生灵会出现在那里;所有这些,对我们来说必定是怪异的,因我们只有一个方舟,而所有动物,不都是从亚拉腊山开始繁衍的嘛。

---

1 《医生的宗教》*Religio Medici*,1635.(本书脚注均为原注。)

这个秘密的解答，显然在于进化论的物种辐射式扩散和有机体变异。17 世纪并没有提供恰当的答案，然而很清楚，正是那些航海家，带回来关于大猩猩和霍屯督角的描述，从南北美洲带回来奇异的植物种子和关于红种印第安人行为的报告，展现出一整个新的神秘世界，供人们审视。古老的解释再也不能自圆其说了。旧日的哲学捉襟见肘了。

早在距 18 世纪还很遥远的时候，博物学者就开始求索，试图解释有关动物分布和变异的离奇事实；诸如我在上面引述过的托马斯·布朗爵士的思索，注定要在欧洲思想界广泛传播。所有必要成分汇聚一起、做成一个关于物种演化的工作理论的文献之基本齐备，已经为期不远了。一个真正的演化理论呼之欲出，就等待宗教偏见慢慢消退，等待出现一个集大成式的头脑，能够处理海量的庞杂数据，让它们都在一单个抽象框架的范围内相互联系。

4　　然而，纵观整个科学史，一个新的科学假说之提出，常常要在旧的思维模式与新的思维模式之间达成一系列妥协。很清楚，要想充分理解这一演化原理的演化本身，就必须对它所从来的那种知识氛围做一审视。各种各样的思想之流，循着互不相干的渠道，最终在达尔文的头脑里汇聚为一；那些思想，每一个本身都错综复杂，自成一体而独立存在，仅凭列举其各自的提出时间和倡导者的名字是远不能充分展现的。我希望，在随后的篇什里，我能从文献资料的化石世界中，重新把握到某种活的思想的形态，窥见其流动、突变和随着时代的推移而自我变迁。那些追溯动物谱系的人，循着愈延愈长、似乎永无止境的往昔之路一路追踪的时候，是有一种着迷般的勃勃兴致的。我目前的任务，也有点这样令人着迷。

在某种程度上，我们不可避免地要像考古学家一样，为文献的缺失和谱系的互不相干而气恼不已。因此之故，我不打算打理早期希腊作家的那些纯属玄思的物种演化思想，也不想打理阿拉伯炼金术士那些跟本题多少有些相关的想法。在这些事情上，已知的*丝丝缕缕*，在其他作家的大作里都已经得到充分论述。在本书中，我们只关心过去的三百年，这三百年足以供给我们关于物种演化思想的性质和发展的主要脉络。我对这一课题的论述，无意要写成一部生物学通史。我将用两章的篇幅，紧扣主题，并特别关注人类演化领域发生的种种问题。

像托马斯·赫胥黎这样的尽人皆知的名字，我将会寥寥几笔，一带而过。那不是出于忽略或无知，而仅仅是因为，他们的故事跟本书的特定思路关系不大。我将甘冒琐屑和学究气的风险，决心遵循各种思潮的路向，是这些思潮，产生了进化论这一整体思想的主体部分；我将通过耐心细致的分析，来认识一下，称作达尔文主义的那个思想组合是从什么地方、在什么条件下出现的。我并不幻想自己能讲述那个完整的故事。假如我能在人类知识的总库存里，加进那么一点管窥之见，看到了那各种各样的配料如何凝结成一种新的思维模式——这种思维模式，成为当今西方思维的根源所在——我也就心满意足了。19 世纪后的这个时间段，它本身当真也是一个独立存在的问题，复杂，多面，需要长篇大论另做处理。假以时日，我考虑再写续篇，专门申论之。

2　两架梯子和造物标尺

把握有机物的形变，或者用今天的话说，把握生物的演化，有两条主要路径。一是通过我们周围的有生世界来把握，一是通过化石的记录来把握。尽管后者保存非易，零碎不全，只藏在这个星球的沉积岩中。换言之，一架梯子延伸到过去，通过对复杂程度不等的现存生命形式进行精细的比较解剖学研究，运用这一研究所得到的信息资料，找出生命历史中有何种主要的生理学进展和解剖学进展。另一架通往过去的梯子，是古生物学，也是通过比较解剖学，去分析现已灭绝的生命形态的有机遗存，那就是它们遗留在古老地层或古海底物质中的骨骼或身体印痕。当然，解决此问题，还有些辅助的方式，从动植物分布的研究中派生而来，或从胚胎学派生而来，后者是一门研究生命个体从受胎之时起发生发展的学问。然而，从本质上说，所有这些方法，都或多或少有赖于我们的两大技术：分析现存有机体以推断过去；运用化石有机体以确定过去时期的实际生命形式。这样，我们就在某种程度上得以检验比较解剖学的研究成果，因它的一般原理仅仅建立在现存动物研究的基础上，正需要加以检验。

纵观科学史的进程，人类认识生命历史的最先线索不可避免地要来自当下世界。然而，有意思的是，我们看到，只有（在西方存在的）特定类型的神学思想才引起人们以某种方式或通过某种框架看待自己周围的世界，正是这样的方式或框架，使得西方人的头脑有了接受进化论的准备。尽管听起来有些离奇，但实在是犹太思想与希腊思想的结合——两者恰是在中世纪的教会内部混为一体的——才构成了一部分基础，在它之上，古往今来最伟大的科学成就之一才在18世纪和19世纪最终生发起来，这个成就就是：复原失落的生命历史，展现其中的全部关联。不过，这一成就还有待于一个转变：要一个静态的自然观转变为一个动态的自然观。航海家们提供的那些前所未闻的奇异动物，以及那些跟野人相差无几的猿类，只做了生发这一变化的酵母。

在17世纪和18世纪的文献中，广泛散播着一种神学教义，这一教义名目不一，诸如 Scala Naturae（自然标尺），Chain of Being（存在之链），Echelle Des Etre（存在之链），Ladder of Perfection（完美度阶梯），还有其他诸如此类的名目。此前时代的著作中，也不难追溯到这一主题。拉夫乔伊教授在他的杰作《伟大的存在之链》（*The Great Chain of Being*，1942）中仔细分析了这一教义及其历史。在他之前，也有好几位用心不错，但史识幼稚的作者论及18世纪文献中存在的这一思想。他们起了误导的作用，使达尔文的前驱们错上加错。我们应当仔细检视这一思想，因为，在思考我们的第一条路径，也就是通往过去的活梯子时，这一思想就令人满意地等同于造物标尺的概念。无疑，比较解剖学的兴起与存在之链的历史联系相当深密，而后者有关生命形式的复杂等级之见与之关系尤深。尽管如此，这里却要提醒诸君：存在之链与现今所谓的生物进化链可全非同一物事，那个东西，在当今进化论者听来或许会显得殊为怪异。另外，那一思想也并没有丝毫天演进化的涵义，且明确否认任何有机体有朝一日完全灭绝的可能。存在之链的整个思想体系与中世纪社会的现实世界密不可分，甚至可以说，它本就是那个现实世界在精神领域里的某种有力投射。

"世间有一阶梯，"布朗爵士继续道，"其高低上下丝毫不爽，井然有序，比例和谐。"依照自然标尺的刻度所示，自底层无知无觉的矿物起，向上历经低等生物，渐至于人，再上则到达纯粹的精神存在，比如天使。如此则吾等众人便兼具了尘世肉身与理性精神的双重性，此之谓"大的真两分者，其本性便有两重倾向，各生存于分离割裂之不同世界当中"。简单说吧，人既生存于物质世界，也存在于精神世界。"人"这一可敬的所谓"双重人格"，在造物标尺上的位置正好处于有机生物与精神世界的承启连接处。人不得不忍受这一精神与肉体的分裂，且因此导致了我们自身行为的混乱与矛盾。

但是，如果说这一长串不同的生命形态，并不代表任何物质层面物种演化的关系，那么，它到底又意味着什么呢？恰于此处，我们注意到二者的真正区别，也就是说，认识到自然界复杂性等级的存在，跟下面的假设是完全不同的，那个假设是：低等级的物种在物质层面可以进化为更高的等级——比如，从猿进化为人。18 世纪的学者清楚晓得，在自然标尺上，人和猿是紧挨着的，但这一激荡人心的观点并没让他们像 19 世纪赫胥黎的听众那样感到惊骇莫名。原因很简单：原本的自然标尺理论明确肯定，物种是永恒不变的。整个生命之链依上帝的旨意而创生，其当下的顺序必已历万世而不易，与创世之日造物主从混沌中创造宇宙时定然是一模一样。

前述已及，存在之链是静止不动的。造物可不在进行时。因此，生命形态的相似性无关变异之遗传，而是源于神圣造物的连续和一致性。彼时，不论是神学家还是科学家，都以为我们的世界不过才几千年的历史。如此一来，就给进化论的提出造成了巨大的困难——现有理论完全没给演化过程留下足够的时间。神学上也否认动物物种有灭绝的可能。总的来说，人们其时对物种灭绝一事颇不以为然：那么多相同目类的生物，好大一整个族群，怎么可能说没就没了呢？自然标尺上零星的物种缺失，会威胁到人类得天赐神佑的信心。

时日既久，许多现已不见的古老生物，其遗迹陆续被人发现，而人们接受起这些事实却明显心怀拒斥。没有多少人愿意相信这些报道，宣讲传播也得不到积极的效果。由于对世界某些方面认识的缺失，即使到了 18 世纪，对于特定生物的灭绝，很多人仍然习惯且乐于采取这样一种态度：即便这种动物在欧洲确已找不到了，但世界之大，总会有哪个偏僻的犄角旮旯，这东西在那儿还活蹦乱跳的吧？

对一个如此富有神学意味的问题，这倒真是个舒服便利的开脱之法。可正是由于这一原因，当时常见一些报道，说什么某种庞然大物在北美内陆一直存活到殖民时期云云，而人们对这类 9

奇闻将信将疑。盖因彼时的知识气氛本就是滋养和鼓励此类异国新闻的原因。这一类故事里，那些神秘生物总是幸存于某个稍远一点的所在，开始不过是在弗吉尼亚的林带，要不就是拉布拉多某处，但很快就不得不深入内陆，或者直接潜到了五大湖区。消息都很神秘，要么有人在密林里听到奇怪的低吼，要么就一竿子给支到遥远的南美，说看到什么巨物在平原上嚼食。不幸的是，没有一个案例，其文献出处经得住严格推敲，也从未运回过任何皮毛或牙齿，猎获自活体的珍兽，以装点热切的博物家的陈列。直到19世纪初，随着人们逐渐接受了古生物群曾相继完全灭绝这一理念，那些发现幸存猛犸或乳齿象的零星报道才终于日渐消歇。此处，顺带也要提醒各位，直到地球的古老年岁和地层年代的连续性为人所知以后，人们才明白，古生物化石究竟有多么沧桑的历史。

科学史上的这一幕至今仍引人入迷：明确否认了生物灭绝的自然标尺论，同时却鼓励促进着比较解剖学的观察研究，这一过程最终竟导致了物种灭绝这一事实的发现。更为重要的是，存在标尺上各物种间存在着演化生成的关系，这一理念恰在此时同步萌发了。原教旨主义思想者所给予逐级向上的造物阶梯的关注，他们对于神圣造物所带来的物种间变化的连续性的积极探索，以及对"标尺上暂时缺失的零星环节必定存在"所做的狂热求证，这些努力极大地促进了对变异和物种分类的研究。

此时此刻，存在之链只稍差些许便可以形成一个羽翼丰满的演化理论了——所缺的无非是给生物体形态异变加上沧海桑

　　　　　　　　　　　达尔文的世纪

田的时间跨度而已。换言之，所缺的是一个新的宇宙，它并非过去某时一经创造而一成不变，而是仍然处于创造之中。讽刺而又颇有趣的是，生物学上物种间不变的上下梯次的消逝，与人世间法国大革命风暴中封建社会等级制度的消失几乎是同时发生的。10 事实如此，正是在旧有社会制度解体中的法国，诞生了最早的现代进化论者。回首往日，在造物标尺论占主导地位的漫长岁月里——稍后的篇章里将会看到，其影响将一直延入19世纪——我们发现，进化论的种子正是在这一传统形而上理论的掩盖下，借由它的土壤启迪了同时代人的哲思，为自己的生发做好了准备。"便是如此，进化论的假说伪装掩护着自身，"洛伊斯·惠特尼写道，"如其所愿，在愉悦的萌芽之日，趁主流世界的权威正统尚未嗅出其中的危险，静静地生根发芽。"[2]

3 自然史研究中的培根主义和人文主义传统

早期博物家的笔记里，零零散散的观察，信手拈来又随手搁置，作者本人多不予整理总结。比方说，有人就发现，弗朗西斯·培根爵士显然是第一个提出如下观点的：在泛北极（Holarctica），也就是近北极的那片陆地，其民人常能主宰这个行星南端的广大领土，因这里的人天生比南方大陆所生者更加吃苦耐劳，意志坚忍。不论达尔文是否曾意识到，他本人无疑曾在

---

2 《原始主义和进步观念》*Primitivism and the Idea of Progress*, Baltimore, 1934, p. 158.

进化的意义上表述过这一观点，以说明北方生物群通常较南方生物更有竞争优势，尤其是在生物区系的南北向大规模迁徙运动中。这一情况在第三纪和第四纪曾较为常见，其时物种从南方的生物聚集区向北方迁徙时，虽偶有例外，但少见成功。

培根的这一观点出自其随笔名篇《论事物之变迁》（*Of Vicissitudes of Things*），大约是 16 世纪最末十年中写的吧。原文录如下："但北方和南方是固定的；而且很少或从未见到遥远的南方人进犯过北方人，而只是相反。这就表明：世界的北方本性上是比较好战的地区——这可能与北半球的诸星宿有关，或者与地球北部的各大陆有关；而世界的南部，大家知道，几乎全是海洋；或者北方的冷（这是最明显的原因），不用训练与纪律，就能使人身强体壮，勇敢顽强。"

达尔文本人对此论的演绎见于《物种起源》，其文字表述从初版至末版毫无更改，亦摘录之："我猜想这种偏重于从北向南的迁徙，是由于北方陆地幅员较大，并且由于北方类型在其故乡生存的数量较多，结果，通过自然选择和竞争，它们便较南方类型的完善化阶段较高，或者说具有占据优势的力量。"[3] 尽管这一陈述在此处仅关乎植物，但晚些的版本中，达氏亦明确表明："同样的原理可以适用于北温带、南温带以及热带山岭地的陆栖动物和海栖生物的分布。"我在此列出这两段引文，当然不是想

3　Charles Darwin,《物种起源》*The Origin of Species*, New York: Philosophical Library, 1951, Chapter 12.

说达尔文的学说源自培根，而是想让读者略窥上述理念的古往源头，想想进化论里有多少理念要历经如许演变发展的历程，方有当今思想体系中理论合法之地位。实际上，达尔文显然更可能是从莱伊尔的《地质学原理》当中吸收了"极地优势"这一概念，他从这本书中获益匪浅，汲取良多。书中，莱伊尔曾论证近古地 12 质时期的寒冷气候促成了物种南北向的大规模迁移。[4]

要说这一类的理念——若没有它们，任何关于进化的理论都无从建立——在 17 世纪的著作篇什中可谓数不胜数。大多时候，相关阐述不过寥寥数语，如天文学家克里斯蒂安·惠更斯在其身后发表的著作《天体的发现》（*The Celestial Worlds Discovered*，1698）中，便认识到了比较解剖学的基本原理。书中他辩称，其他星球的生命很可能跟我们这里的颇为相像，为了论证他便举了美洲新大陆做例子。"谁能怀疑呢，"他说道，"上帝他老人家若是高兴，想要在美洲或其他遥远国土创造些跟我们这里的动物截然不同的生灵，岂不易如反掌？可结果呢，他并没有这么做。"

"外观形态确乎有些不同吧，"他继续说，"但即便这些差异当中也有些共通之处：体格和形态间有密切的关联，生长和繁殖的方式，以及使种群存续的方法等都是的。他们的动物也有足爪和翅膀，与我们的一样，体内也有心肺肠胃，以及用于繁殖的器

4　Sir Charles Lyell,《地质学原理》*Principles of Geology*, Vol. 3, 3rd ed., London, 1834, pp. 84–85.

官……显然，自然并没有在她的作品中恣意展示她本可以自如挥洒的种种异别……"对所列举这些差异当中的形态相似之处做了一番考量之后，他乃认为，"从关联和相似中，可得出分量不小的立论"——我们看到，惠更斯的想法无意中窥见了一方紧要的未知之地，其面目即将被达尔文层层揭开，阐幽发明，终将以达氏有名的"变异之遗传"一语为世人所铭记。

13 回到托马斯·布朗爵士。他的华章让我们清楚看到，在他那个时代，有教养的人的思维方式中有两本书，两种启示，二者都对他的宗教生活有所助益。"除了经书里的那个上帝"，他提到另一个上帝：自然。"这一部普适、公开的手稿，向所有人的眼睛敞开着：不知晓上帝存在的人，在另一个化身中发现了他。在那里没有丑陋，没有怪异，有的只是那混沌。"他一面思索，一面把深沉的眼光投向蟾蜍、熊和象。"万物无非造化"，而"自然是上帝的艺术品"。这可谓对宽容和探究精神的至高表述，它源自人对自然界日益增长的热切关注，而终有一天将软化过去那严厉的正统卫道士的观念，那些人一直以为，我们的大地和其上的所有产出都是卑贱不足论的。设计论由是引入人们的视界，这一观点藉由《布里奇沃特论纲》（*Bridgewater Treatises*）在 19 世纪早期达到顶峰。与后世相比，布朗作品中的这一思想还没有那种狭隘的人类沙文主义；那种完全以人类为中心和一切前提的哲学，乃是由某些略欠才华而较多正统教条的后来者所提出的。

自培根时代以来，英国思想界对博物学的研究，有两种影响至为重要。其一直溯培根本人的纯粹科学实验方法，用这位不列颠大法官那句严峻的话说，就是要将大自然"拿来拷问"。另外一种更具人情味的人文传统，则源自约翰·雷和吉尔伯特·怀特这两位牧师－博物家，而一直传到其后数百年中的文士－观察家，如梭罗与哈德森等人手中。这两股深流时而汇合，相互之间作用影响，但很大程度上仍各自分别，各有不同的方法论和基本观点。尽管达尔文通常被归为纯科学家一脉，然读者须知，他并非没有受到自然史研究中文学传统的影响，这一传统在英国尤盛。达尔文是吉尔伯特·怀特的忠实读者，曾经对朋友珍妮斯抱怨说，外国期刊对这种充满趣闻的博物学作品不感兴趣，殊为憾事。[5] 无疑他最初的兴趣乃是受到《塞耳彭自然史》(*The Natural History of Selborne*, 1789) 里的蚯蚓研究的鼓舞激励，而这方面他所得之益当不止于此。很少研究者注意到，达尔文的《驯化下动植物的变异》(*Variation of Animals and Plants Under Domestication*) (旧译《家养动植物的变异》——译者) 中曾提及，在 1780 年，怀特向他的朋友彭南特提出，小蓝岩鸽是该鸟国内各品种的原型。这一假设作为进化论证据方队的一部分，得到了达尔文的详细阐述，不止频见于《起源》一书，也出现在他后期另外几篇有关驯化的论文中。达尔文本人并未宣称这一观点是由他首次提出的，因此我们有理由相信，在他为自己的理论寻找论据而梳理生

14

---

5 《查尔斯·达尔文书信续编》*More Letters of Charles Darwin*, ed. by Francis Darwin and A. C. Seward, London: John Murray, 1903, Vol. 1, p. 55.

物学文献的时候，大约不会将怀特的这一观点搁置一旁，不予考量。

多谢无以计数的如怀特一般拥有超凡观察力的学人，没有他们辛苦工作所积累起来的细节枝叶，进化论假设的参天大树不可能拔地而起。提醒诸位，在我们以上所讨论的事例中，有机体的变异已经在一单个物种的范围内得到清楚的认识了。再往前百五十年，布朗曾对着他自己的掌纹苦思不解，发现这东西"我怎么也不可能从他人身上发现与之同样的"。个体间如此的不同使他惊奇，"即使相似的同类事物中也存在多样性"。遗传学其时尚未问世，但其本质已经包含在这一简单的论述中了。

比怀特更早，也更伟大的牧师-博物家，[6] 约翰·雷（1627—1705），是布朗的同时代人。雷是 17 世纪最重要的博物家之一，尤属于最早一批志在对生物世界进行分类和描述的先驱者，正是这一工作拉开了发现有机体进化理论的序幕。[7]

对不同生物进行正确有序恰如其分的分门别类，这件工作是绝对必要的，否则不止是对生物进化的调查研究，甚至连认识到进化这一事实的存在都是不可能发生的。在生命形态及其改变演化之学能够追溯古往以前，眼前生物世界的复杂性秩序必须首先明确彻底地掌握。而要将现存生物与已灭绝物种做出清楚明白

6　当然，雷不如怀特文笔优美。

7　Charles E. Raven，《博物家约翰·雷：生平和著作》*John Ray，Naturalist: His Life and Works*，Cambridge University Press，1943.

的区分，又有赖于比较解剖学的长足发展。另外，博物家必须能够从不同物种万千差异当中辨识出相似性，确认其间的亲缘关系。他必须能从相似中观察到不同生物跨越年代鸿沟的内在联系。同样地，研究者一定要有本事从细节微妙处做出推断区分，要敢于判断说："你看这里，区别是显而易见的嘛。"要达到如此高深的知识水平，显然非一日之功。正如我们即将论及的瑞典伟大分类学家林奈所称，"科学的第一步，便是要将彼物与此物做出区分。这类知识首先包含事物之间的具体差别；为使这差别得以永久确定，则有赖一系统方法以给予每一不同事物以各自不同之名称，各名称均要记录，俾便记忆"。[8] 约翰·雷在这一方面堪称典范，他的研究建立了一套基于清晰的结构相似性之上的自然分类系统。

在这一方面，雷可谓林奈的先驱，且对其影响甚深。此外，从雷对行为的关注和对"自然系统"的强调上，可以看出，他的思想内涵也许较其卓越的后来者更加深远广阔。他不仅仅使林奈的《自然系统》成为可能，同时也是吉尔伯特·怀特以及《自然神学》（*Natural Theology*）作者佩利的先驱，影响所及，最终促成了《物种起源》的问世。雷最受欢迎也最广为人知的作品，无疑是《造物之工所体现的上帝智慧》（*The Wisdom of God Manifested in the Works of Creation*，1691）。书中他开创了

8　Sir James Edward Smith，《林奈与博物家同仁通信选（自手稿）》 *A Selection of the Conrrespondence of Linnaeus and Other Naturalists from the Original Manuscripts*，London，1821，Vol. 2，p. 460.

一种新的论述体式，既阐发了生命世界的神秘法则，又将大千世界的种种奇观统兼于体系当中，这一套路至今在无以计数的自然读物中清晰可见，无论其作者是机械论抑或是活力论的理论拥趸。[9]

　　在他生命的最后十年里，在一封写给朋友吕威（1695）的信中，他提到了某些石头上令人费解的蕨类叶片印痕。颇有些踌躇后，他不得不承认，这些印痕与真实叶片之间如此精确的相似性，实在不好用某种化学品的意外作用来解释。由于他本人是虔诚的基督徒，因此，当他独到的洞察力深入下去，意识到，眼前化石的真正含义一旦被完全接受，将对虔信者带来何等的冲击，他不由心生悲悯，因为他看到，这将带来一连串后果，对时人所理解的圣经世界将产生巨大的震动；化石现象可能提出这样的问题：世界或有非常古老的年岁，而物种的存在或有期限。想到这儿，他如临深渊，于是后退了一步。他申说道："不管你说什么世界本身多么古老，它的住民多么古老，人类嘛，总归是新来的。"[10]无论如何，他有点郁闷。多年以后，这一不幸预言又该使林奈感到不安了。

　　9　Charles E. Raven，《博物家约翰·雷》John Ray, Naturalist, p. 452 ff.

　　10　Robert Gunther，《约翰·雷通信续编》Further Correspondence of John Ray, London, 1928, p. 260.

4 林奈

　　因林奈其人之伟大卓著，我们纪念他，与其说是感怀一个人，不如说是铭记一种现象。下一章里我们要讨论的布封亦当得此语。二人所取得的成就，不消说需要超凡的付出和卓绝的能力，但归根结底，仍取决于特定时期、时代的心理态度。天才的生发需要土壤，这离不开知识界非凡的支持与配合。林奈着手写作并声名鹊起的时期，受过教育的大众刚开始对文字感到着迷，对起名字这件简单小事兴味盎然。自然的世界，航海家的世界，正由人们描绘、定位和辨识分类。忽然之间，不知何故，民众翕 17然而至，心向往之，满怀热情地想要参与其中。人们将成包的种子寄给卡尔·林奈，他们自己的英雄。他们想要从他口中听到前所未闻的铿锵悦耳的拉丁名字，运气好的话，自己所寄的植物便也能列附骥尾，于是与有荣焉。

　　林奈鼓舞激励了无数年轻人，彼得·卡尔姆便是其中之一。有一位美国友人给林奈写信说起过此人，称他"远涉袤缅之深林，历经蛮土之危局……其满腔热忱襟怀诚挚，令时人感佩不已"。[11]另一位热衷于是者则从马德拉群岛寄信过来，抱怨说"所有珍稀植物都长在危崖深堑，采集非易"。[12]船舶不能靠港；珍品植株在

　　11　Sir James Edward Smith，《林奈与博物家同仁通信选》 *A Selection of the Correspondence of Linnaeus and Other Naturalists*，London，1821，Vol. 2，P. 458.

　　12　同上，p. 561.

一连数月的无尽旅途中凋萎；还有其他风险。林奈在 1746 年一份报告中称，“约翰·米切尔医生，携带六年来于斯尽心搜集之植物，自弗吉尼亚州返航；归程中突遭西班牙海盗之劫掠，所获尽失，此可谓植物学研究之大不幸也。”[13] 在伦敦，贵格会商人彼得·科林森向其雇主坦言，“博物学的任何分支我们都很欢迎；英格兰再没有别的书如此热销好卖了。”[14] 在英国贵族的壮观园囿里，来自世界各地的植物蓊然生长。这些植物，间或还有些动物，搜集自美洲幽暗的丛林，由怒海远航的船长养在船舱，载回母国。完全意义上、尽管是曙光初露的科学时代终于到来。全世界各个
18 角落，长夜过去，奇异的漂亮植物正在阳光中开花展叶。此日何日，美在绽放，所谓科学，基本无外乎命名和发出惊叹而已。而就命名这一技艺论，没人比得上卡尔·林奈。

1707 年，老迈的约翰·雷于布莱克诺特利（Black Notley）去世；两年之后，林奈在瑞典南方降生。这一时期，英国对瑞典有显著的影响力。许多出身显赫的年轻人游学伦敦，而英国的哲学和科学都对瑞典本土文化产生了巨大影响。林奈本人家境清寒，在荷兰获得了医学学位，在那里他得以与伟大的荷兰科学家赫尔曼·布尔哈弗有所接触，并于 1735 年发表了他最广为人知的著作《自然系统》的第一版。1736 年他前往英格兰，在学术界积攒了厚实的人脉。从那以后，他在英国科学界终至声名鹊

13 上引书，p. 399.

14 同上，Vol. 1，pp. 18－19.

起，如日中天——他成为一个真正的大众现象。正如他最近的传记作家克努特·哈格伯格所说的那样，"英国人——无论是玩票者还是有学术资历的人——当时所能梦想的最大荣耀，不过是在林奈的某本作品中被提上一笔。为此他们写信向他提出了无数的修改建议，以修订《自然系统》一书中的物种分类细目"。[15]林奈本人的个人魅力大大增加了他本已受到的极大推崇，这一点是毫无疑问的。然而，考虑到他的影响竟及于新大陆素昧平生之人，而民众对他的个人崇拜，一直持续到他的晚年迟暮；当他在1778年与世长辞之日，他的葬礼得到了国王般的规格——我们只能说，由于因缘际会，林奈其人彼时已然成为科学本身的象征。林奈的学术生涯有诸多讽刺，其一便是：他的分类学说，甚至在其生前便已代言了生物世界颠扑不破万世永固的阶级秩序，就该学说的真实性，他本应该至少抱持起码的谨慎态度才更为妥当。

　　林奈为英国读者所知时便已是出名的分类学家，有序阶元分类系统的创造者，可谓鼎鼎大名。许是因了这个缘故吧，他内心里的诗人天性，他对世间生灵万象的惠特曼式的热忱，并不轻易为世所知。除了已刊的著作，他还有堆积如山的手稿，并没有得到迻译，平生信件也只有少许译成了英文。他的诗人本性渴望着心灵与世间美好的直接交流，一花一叶，一蜂一鸟，万妙环绕，令他的日常生活丰富而满足——只有这种巨大的内心渴望与满足，方能解释他所

15　《卡尔·林奈》*Carl Linnaeus*, London: Jonathan Cape, 1952, p. 159.

留下的汗牛充栋的惊人著作。他是卓越超凡的命名天才，是世界大花园里新的亚当，陶醉在造物的奇妙里。这些在他堪称庞杂的随笔和手札中都有所体现。满溢的喜悦形之于笔，就像一个诗人。"美洲猎鹰，各种水鸟，鹦鹉，雉鸡，孔雀，珍珠鸡，美洲松鸡，印度野鸡，天鹅，不同种类的鹅和鸭，海鸥和其他足间带蹼的鸟，鹬，美洲交嘴雀，水上和陆上的雀类，斑鸠和各种鸽子，以及其他各种各样的鸟儿，在园里放声鸣唱，回响不绝。"[16]

带着对时间与命运的沉思，我们的诗人又写下了唱颂的诗篇，歌咏过去伟大的植物学先行者们：

> 孕育真知与生命的初始之树啊：
> 虽然老耄已缓慢了脚步，终将逝去；
> 然而，世间草木常在，
> 年复一年，绽放出新的粉黛；
> 不管过去多久，我都将心怀感激，
> 带着甜美的记忆唤出你们的名字——
> 你们的名字于是不朽，
> 比大理石更能长久，
> 比列王英贤要万古芳流。
> 因财富易逝，大厦终颓，
> 钟鸣鼎食难以持久，

---

16 引自 Hagberg, 上引书, p. 100.

强国盛世终将衰败：

但只要天道不坠，世间草木长青，

植物学的先行者啊，

你们的名字将永远不被忘怀。[17]

　　"世间草木常在，年复一年，绽放出新的粉黛"——这些简单的词句，寄托了诗者林奈的情怀和忧郁，即使在功成名盛之时，他依然以超凡的洞察明鉴世事："命运总爱跟伟大者作对。"这句诗是写给一位远道而来为他送递种子的船长的，此时他也许已经预感到未来命途之多舛——他最终患上了老年痴呆；而他写作《自然系统》时最大的愿景——一部整然有序精准确切的分类学，在他眼前模糊不清了。

　　林奈命中注定要站在现代世界的门口，更不妨说，他的命运，便是要花费大半生时光去建造这个大门，而门后深广的崭新景象，他却再也见不到了。前述已及，林奈青年时期曾于前往荷兰获取医学学位的同年，出版了《自然系统》的第一版。彼时这部巨著不过初具其形，只算得后来鸿篇巨制的提要钩玄罢了。就在林奈在科学界获得大名、在俗世也颇称小康的同时，他也成功地依靠较晚版本的《系统》和其他几部著作，将双名命名法强加于学界之上。显而易见，林奈以前，动植物的命名都易混、冗长、不成系统。这并不是说，林奈就没有受到前辈学者的影响。他熟

17　Hagberg，上引书，p. 10.

悉雷的工作，知道后者不仅曾试图将物种同较大笼统类别相区分，且已经充分认识到命名法则的必要。但林奈出现的时刻是一个更加幸运的心理节点，于是他一意孤行。前人或许有过与他类似的想法，但从没有人像他一样，如此对大众固而执之并取得成功。

每种动物或植物，都有两个名字共同为其定名。第一个是属名，指的是形象外观较为相近的某一类属的生物，举例来说，所有外形如犬类的生物，便是一属。第二个名字取形容词，是对某一特定种类的限定，可称种名，如犬类动物中的狼——于是便有了 *Cants lupus* 这一狼的拉丁文学名。对于涵盖较大的分类项目他也做出了区分，比如"纲"和"目"。万事开头难，他的植物学分类方法就出现了一些问题，这一方法主要是以植物生殖器官为分类依据的。人为分类系统和雷曾尝试建立的自然系统可谓大相径庭，后者主要是基于比较解剖学上的区分建立起来的。

所谓人为分类系统，是根据某一单一器官——比如上面说的植物生殖器官——为现存生物群分类依据的。这一分类系统的危险在于，如果此种生物体的某些个体，其作为分类依据的器官发生适应性变异，那么这种特定植物就将被错误地识别为其他种类了。比较而言，自然系统同时将所有器官系统列入考量，就避免了人为制定标准的任意性。自进化论兴，不管植物学还是动物学，其分类研究都致力于确定亲缘关系，也就是说，对于给定类属的动物或植物，首要问题是找到它们的共同祖先。而这一点，不用说，早期分类学家尚未能清楚把握。

不管怎么说，为公平起见，还是要为林奈说几句话。如他自己在 1737 年致哈勒的信中所言："我从没说那［他的以植物生殖系统为标准的分类法］是种自然方法；正相反，在《系统》一书前言里，我说过，'植物学的自然系统尚未建立，尽管有一二种方法或较其他路径更为接近这个目标；并且我也从未宣称，我的这一体系是自然系统'……与此同时，在人们发现和建立自然系统以前，人为分类系统仍然是必不可少的。另外，我在《植物属志》(*Genera Plantarum*) 一书的序言里也曾说过，'我不否认自然系统是更为可取的方法，不仅是与我的体系相比，而且比任何现有的方法都更为优胜'……"[18]

　　单纯的命名和分类系统之一发不可收拾、承担着过多的片面强调，一直深入 19 世纪，这个问题不是林奈一个人造成的。彼时，欧洲民众对遥远异国充满了巨大的好奇和探索渴望，急于弄清楚远方国度有些怎样的出产。他的声望日隆便来源于此。新名词潮水般涌入欧洲人的语汇。名字便是一切，而林奈所具之定义精确的天赋，以及他对精致秩序的品味，给大众奉献上其时所必不可少的科学框架，只是那时候科学之路还行之未远罢了。 22

　　此外，如果因林奈好名便苛责于他，那他的巨大名声也同样对世事产生了前所未料的推动。要知道正是在他的时代，在他的影响之下，远洋航行探索才开始将博物家列为标配。1768 年库克的"奋进号"(Endeavor) 就是个极好的例子，约瑟夫·班克斯爵士对那次航行赞助甚厚。这一模式日渐发展，成就的硕果

18　J. E. Smith，上引书，Vol. 2, p. 232.

就是日后达尔文的"贝格尔号"航行。以下摘自英国植物爱好者约翰·埃利斯在"奋进号"启航那年写给林奈的一封信，盛称林奈对科学的贡献："以前出海做自然史研究的人，从没有过这样量身定做的齐备装置，也没有过如此优雅舒适的旅途享受。"他写道，"他们有精致的小书房，满架的博物学著作；他们有专门的设备，用来捕捉和保存各种昆虫；有各种网，渔网和大小拖网，还有钓钩，用来采集珊瑚；他们甚至有种奇特的发明：一种望远镜，专门放到水里，能看到水底深处好大一片，视野清楚无比。他们带着成箱的瓶瓶罐罐，都有磨口玻璃塞，各种尺寸的都有，好将动物保存在酒精里。他们有好多种盐类，用来保存种子；还有蜡，蜂蜡和杨梅蜡都有；除此而外，还有许多为他们服务的人，是专门请来帮他们做事情的。他们有两个画家，也是制图员，有好几个志愿的助手，都有靠谱的博物学知识。这么说吧，索兰德[19]对我保证，说这次远航要花去班克斯先生 1 万英镑。**所有这些，都要归功于阁下和阁下的著作。**"[20]（斜体是笔者加的——L. E.）

23

植物学的起名热过后，很多人以为林奈不过是个才分平平、只能做些繁而又烦的工作的人——这看法是不对的。对于林奈，如他同时代所有的基督徒一样，创世是一场演过的独幕剧。现存的生物全都是上帝在创世第六天里做工的成果，其种类皆一成而

19　索兰德是林奈的门生和监护对象。

20　J. E. Smith，上引书，Vol. 2，p. 231.

不变。但与其同时人不同的是，林奈开始窥到了造物的奇妙方式，在上帝的构思中，生物形态的统一性和多样性于焉共存。那些受他的鼓舞去探险荒野的人，有的也许会在非洲死于伤寒，也许会倒在阿比尼西亚土匪的刀下，还可能操舟触上珊瑚岛的残骸，也有的可能正在无名的山巅漫步云端。他的门生们以为，林奈所谓的"对上帝神秘盒子的一瞥"，必是为了求得真正的名字，那是秩序之美和活物之各归其类。但大师本人，在其晚年生涯中，必定曾瞥见过更加狂野、更为震撼人心的蛮荒之地，远超任何人的想象，就连他最胆大的学生和追随者也不能企及。

他所建立的分类系统，覆盖如此之广大深远，以至大千世界万象众生无所不包，无心之间他便已经预言了有机体间必有物质层面的联系。奇异的是，尽管他早先曾遽然表示，世间绝无新出物种，且此观点迅速为神学界所接纳重申，然而确有证据，他后来又对此表示怀疑，只是彼时这一观念早被他自己的学说信条（起码部分出自他手）牢牢抓紧了。

5　物种不变

长久以来，科学家一直指责，教会以其先入信仰阻碍了进化哲学的发展。然而实际情况远比这复杂得多。科学建立了以物种为基点来观察描述有机界的学说体系，这给予物种这一概念以前所未有的精准和确定性。前已述及，在早先几个世纪里，对动植物的分类远没有像后来雷和林奈手中那样准确。有位不具姓名、特具独到眼光的观察家在五十多年前曾写道："在'物种'这一概念从科学那里获得自己的形态与明晰性之前，神学里是没有我们现在所理解的'各别创造'这一教义的。直到17世纪，博物家才开始以精准的定义替代了早先对自然品物特征的模糊描述，从此，物种的形态与独特性才得以与这一概念结合起来。"[21]

随着航海家对世界范围的不断扩大，新物种的命名所带来的科学热情和喜悦情绪日渐增长，人们对生命世界能够稳定并持久存在的信念也相应加强了。科学方法的精确分析，有赖于精准的定义，在其细致探究下，最终，"目"这一概念结晶成型了。如前所述，不变的存在之链，基督徒眼中世界的历史长度，圣经中对创世的描述，这些都倾向于对进化假说投不信任票。甚为讽刺的是，正是林奈所宣称的，自创世起物种绝对不变这一观点，反为神学所用，加强了这一反对趋势。林奈在科学界和文化界的赫赫威名，注定他的言论会受到广泛重视。从此以后，教会便将"物种不变"作为理有固然的教义了。科学，在其追寻秩序和准确分类的愿望驱使下，发现自己与基督教教义令人满意地结盟了——科学的发展促进了教义的精致。

然而，林奈刚一宣扬完他的观点，就开始意识到我们现在25 所说的自然的"善变"了。其时他正在其金主克利福德位于哈特营（Hartecamp）的植物园中工作。他看到变种自发地出现。他

---

21 "Lamarck, Darwin and Weismann 拉马克，达尔文和魏斯曼"，《生物时代》*The Living Age*，1902, Vol. 235, p. 519.

看到常态的植物出现了"变态"的植株。跟早先的雷一样，也许意识上更清楚些，他不得不将造物主所创造的"真种"与目下所见的令人困惑混乱的许多变种区分开来，这些变乱也许不过是巧妙的园丁随意摆布的结果。秉持这一思路，他仍然固持他最初的论点。他设想，所有物种最初的祖代父母都是创世之初在一个小岛上创造出来的，这小岛便是神所创的唯一干地，也就是世上最初的伊甸园。

当人们通过他的众多著作和不断增补的《自然系统》寻索这一主题时，我们会发现，他的怀疑和不确定日渐增多。他看到了通过杂交产生新物种的可能性。他承认自己不敢肯定"究竟这些物种是时长日久自行产生的呢，还是造物主在创世之初便已确定了所有物种的数目，从而给这一发展划定了界限"。[22] 他小心翼翼地从后来版本的《系统》中删除了新物种不再出现的说法。物种不变，物种一语的确定性，已经不再固若金汤了。"*Nullae species novae* 没有新种"的金言早已被世界奉为圭臬，可是对大师本人、曾经以几何学般的精确建起分类学大厦的林奈而言，如今所有的一切都飘摇不定，跟跄着走向未定与无常。只有自然产生的"目"类还差可确信。今时今日，想要搞清楚这一切对林奈究竟意味着什么，已经很难了。我们只知道他把人类跟猴子同归为灵长一目，还游戏似的摆弄着稀奇古怪的杂合动物念头和我们所知的一些排列组合。

22　转引自 Hagberg，上引书，p. 202.

毁掉他心智能力的中风有一种令人叹畏的象征意义。它带着一丝上天报应的意味，这是他早曾写到，一直忌怕着的。他年轻时看见过辉光四射的生命格局，像滴露的早晨剔透晶莹的蛛网。在那瞬间的闪烁中，他瞥见过真理的一面，跟人类知识的绝大部分一样真实，但同时却也是一种幻象。如今，通往众神之城的虹梁消失了，只留下一个失去记忆的老人。这位满怀激情的《自然系统》编纂者，连自己的书都已记不得了。命运为他安排了最可怕的结局：这个曾经给万物命名、并以此为傲的世界名人，最后连自己的名字都不知道了。在他的花园里，只剩下一根枯死的残株，在它周围，新生的花朵向阳绽放。

地理上的新发现……如今几已穷尽了。我们的发现之旅转入时间里。

——温德姆·刘易斯

1 非凡之旅

以观念言之，18 世纪应该说是属于林奈的。这一时期的主题便是新物种的命名，时间跨度的受限，以及物种不变。时机已至，人们必须要发现一个至高的伟大原则，能够最大程度上将海量分散隔绝、互不相干的散碎事实综合概括起来，如此，生物学方能有朝一日揭示人类的起源。严格来说，人类最古老的记载中从未说起过人类本身。这些记载如一幅图画的一角，至多有几千年的跨度，所记录的，无非是些战争苦难、王朝更替与习俗变迁，以迄如今大地上点缀的城郭人家。可对于人类自身，我们仍一无所知。

在这一综合与演化的伟大进展得以达成之前，人类只能说，
自己乃是从未知的黑暗而来，向着未明的将来而去。因困限幽囚
于凶险与迷惘的当下，他自然便容易沉迷于对超自然力的幼稚迷
信和崇拜了。基于同样的原因，当人置身于自然中间，往往便给
自己身边塞满或仁善或恶毒的各种想象的存在，这些实际上便是
人心中希望与恐惧的投影。人是没有历史的生物，而对于拥有智
力的人类，没有历史就意味着要制造幻象。他躁动不安而耽于探
求的智力，便会为自己创造一个幻想的世界，畅想各方超自然力
出没其中。这些，其实无非是将自然之恶拟人化，实际上，也便
是原始民间神话背后隐藏的各种面目的本原。

　　然而，18 世纪实在又是个相对较为开化的时期。航海家，
还有靠航海发现来写作谋生的哲学家和著作家，他们的工作已
经算是做完了。若说今人的娱乐靠的是不断发展的科技手段和
太空科幻，那么，17 世纪和 18 世纪的人，则更多倚赖于描绘
非凡航海冒险之精神食粮——不管这航程本身是真实的，空想
的，还是纯粹的瞎编。说空想和瞎编，实在并非冤枉了他们：
在有些写作里，连亘古不变的自然之链都要迷混糊涂了。那些
无以计数的"航海"故事里，你甚至能读到人兽之恋——其中
多有女人与熊或猴子配合的描写。此类故事多形似民间传说，
情节多发生于古早以前的遥远边陲，盖彼时彼处人与动物皆平

等共处，而人兽之别也就不甚分明了。[1]

更重要的是，随着远国异域的宗教传统不断为人所知，人们渐渐了解，脚下大地的创生还有些其他的、不同的说法，于是，合乎理性但偏离正统的地球历史理论开始成为可能。换句话说，林奈的世纪，其实是个分裂的时期。一方面，学者们追随于林奈身后，唯其马首是瞻；另一方面，怀疑的潜流暗暗涌动，物种不变已成为问题。在林奈本人的故事里，我们已然看到这一问题的端倪，但其最广为公开的表述乃出现在另一国度，该国同时也是前文中那些讲述非凡航海故事的文学文本的主要产地。在法国，革命的种子正在萌发，且不管浇灌这一种子的雨露其主义——所谓"高贵的野蛮人"与"原始民主社会"等等的高论——是真是假，该国饥渴的知识界越来越不满足于当下的航海发现，他们欲图在思想世界里另辟蹊径的时刻已愈来愈近了。他们要转入另一个维度；他们即将尝试开启一段最危险的心智之旅——"回溯元初"的时间旅程。

2　伯努瓦·德梅耶

18 世纪中叶，有这么一部著作流传甚广，通过其英文译本而风行一时，书名叫作《特里梅德：一个印度哲人与一个法国传

1　Geoffroy Atkinson,《1700 年以前法国文学里的非凡旅行》*The Extraordinary Voyage in French Literature Before 1700*, Columbia University Press, 1920, p. 58.

教士关于海洋消退、大地形成以及人与动物起源的若干对话》（*Telliamed: Or Discourses Between an Indian Philosopher and a French Missionary on the Diminution of the Sea, the Formation of the Earth, the Origin of Men and Animals, etc.* 以下简称《特里梅德》）。书中印度哲人的名字，特里梅德，便是作者名字德梅耶（M.de Maillet）的倒写。法国的文学传统，尤其是在此前那一世纪，偏爱运用一个套路角色，通常是某个性情宽厚的东方圣贤，来帮衬作者提出他想表达的带有异教或社会批判色彩的观点。[2] 德梅耶遵循这一传统，面对他笔下的圣哲提出了如下主张：

"我得承认，虽然阁下的理论体系少有切实依据，这番高论却实在是我所乐闻。尊论涉及亘古至今无上宇宙的广大版图，沧海桑田日星变幻，说来却带有如亲历一般的执信，令在下目茫神眩，无任欢忭……我同样殷切期盼，希望阁下能开诚布公，与我
30 分享另外一些想法，有关人与动物的起源，这些，在阁下的体系里，无疑是'偶然'的产物——尽管对这一理论，我的宗教信仰和理性都实难让我相信。"[3]

不难看出，作为一名合格的基督徒，作者小心翼翼地否定了书中虚构的圣哲的观点。尽管如此，那位哲人仍然相当热情地阐述了这些理论。最后，哲人意兴阑珊，趁便告辞，动身向远东

---

2 Geoffroy Atkinson，《17 世纪大航海与观念演进之关系》*Les Relations de Voyages Die XVIIᵉ Siècle et L'évolution des Idées*，Paris，n.d.，p. 82ff.

3 De Maillet，上引书，英译本，London，1750，p. 206.

的故乡归航，全书结束。故事据称发生在 1715 年的开罗，那正是东西方聚首相会之所。

《特里梅德》一书，虽为英国科学史家所知，然相对而言确乎声名不显。我书架上的五本生物学史，只有一种提到了这本书——而且不过是在仅有的一句话里捎带着一提。这一现状，大约主要由于德梅耶本人并非职业科学家，而是一位政府官员兼旅行家，且这部书虚构色彩较浓的缘故吧。但是，在科学发展的早期阶段，大众读物的作者确曾起到至关重要的作用。他们的作品，将把新思想的种子植入后来者更具系统思维的头脑里，而这些作品的实际传播（其流传广度可从再版次数和译本数目窥见一斑）也有助于我们了解，当日是一些怎样的想法，纠结于大众的想象空间。

伯努瓦·德梅耶（1656—1738），尽管经常写些男性人鱼爱上船艏女性饰像一类的奇闻轶事，以及其他一些听起来像是码头酒馆里道听途说的小段子，但其人确乎值得严肃的重视。是他，第一次——尽管是略显笨拙地——尝试将宇宙演化与生物进化联系起来；是他，窥见这世界有更长久古老的年岁；也是他，认识到化石真正的本质，并且怀疑有些化石植物"已为当世所不见"。他把化石采掘场称作"世上最古老的图书馆"；他意识到，行星的演化乃是出于自然的力量。他甚至隐隐把握到了沉积地层的连续性原理。当然，以上这些理念，并不是他本人所独创，但确是他精挑细选出这些观点，跟他自己的宇宙学理论相融合，加以广泛传播，才使这些理念得以为同时人所知的。而这本书，无 31

疑激励了后来者，有助于促进更伟大头脑的出现。

在脊椎动物的化石遗体能为人辨识以前，贝类动物的化石床更早引起广泛的注意，这一点自是情理之中的了：首先，与脊椎动物的化石相比，贝类化石更易辨别，其产出通常也更为丰沛。相对而言，辨识陆生脊椎动物的遗骸，则需要更加精详的比较解剖学知识。与此同时，欧洲各地都发现了这样的情况：明明是海中出产的贝壳，却大量发现于远离海岸的内陆，甚至出现在海拔甚高的山岭，这件事实在让人费解。因此，贝类化石为何远离其自然产地，就成了一个巨大的问题。由于地球的古老年岁尚不为人知，地壳运动造成的变化亦无人能够了解，因此，贝类化石便通常被视作自然的"运动"所造成，是某种"塑形力量"的产物，于是，贝类化石就被当成了与石头无异、从未有过生命的死物，而博物家，则把贝类化石与诺亚时代的大洪水联系在一起，认为这些化石是整个世界都沉于水中时留下来的。

想要清楚认识这个行星地层的久远历史，认识到不同的山脉有不同的年岁，且其本身的形成就代表一些能动的内部力量对于地壳的作用，这在当时几乎是不可想象的。要知道，基督教神话故事里的弥天大水，在神话体系中可是由地下涌出，而后又回到地底去的。诚如雷用诗情画意的语言评述光阴时所说："吾等足下之大地，乃是由土水相合构成之球体，经由超拔于自然之大能者所创造，实为超凡造化之王国。须知土覆水上，而水轻于土，则尽管《圣经》所述未详，吾辈由理性仍可推知，水实曾漫于地上，覆盖万物，居于世界之顶层。"[4]

当科学开始探索地貌成因的时候，不可避免要受到此前知 32
识氛围下许多错误成见的妨碍，即令很多持无神论的自由思想
家，也觉得终究绕不开这些成见，而确有必要对之做出解释了。
贝壳见于山巅，无疑意味着海水确曾处于更高的位置，而山不会
动，则动的只能是水。于是乎，所有人的所谓"陆地理论"——
这一新的地质猜想的称呼——都不免为这一问题所裹挟。《特里
梅德》也不例外。尽管此书在作者身后才得以于 1748 年在阿姆
斯特丹首印出版，但实际上，作品的结构和文风，全都是 18 世
纪早期的产物。书中德梅耶解释说，地球表面水体的缩减，乃是
太阳系内各大行星的复杂运动所致，而这一说法的原理则来自笛
卡尔著名的涡旋理论（theory of vortices）。涡旋理论在 17 世纪
末以后的法国广为流行，颇为彼时学界所重。[5]

那时候，德梅耶已经充分认识到，星辰不灭说已经过时了，
天文学家依靠望远镜已揭开头顶那层朦胧的面纱：恒星的位置会
变，其光芒可能消减，亦可能突然爆发；彗星忽而出现，又再次
消失。我们脚下的这一行星，以及"整个我们所见的系统，我们
所一直敬慕的精巧秩序，实在是一直处于变动之中的"。这一无
所不在的变化，验之于天体之观测，又被他扩展推广到地球乃至

---

4 R. W. T. Gunther，上引书，p. 260.

5 Charles Singer，《科学简史》 *A Short History of Science*，Oxford University Press，1946，pp.
224-225.

生命本身。他坚信，地球在上古时期确曾一度被水完全覆盖，只是在后来漫长的历史当中，这大水才渐渐消退了。同时，对于这一巨大的水体，他谨慎地将其与摩西洪水这样的局部现象相区别。无边大海的缓慢消退，使得露出来的荒芜陆地越来越多，同时也促成了生命自水中出现。在完成这一理论的过程中，德梅耶又清醒意识到地层的出露可为研究所用，不论是自然的还是人为的力量使其暴露，比如商业挖掘，都将引出新的问题和发现。

33　　考虑到他那个时代的知识水平，德梅耶的系统从本质上说是均变论（uniformitarianism）的，也就是说，所有变化，皆源于其时已知且仍在运行的自然力。他谈到"我们的土壤不易察觉的生成"，谈到风和水流对岩石的作用，使构成其本身的物质销磨、散落；他追踪这些物质，直到其顺水流入海中，在那里，随时间推移，渐渐变成了包含化石的沉积岩层。"请看吧，先生，"他说，"所有河川，小溪，支流，甚至构成我们脚下土壤的那些物质，这些对我们整个星球来说都不是本然的，且都出现在最初的陆地露出水面以后。"

他质疑通常认为水生生物不能转化为陆生生物的观点，坚信这种转化不仅发生在过去，同样也发生在今时。不管怎样，须得一提的是，德梅耶的演化学说仍然带有纯粹的类属变异性（generic variability）的味道，这是 17 世纪和 18 世纪学人所惯有的。所不同的是，他引入了媒介的改变，就是说，生物之改变，是由于从生活于水中变为呼吸空气了。不妨说，德梅耶的学说，其阐发之理都源于这样一种假象，即陆生生物本质上乃是海生者的复制版——这是因为，在海洋中同样能观察到与对应的陆生种类极相似的动物和植物。比方说，飞鱼，在他看来就是进化中的鸟类；同样的，与女人相对，海中也有人鱼。传说与现实交织混杂着。

另一方面，德梅耶令人惊喜地能做现代意义上的生物观察。他注意到像水獭和海豹这样的水陆两栖哺乳动物，并正确地指出，它们正是处于从水生环境向陆生环境转变中的过渡产物。他已经开始在文章中探讨一种重要的现象，这现象即便到了达尔文时代，仍然让博物家困惑不已："某些远离大陆的小岛，只是近几年间刚刚为人所知，而且显然从未有人登陆过的，我们却在那里发现了灌丛、嫩草、鸟类，甚至还有兽类。于是你不得不承认，要么这些生物乃是起源于海中，要么便是源于一届新的造物，而后者显然是荒谬的。"[6]

德梅耶在一段话里暗含着一个意思，尽管没有详细说明——他说到了从海生到陆生动物的转变机制，那几乎等同于现在所说的"自然选择对于某些突变的偏爱保留"了。他说，"一个物种，若发生体质改变，则哪怕有十万个个体失败而死灭，只需有两个个体能因获得改变而存活下来，就足以产生新的物种。"[7]一些奇异的灵长类动物引起了德梅耶的兴趣："在马达加斯加发现一种动物，肖似人形，如同我们一样行走，只是不能发出声音。"而在

6　上引书，p. 218.

7　同上，p. 225.

荷属西印度群岛，那里发现的一种猩猩，跟人类如此相似，以至于"若称它们为兽类，实在不免唐突了些"。因此德梅耶便争辩说，人类刚离开海洋的时候，必定也是不会说话的，在其后的许多世代里才慢慢获得语言的能力。他谨慎地宣称，有一个中国作家坚持认为"人不过是猿的一种，只不过更加完美，还会说话罢了"。

至于生命的起源，德梅耶发现，有机分子本身就能复制它们各自的类型。显微镜下可以看见这些"活的"分子。"这些种子，"他说，"要么一直存在着，要么是在长久时间中渐渐生成的，不管哪一种可能，都与我的体系相吻合。"在当时，得益于显微镜的使用，人们观察到生物有机分子与构成无机物分子的不同。精子，还有单细胞生物，一个无穷小的新的世界展现人前，超出人类此前的想象——它所引起的兴趣，不亚于望远镜所揭示的外层空间的宇宙景象。这些有机分子将经由许多学者之手，最终传入 19 世纪，成为达尔文笔下的"泛生子 pangenes"，也就是我们所说的基因。

35　　《特里梅德》一书提出的整个生命系统，本质上是渐变论（或称均变论）的，含有部分的突变，能够自我更新。比方说，行星向远离太阳的方向移动，便会获得大量的水。而等到行星向太阳靠近时，水分就会不断散失，一如地球当下的状况。地球终会被晒干，本身变成另一个太阳，若是机缘巧合，也可能逃脱而进入另一个太阳系。最后，它会成为一个烧焦的残骸，进入另一个太阳涡旋，在系统的边界区域，重新获得水分，再次开始它在无限时空中的永恒舞蹈。是啊，我们的作者思忖道，这世界已经重复了多少次这样的循环，我们脚下的大地里，埋藏了多少前世的遗踪，这又有谁知道呢？

德梅耶为自己所设想这一系统的对称和谐感到欢欣鼓舞。他慨然写道："若有这么两位技艺高超的钟表匠，其中一位，其所造钟表殊为诡异，每当其用久不灵之时，原先磨损消耗的零件碎片，能自行组成新的弹簧与齿轮，于是运行如初；另一位艺人呢，其作品同样精致准确，只是有一点，这钟表每时每刻每分每秒，都有赖匠师本人永不间断的调节矫正：二者之高下优劣，岂非不言而喻了么？"

3 布封伯爵

到了 18 世纪中叶，许多不同理念悄然兴起，各言其是，尚不能融为一体——将要把这些观念统合为一的伟大理论仍未制作出来。因此，想要从许多科学革新者中追索单一的进路，已不再可能了。于是，我们不得不对好几个当时的思想支流，分别加以评述回顾。那么，沿诸多脉络深入探索之前，首先列出纲要，理出走向，应该是较为合宜的吧。

（1）宇宙演化学说。太阳和行星诞生于弥纶太空的气态星³⁶云，这一理论与有机变化论的初次萌动几乎是同时开始的。往常永恒的罗天神界，现在已被视为与易坏的俗世并无分别，亦处于无尽变动之中，也要历经兴衰隆替。尽管事实究竟如何尚有待地质学去论证，但新的天文学所带来的广阔星空，也意味着一个从所未见、不可思议的时间跨度。公众一时无法理解天文观测者的发现。而要使他们理解这些新发现，则须通过过往历史的复活。

（2）如我们在德梅耶的故事中所见，已经有人开始意识到，这个行星的化石包含着很多讯息。就像收藏者手中的古代钱币，其故事向过去追溯，足以上溯几个世纪，甚至追寻到数千年以前。在 17 世纪，雷和他虔信的朋友们就曾满怀焦虑地思考过这一问题。现在，又有新的小道传闻，说这些深埋地下的生命形式，如今在世上已不可得见。直到此时，环顾四方，仍无人敢说，吾人所处之世界已有哪怕上百万年的历史。实际上，十万年之久已经是一个过于鲁莽的猜测，甚至可列为异端邪说了。只有一个人，我们的布封伯爵，略微地超过了这一猜测。

（3）显微镜，同望远镜一样，也是在 17 世纪初发明的。正如望远镜向人展示了空间的深远，显微镜也给世人带来一个迄今未见的世界。人们开始探究生殖细胞的奥秘，着迷于生物机体的发育阶段。一个新的生物体，究竟是从它的成年个体的缩微而精准的复制品，慢慢长大的呢，抑或本来不过是一团较为混沌的物质，逐步分化发育而成的呢？C. F. 沃尔夫在他的《发育论》（*Theoria Generationes*，1759）一书中持后一观点，尽管这一观点并未很快通行。值得注意的是，倘接受**发育说**，认为个体生命的发育，乃是一个逐步发展的过程，那也就意味着，人们可能不得不接受一个更加需要平心静气冷静思索的观念——物种本身
37 的形成，也需要更加漫长的种系发生学改变。因此，渐成论

（epigenesis），也就是胚胎发育理论，便间接地切合了进化论；这跟早先持预成论（preformationist）的信条——认为精子是生物体具体而微且精准复制的缩微版——完满符合各别创造说（special creation）有的一比。

（4）在法国，由于政理失修，社会酝酿着革命风暴，对人类本身的巨大兴趣——人类的命运与社会的本性，穷人与受压迫者挣扎图存——促使知识分子进而对大自然做深长思索。第一次，人们对于人口数量与食物供给的关系进行研究。野生生物被拿来与人类社会相比而观。不久之后，当 18 世纪末之顷，英国教士托马斯·马尔萨斯，运用大量此类研究的资料，写成了著名的《人口论》(*Essay on the Principles of Population*)。正处于工业革命初级阶段的英格兰，被法国大革命推翻君主制的过程中所展现的极端偏激所惊骇，轻易便接受了马尔萨斯在书中所描绘的冰冷景象。"适者生存"的主义已经准备好，只待传入达尔文手中。同时，对教会的反叛，促进了哲学意义上自然神论（Deism）的传播："神圣启示录"的第二版已经现身，较之人手书写的经书更加完满——这就是自然本身。自此而后，山间所闻，林中所见，日渐为人所仰重——若放在中世纪，经院哲学当道之时，这是绝不可能的。

（5）在英国，经林奈所命名的珍卉奇葩，正培育在王家的苑囿和贵族的温室中，供人观赏。变异被仔细观察，人工选择在有意识地进行。改良品系和育种的兴趣在士绅中蔓延开来。布封及其后的进化论者，至少部分地是由此引发出嬗变的观念。但 38

是，没有人敢断然宣称，变化是靡有底止，毕竟化石还深埋地下，牢牢闭锁在巴黎盆地的石灰岩里。

大量知识者加入交流，无数信件频繁往来，科学社团空前活跃，因此，要指实某一想法具体出自某处，常常是不可能的。毕竟，只要用心搜索，哪里还找不出一两个意味深长的句子，或者模棱两可的暗示呢。直到近来，一部分久被遗忘的书籍重经发掘面世，这些曾助益进化理念发展的著作才渐为科学史家所知。比如，远在托马斯·马尔萨斯之前，一个法国人就写了本书在英国出版，其内容从书名中览之自明:《对动物创生的哲学考察，其中在不同种类动物中占统治地位者进行的普遍破坏和屠杀在一个新的视角中被思考；由这一自然机制，各种动物整体上获得生命和利好的巨大增长显然得到了证明》(*A Philosophical Survey of the Animal Creation, Wherein the General Devastation and Carnage that Reign Among the Different Calsses of Animals Are Considered in a New Point of View; and the Vast Increase of Life and Enjoyment Derived to the Whole from This Institution of Nature Is Clearly Demonstrated*)。这本书的作者，名叫约翰·布鲁克纳 (1726—1804)，书的英文版于 1768 年刊行。[8]

无独有偶，法国哲学家兼科学家皮埃尔·莫佩尔蒂 (1698—1759) 长久以来在学界默默无闻，未能获得该当的赫赫名声。直

---

[8] J. J. Spengler 曾对早期人口论学者的著作进行广泛纂辑，见其所著《马尔萨斯在法国的先驱》 *French Predecessors of Malthus*, Duke University Press, 1942.

到相当晚近，才由约翰·霍普金斯大学的本特利·格拉斯教授发掘出来，获得重生。[9]1745年，莫佩尔蒂匿名出版了一本小册子，叫作《美神之躯》(Venus Physique)，其中包含了一些令人惊讶的现代胚胎学和遗传学观察，包括初步的颗粒遗传论（particulate inheritance）。这一研究远早于孟德尔的发现。在他的另一本书《自然系统》(Systeme de la Nature)（1751）中，他提出如下观点：由于反复出现的偶然歧异，使这样一种情况成为可能，即，我们日常所见的生物多样性，也许出自一单个共同源头。莫佩尔 39 蒂让布封大为赞赏，两人彼此互有取益。

我曾说过，林奈的巨大公众影响力，只有一个人可与之比肩；这个人就是布封伯爵（1707—1788）。1749年，他出版了自己的鸿篇巨制《自然史》(Histoire Naturelle)的第一卷。这部巨著乃是一系列对生命世界研究随笔的结集，注定将广为流传，还将被迻译成各国文字。书中篇节，文字优美，笔调雅致，读之令人神倾忘食。信笔挥洒之余，作者频寄微言，话题多触时俗之禁忌。

有两类读者尤为此书所吸引：于各种动物描摹霍娓中可得其趣者，以及透过万物表面、而乐于探赜寻幽的饱学之士。此时距达尔文尚有整整一世纪之遥，世俗境况颇有不同，故不能奢望作者处处坦率直言。布封有迷茫、犹疑与恐惧。因此，文章语句

9　Bentley Glass, "Maupertuis and the Beginnings of Genetics 莫佩尔蒂伊与遗传学之发轫"，《生物学评论季刊》Quarterly Review of Biology，1947，Vol. 22，pp. 196–209.

时常隐晦，微而多讽。书中往往呈示纷杂多样之事实，隐含进化衍变之理，令人每每掩卷深思；然紧接便自行断然否认，以掩发明揭示之功。因此，何处为坦诚庄语，何处乃游戏寓言，在布封此书中实费判断。然无论如何，要抛开这一危险的话题，布封是做不到的。百年之后痴迷了达尔文的，在彼时已经痴迷了布封。

布封提出一个观点，叫作"退化"论（degeneration）。"退化"这个词在今天听起来怪怪的，稍微让人有点不舒服，因为在今人看来，生命从一种形态转变为另一种，无疑是一种"进化"或"进步"。不管怎么说，布封的所谓"退化"，其实不过是进化论的草图初稿。他用这个词的本意，不过是简单地想表示变化，代表原先的形态消失，转变为一种新的类型。令人颇为惊异的是，随着写作的展开，布封在其著作中——尽管是零零散散地——触及了、至少提到了达尔文纳入其 1859 年那伟大综合中所有最重要的因素。诚然，他没能把这些要素综合归拢，使之成为一体。在这里，我且把诸多要点做一下分析整理：

40 （1）布封观察到，生命本身有这样一种趋向：其生长繁衍的速度要大于其获取食物的能力，这造成了所有生物间为生存而进行的斗争。"大自然，"他写道，"依两个固定的轴心运转：她给予每一物种以无限的增殖力（fecundity），同时又预备了无数的磨难以减低其增殖……"[10]

（2）他认识到，在同一物种当中，生物体的形态也存在差

---

10 《布封自然史》*Buffon's Natural History*, London, 1812, Vol. 5, p. 88.

异。在家养的植物和动物里，这种差异通常是能够遗传的，因此，可以通过精挑细选，使品种得以改良，并且这种改良的方向是可以控制的。他说，"同一种群之内，个体间存在惊人的外观差异，同时，整个物种又表现稳定的相似性。"[11] 他认识到，"我们的桃、杏、梨"都是"保留了古老名字的新品种……蔬果只需无数次播种培育，便能产出更加优质、更加味美多汁的果实……"[12] 同样地，他指出，家养的鸡和鸽子"近来培育出许多品种，每一种都能生养繁衍，而各从其类"。"想要改善自然，"他在另一卷书中写道，"须缓步渐进，方底于成。"[13]

（3）布封认识到，不同种类动物间有内在的形态相似性，这一观察乃是依据化石追踪物种远祖谱系的必要前提。他说，"有这样一种原初的普遍设计，其渊源也久远，其消退也缓慢，较体型与其他外部情况更易得到保留……"[14]

他洞见深刻，但只是谨慎地宣称，在全能上帝无以计数的造物种类中，"有些低等科属，**乃是由自然所孕育，历时间而产生**"。[15] 似这等言语，每交织深藏于正统言说的网下，有时甚至更为大胆："每一家族，不管是动物还是植物，都来自同一最初的祖先。甚而至于，所有不同动物都来自同一物种，历经时光，不

11 上引书，pp. 128-129.

12 同上，Vol. 2，p. 346.

13 同上，Vol. 4，p. 102.

14 同上，pp. 160-161.

15 同上，p. 162.（斜体是笔者加的——L. E.）

断改善与'退化'，进而产生了当今所有的种类。"[16]"改善和'退化'嘛，"更早些他说道，"不过是同一回事；毕竟两者都意味着从原型的改易偏离。"当然布封立即用他语岔开，好安抚教会权威的不满。令人颇觉有趣的是，在反复申说世间生命皆出于各别创造之后，他这样说道："我们应该相信，那时候（指创世——译者）这些生物的样子，跟现在的该区别不大吧。"[17]这显然是至为勉强的让步屈就。

（4）某种程度上，布封一早便预示了世纪之末詹姆斯·赫顿的渐变论。跟德梅耶一样，对于地球形成和地质事件的动因，布封同样寻求自然之力的解释。在列举了无数风、雨、河、雾对环境产生的各种作用后，他敏锐地洞察到："我们似乎从没注意过，尽管自人类诞生迄今，时间如此短暂，而所谓'自然'者，从没有停下自己的脚步。若我们将过去与未来的岁月，压缩到我们短暂历史的长度，那此刻这一瞬间，不，就算人的存在本身，对全能之主也不过是漫长历史中一件寻常小事。"[18]

布封早已预见，地层的形成和其上生命的演化，需要有一个延长许多倍的时间跨度，方能予以解释。"大自然最伟大的工匠，"他写道，"就是时间。"当然，依现在的标准，他对地球历史的长度之预计，不消说是十分局限的了，但在当时，这已然是

16　上引书，Vol. 5, pp. 184–185.

17　同上，p. 185.（斜体是笔者加的——L. E.）

18　Barr 编:《布封集》*Buffon*, London, 1797, Vol. 2, p. 253.

异端邪说。据他看来，地球大概花了有 72 000 年，才从白炽状态冷却下来，渐渐降温到一个合适的程度，地上生命才得以出现。他还认为，整个地球的热量仍然在微不可察地散失着。于是，他进一步数算，差不多再过个 7 万年吧，地球就会冷得不再宜于生命的存在了。[19]

（5）他接受某些动物已从地上灭绝的事实。他将这灭绝归因于地球的变冷，认为早期某些喜热的动物区系因此而遭淘汰。基于同样原因，他推断，现存物种终有一天也将慢慢消逝殆尽。他认识到，猛犸的骨骼应属于某种已经灭绝的大象，并预见到古生物学的价值。他指出，"欲了解一切不存于现世的生物之化石，有赖于长远之研究，精确比对不同物种石化之遗骸，它们仍大多深埋地下，有待发掘。此一学科尚在其婴儿期。"[20] 然而，终有一天，通过比较解剖学的运用，人类就有可能重新测定"自然不同阶段之年岁"。最终，布封认为，我们将能"给无限长的时光之路竖立上里程的碑记"。

（6）布封同样认识到以实验方法研究进化问题的重要性。他认为，倘不经长期艰苦的育种试验，不同物种间的关系将永远不能澄清。"人与动物相距多远呢？"他巧黠地暗示，"比方说，大型猿类，其身体结构与人类如此之近似无间，我们该如何看待它与人的关系呢？……会不会，其中弱小的种类，已被强悍的族

19　上引书，1812, Vol. 2, p. 337.

20　同上，p. 250.

群所摧灭，甚至，已毁于人类的苛虐呢？……"[21] 尽管在某些篇什中，他小心维护着人的独特品性，说人虽禀"动物之躯体"，43 却赋有神祇之精神；但是，他还是在得便之处插播了几句："或许有人会说，将猿与人做直接比较是不公平的，因猿类生活在丛林里，而人生活于文明社会中。那么，既然我们对人在纯粹自然状态下的样子缺乏正确的了解，为公正起见，何不拿野蛮人与猿类做一对比呢？"[22] 于是布封以霍屯督野蛮部族为例——这一部族较为人熟知，18 世纪航海家们是经常描述过它的——给出了一幅令人作呕的画像。最后他评论说："须知，纯自然状态下的人，其与霍屯督人的差别，就跟霍屯督人与我们的差别一样巨大。"[23]

这些语句中显露的某种倾向，可延续至达尔文时代，且在达氏本人的著作中约略有所体现。我所指的，是对生物形态学的坚定使用，坚持以此作为解开生物血统谱系的钥匙，而不是等待古生物学的来临。由于存在之链观念的长期影响，这一倾向得到加强，尽管存在之链本身，其所涉物种关系乃是亘古不变的。此外，由于化石的历史仍旧鲜为人知，且其时间跨度难以揣测，学者的注意遂聚焦于现存动物及其相互关系上。因此，即使那些进化论先驱们，通常也认为不同动物种系发生学上的关系，比欧洲

21　上引书，Vol. 4, p. 218.

22　Barr 编：《布封集》*Buffon*, London, 1807, Vol. 9, p. 136.

23　同上，p. 137. 参本书 261 页所引达尔文语。

人、霍屯督人和猿类之间实际存在的关系更为近密。有些篇章里，布封似乎颇为吃力地想要从现存生物的梯级比较中解脱出来，从"祖代形态"中解脱出来——当时此类研究，设想某种动物的远祖会是另外一种与之类似的现存者。有时他也曾窥见，确定动物家谱与旁系分支在世系研究上有重要价值。然而，尽管他预见到古生物学的重要性，但是他仍未能意识到那门学问的深度和广度；于是他的演化学说，基本上也就只限于当下，未能扩及生命历史的全部。

(7) 布封是最早一批认识到动植物分布重要性的生物学家。[44]他观察到，新大陆与旧世界在各自热带的动物区系存在显著的不同。同时他还发现，北方与北极地区的动物区系较为相近，而亚洲与北美毗邻之处，两地的动物区系相似度最高。正如我们前所述及，早在 17 世纪，就有学者对新旧世界动物群差别之大感到困惑，而布封对这一问题的解答，是真正具有现代意义的。说到新大陆物种与旧大陆的不同，他认为，"新大陆的物种……彼此间亲缘关系较远，这似乎表明，它们的形成有些共同点，也让我们猜测，它们较其他地区的所有动物，其退化（即evolution——L. E.）原因更为古老"。[24] 由此，布封得以窥探到，动物不是从亚拉腊山的方舟散播开来，而至少有一部分乃是发源于它们今天所在的地方。就是说，这些新大陆的物种，乃是从其

24　上引书，1812, Vol. 4, pp. 47–48.

发源于本地的先祖原型，历经适调演化而来的。[25] 如此，我们便见证了承续律（Law of Succession）最早的表述，不久以后的 19 世纪，克利夫特、欧文、达尔文等大家，将从古生物学角度对这一法则进行阐释论证。

（8）最后，我们也许会注意到，尽管语焉不详、笔端踟蹰，布封同样也发现了永恒世界不断变动而充满瑕疵的一面——这一点后来也让达尔文着迷。布封说，他见到了"可疑的物种""异样的产物""异常的存在"。他看见了魔镜中的自然，在那瞬间，好像神祇看到云层飘然流过。也许在那最后的一刻，他
45 与同时代并驾齐驱的林奈，眼中所见并无多少不同——只是布封，他看得更远，说话的胆子更大些罢了。

1788 年，伯爵离世，比林奈多活了 10 年——两人实生于同一年份。他离开得正是时候。次年，他的儿子同另一些贵族死于大革命的怒火。临刑前，布封公子在断头台上骄傲地说出最后一句话，语带诘责："公民们，我姓布封。"这是一个时代的终结。和林奈一样，布封在全世界享有盛誉。曾经，交战中的两方舰队，停下炮火，友善地让载有属他标本的船只从战场中间经过；他曾与富兰克林来信往往；在一个伟大国家思想学术最称鼎盛之时，他曾在其学林领袖之列。

他的思想，散见于《自然史》的浩繁卷帙，隐藏于描摹各色

25　见 Theodore Gill，"The Principles of Zoogeography 动物地理学原理"，《华盛顿生物学会论文集》 *Proceedings of the Biological Society of Washington*，1884，Vol. 2，pp. 1-39.

鸟兽的散文篇句，此实为学术史上之一大憾事。这一思想之隐，不仅增加了学者对其了解的困难，也削弱了他的进化思想的冲击力度。倘若他曾勠力将其思想作一进化之专论，想来不但其观点可得远为透彻之表述，他本人也会更清楚地看到自己思想之方向。盖因其体系尚有一缺憾：他从未满意地找到变异的机制。有时，他似乎很清楚"选择"在育种实验中的作用。考虑到他对个体变异也有清醒的认识，这两点意味着，他和其后达尔文的理论已经非常接近了。可实际上，布封似乎从未能够从人工选择领悟到自然选择之理。相应的，他提出"气候"才是引起"退化"的主要因素。的确，构架自然选择论的所有要点，布封都已齐备了。他所欠缺的，只是把它们综合提炼，融为一体，再去掉其中多余的保护性宗教色彩——那色彩是他的时代所要求的。

4　拉马克与伊拉斯谟·达尔文

　　进化论的研究者，对伊拉斯谟·达尔文（1731—1802）和让·拉马克（1744—1829）这二位的思想起源，众说纷纭。有人认为，拉马克很是受到伊拉斯谟·达尔文的启发，因后者的著作比他自己的要早得多。另有人声称，这二位乃是各自独立地做出了自己的发现。还有一说，认为二者的思想从根本上皆源于布封。后面这一种看法，大约是最可信的。说二氏的思想都完全出于独创，这一论点最站不住脚，因时至18世纪末，有机体的无限变异说早已流传广泛、影响深远了。当然，这一学说还算不得公认的主流，但确是知识界早已熟知的。于此，布封作品的流传影响乃是主要的原因。

人们对科学育种兴趣日增，这也同样引起了公众对动植物形态改变的关注。很多人尽管不愿承认所有生物都发育自一个有机微粒，但他们隐约间也意识到，一定范围内生物形态的改变怕是确有其事了——当然，如果非让他们确切指出这所谓的"一定范围"，那对方九成是会嚷嚷起来以示不满的。拉马克和更早那位达尔文，应被视为继承与发扬了进化思想的一脉支流，这一支流源于纯粹限定于种和属两个层面嬗变的理念——换言之，就是限度甚窄的嬗变——而其思考的范围日愈胆大。

这两人中，拉马克的思想，相比之下更为完整而系统。至于伊拉斯谟·达尔文，虽然他的科学成就很高，但他的重要性更多在于他与达尔文的关系，以及对达尔文的间接影响上（他死后7年达尔文才出世）。然而，在进化论发展史上，伊拉斯谟·达尔文处在拉马克之前，这一点是明白无误的。他的《生物法则》47 (*Zoonomia*) 虽然出版于 1794 年，但相关文献显示，其对应的研究工作时间要早得多，应该不晚于 1771 年。[26] 他对自然界一切稀奇古怪的现象有着近乎贪婪的强烈兴趣，这一点跟那位乃孙一模一样。任何人，只要认真阅读他的两首长诗——《自然殿堂》(*The Temple of Nature*) 和《植物园》(*The Botanic Garden*)——

---

26 Bashford Dean, "Two Letters of Dr. Darwin: the Early Date of His Evolutional Writtings 达尔文医生书信两通：论及进化说的最早日期"，《科学》杂志 *Science*, 1906, n.s. Vol. 23, pp. 986-987.

的脚注，都会感慨于其内容之丰和用功之勤。这位较年长的达尔文先生，还是一位敏锐的观察者，尤善于发觉各类生物的出色适应性，比如保护色。同乃孙一样，他热衷于研究种子的传播。他注意到不同生物间错综复杂的生态关系网。他认为海洋深处有"活化石"存在的可能；他了解生物体的残留结构，对"进化的伤痕"略有所知。他意识到，由于生物体永远的变动不居，生命并不总是能够完美适应它所处的环境。他的孙子所提出的性选择理论，无疑来自于他。他在《自然殿堂》第四篇里，描绘了为生存进行的可怕斗争。他估计地球的历史"有几百万年之久"。在生物多样性表面之下，他看到"自然的特征有一定的相似性……这意味着同一物种最初都来自同一个祖先"。[27] 鉴于伊拉斯谟·达尔文的写作中，反映他对比较形态学精通掌握和杂学旁收的故事所在多有，我们此处不再多所引用，而是直奔主题吧——他在《植物园》中指出："由于所有种类的动物植物都处于永恒的变化当中，[28] 因此，探寻这些异变出现的原因就成为一个重要课题。"

那么，伊拉斯谟·达尔文又是如何阐释进化机理的呢？他 48
认为，基本上，进化在于"获得新的器官，配以新的习性，这些主要由外界的刺激（irritations）、感官（sensations）、意志（volitions）以及协同进化（associations）等所驱动；由此，生

---

27 《生物法则》*Zoonomia* 前言。

28 参本书 p. 39 所引布封语。

物体便拥有了通过自身内在活动不断进行改进的能力，并能够将这新的改进传给其后裔，世世代代永无止境"。[29] 此处请注意几个关键字眼："刺激""感官"和"意志"。与乃孙不尽相同，伊拉斯谟·达尔文相信后天习性的遗传。拉马克的哲学显然与之相类。

让-巴蒂斯特·拉马克，早年便熟读布封，但直到 1802 年，年过五十的他才表示，自己赞成进化假说。像 18 世纪其他进化论者一样，他不得不承认世界历史的更长时间跨度；他非常清楚地谈到种群间的动态平衡和生存斗争，因此，他读过其同胞布鲁克纳的《动物系统》(Système de Animal) 便不足为奇了。他跟德梅耶和布封一样——且与后者怀有相同的戒惧——曾在《动物哲学》(Philosophie Zoologique, 1809) 一书中，暗示人类起源于类人猿。"容易看出，人的独有特征乃是由于其活动以及后天习性的长期变化……"鉴于人在直立状态下甚易疲惫，他认为，进一步的研究，将揭示"人的起源跟其他动物的起源性质类同"。

拉马克相信，就低等生命形态而论，存在一种持续的、自发的产生。并且，他认为存在一种活的生命阶梯，在某些方面，这使人想起旧时的自然之链，尽管他至少是部分地挣脱了简单序列安排的束缚。他相信物种会改变，而不是灭绝。缺失的分类学链环一定存在，而只待发现。依这一理论，就他的人类研究而言，他本可以发现人乃源于某种现存的灵长目动物——没准儿随手可用的猩猩是个不错的选择。随着世界的变化，地理与气候

---

29 《生物法则》Zoonomia, Vol. 1, p. 572.

条件发生区域性的变迁，动植物受到新的影响，时日既久，生物体格便出现了改变。这种改变是经常使用的结果。动物为适应新环境，尽量以对自身更有利的方式对器官加以运用，用得最多的部位，变异就产生了。天长日久，原本关系近密的物种就可能因此而相去愈远，变得越来越不一样。而且，这些变异是可以通过遗传保留下来的。生理需要会促进新器官的形成或旧器官的改变。相反，废而不用者，将逐渐退化消失。

现在一切都清楚了：伊拉斯谟·达尔文和拉马克对进化过程的本质持有颇为相似的观点。拉马克的理论，起初在英国学界鲜为人知，直到莱伊尔在 1830 年将他的作品译介到英国。至于较年长的达尔文先生，则情形迥异，其作品早早地就被翻译成德文和法文了。正是这一事实令部分学者认为，拉马克从伊拉斯谟·达尔文的理论中多有汲取。查尔斯·达尔文本人似乎就是这么认为的，比如在《物种起源》初版之时，他曾对托马斯·赫胥黎说道："错误历史没什么大不了，但是我奇怪地发现，我祖父居然如此准确地给出了拉马克的理论。"[30] 不幸的是，这一段话其实揭示了达氏对这两位前辈的态度——他把他祖父和拉马克两人都归于"错误历史的一部分"——而我们将会看到，这一态度之所以在后世经久不衰，达尔文其人是有责任的。

同样可以看到，并没有证据表明拉马克窃取了伊拉斯谟·达尔文的成果。宾夕法尼亚大学的泽克尔教授着力研究了那 50

30　MLD, Vol. 1, p. 125.

场关于后天性状遗传的旷日持久的争论，各方论者持论的来源出处，全都做了详实的考证，清楚明白地显示，这两位只是恰巧在同样的思想气候下进行研究而已。由于历史原因，拉马克的名字已经与后天性状说紧紧绑定，以至人们通常以为，这一学说就是由他创立的。然而，经过对数百年来有关这一论题的详尽研究，泽克尔最终指出，"有趣的是，我们发现，拉马克的同时代学人中，有很多位曾说过，后天性状是可以经遗传获得的；而令人惊讶的是，现代生物学家对这些论述竟毫无所知。"[31] 他进而例举出，在某套书中这一理念是确实存在的，所列书目包括医学、生物学著作乃至旅行笔记。由此可见，这一理念实在是彼时人所广泛接受的主张，实在也是生物学发展过程中出现的诸种信条里第一个有线索可追的。伊拉斯谟·达尔文和拉马克的工作，只是将这一堪称古老的假设——甚至不妨说是某种民间信仰——用来解释有机体的持续改变和适调。拉马克的见解最为明白彻底，他清楚看到了这种变化和适调在高等次生命形态形成过程中有累积优势。对也好，错也罢，这一理论都算不上值得大惊小怪的新鲜事物——其独创性只在于将其应用到演化的解释上。

正如吉利斯皮教授所指出的那样，拉马克是 18 世纪末期的自然神论者。在他眼中，进化乃是"为实现完美造物的内在目的

---

31 Conway Zirkle, "The Early History of the Idea of Acquired Characters and of Pangenesis 后天性状和泛生论的早期历史"，《美国哲学会论文集》*Proceedings of the American Philosophical Society*, 1946, n.s. Vol. 35, p. 111.

所必经的过程"。[32] 可以说，在拉马克的思想里，古老不变的生命阶梯，摇身一变，转型成"电动扶梯"了。生命，其低等形态源源而生，由内在渴求完善的原理所驱动，变得逐渐复杂，进而向其高等形态不断攀升。拉马克用这种方式来解释当今低等生命形 51 式的存在。如此，则除了加上物理的自然环境而外，拉马克似乎认为，"自然"会自我安排成一架完善的上升阶梯，此阶梯与旧时神学上所设想的存在之链有得一比。

然而，自然的物理环境随时间和情势而发生变化。这带来了生物体生理需求的改变。需求的改变又引起行为的变化，进而改变生物的习性，最终导致生物体身体结构发生缓慢而微小的改变。正是由于对环境的不断适调，生物体偏离了纯粹、抽象的自我完善路径（类乎存在之链），被迫自我调整，进入分支无数的歧途。被驱入旷野的猩猩并没有变成人类，然而它有这种潜在的可能。

拉马克体系中的某些矛盾从未得到妥善解决，但这个我们在此且存而不论。他，还有伊拉斯谟·达尔文，如我们所见，都强调意志的作用，强调有机体为生存而"努力"自我调整。然而，应当指出的是，由于 19 世纪文学上浪漫主义的兴起，拉马克和伊拉斯谟·达尔文二氏都遭受了某种程度的误读——这一

32　Charles C. Gillispie, "The Formation of Lamarck's Evolutionary Theory 拉马克进化理论的形成"，《国际科学史档案》*Archives Internationales d'Histoire des Science*，1957，Vol. 9，pp. 323-338.

误读直到今天依然存在。[33] 尤其是拉马克，不止因其文风晦涩，同时也源于糟糕的翻译。人们普遍误以为，生物体只要持续不断**有意识地**内心期盼，就能如愿获得器官或肢体上的改变。实际上，两位早期进化论者谁也没有这种观点。所谓"用进废退说"，乃是生物体在努力适应环境改变的过程里，由于频繁使用或废弃不用某种器官，**无意识地**使得自身形态发生了改变。如波特教授所指出，"自觉的意志 conscious willing"切合了其时超验主义浪漫倾向（romantic transcendentalist）的宗旨，正如爱默生的诗句所言：

> 为了成为万物之灵长，
> 虫子爬升了所有形式的螺旋。

其中所表达的，便是生命之力欲以积极意志主宰自身运命的"心气"。有迹象显示，即使查尔斯·达尔文也受到了对拉马克这一混乱解读的影响。

5　初次窥见生态适应

此刻，且让我们回顾以往，退后一步，做些一般性的观察

33　G. R. Potter,《1744 年至 1832 年间英国诗人的进化思想》*The Idea of Evolution in the English Poets from 1744 to 1832*，未刊博士论文，Harvard University, 1922, pp. 211–213.

吧。自（19）世纪之初，生存斗争就已为人所知。然而，想指定这一不言自明之理出于哪一个个人，则可谓徒劳。实质上，它被看作是某种修剪设备，促使物种间保持动态的平衡，使健康的种系（stock）得以保存。举几个例子，马修·哈勒在 1677 年言于此，1755 年卢梭也意识到这点。如拉马克所指出，"我们知道……更为强壮、装备精良者，会吃掉病衰体弱的，体型更大的吞噬个子小的。"[34]

尽管拉马克的理论并不将自然选择作为其主要机制，他至少恰如其分地对待这一问题，也就是说，将自然选择作为自然界一既有事实加以接受，而并不像今天的生物学家那样予以特别的重视。从存在之链的原理来看，自然选择乃是这个世界自然之恶的一部分。其哲学背景部分在于，造物主的能力是无限的。因此，如此之多不同形式、不同习性且相互矛盾的生命，只有通过"自然战争"才能存在。四大五行，尚自相克相搏；而人类，乍看似乎摆脱了这一宿命，却跟自己的同类无尽地斗争。要得出这一观察结论，固不必求助于马尔萨斯，这本就是此一世纪人所共有之思想。[35] 便是其后的查尔斯·达尔文，其主要贡献也并不在于将生存斗争应用于解释整个动物世界的创生，而更多的是他发 53

34　《动物哲学》*Zoological Philosophy*，英译本，Macmillan，1914，p. 54.

35　见 A. O. Lovejoy，"Optimism and Romanticism 乐观主义与浪漫主义"，《现代语言协会论文集》*Proceedings of the Modern Language Association*，1927，Vol. 42，pp. 930－933. 关于此题的长篇讨论见于 Conway Zirkle 的 "Natural Selection Before the Origin of Species《物种起源》之前的自然选择说"，《美国哲学会论文集》*Proceedings of the American Philosophical Society*，1941，Vol. 84，pp. 71－123.

现，将生物变异与自然选择的修枝刀相结合，也许正是解决有机体形式无限趋异的关键。

回首通观整个19世纪进化论的大概状况，不难看到，给当时的学术气候定下基调的主流神学理论，其先入之见影响至深，如此，则无怪乎整个社会虽早已熟习动植物的优选育种，但进化理论却迟迟不前，花了这样长的时间才最终底于达尔文理论的核心。我们已然看到，自然之链理论，尽管承认有一个从最低等生物渐至于人、甚至高于人的有机复杂性等级，却隐含另一个意思，那就是，生物的创造乃是瞬时一成，再不改变的。然而，博物家自17世纪起，就已在具体实践中相信物种能够变异。只是，在缺乏确切证据的情况下，人们暂且假定，这种变异是有其局限的。任何物种都有个范型（type form），虽在某一范围内允有波动，但归根结底，生物可塑性是受到限制的。[36] 这种观点能够解释，为什么园丁和养鸽发烧友育种成功，却并未引发严重的学术冲突——实际上，一直等到物种灭绝与漫长地质时代的观念为人所知，学界才被迫面对真正的严肃问题。在达尔文以前，错综复杂、彼此联系的生命之网早已为人所熟知，但其所关注的最终指归，无外乎给神学设计论提供一种直接论证——那才是真正压倒时代的宗教主题。因此，自然选择说，尽管已被接受，但只是在一种至为局限的意义上被接受的。

---

36 H. A. Nicholson，《自然史在英国的兴起与进展》*Natural History: Its Rise and Progress in Britain*, London, 1886, p. 243.

具体到拉马克，也许有人要说，之所以他未能抓住随机变异的潜在重要性，可能是由于他并不确信真的存在大范围的物种灭绝。如果他当真能够舍弃自然之链理论，接受大量物种曾经灭绝的事实，他本可以至少去思考一下偶然因素在生命中所起的作用。而由于对生命的过去缺乏细节的知识，仅通过对无脊椎动物变异的观察研究，他只好得出结论，认为消失的物种并非死去，而是变成了现存的新物种。如此则他的生物发展观便有了许多定向控制的意味，而灭绝与偶然因素所起的作用，若非完全没有，也是极其微小了。

神学设计论仍具深长影响。实际上，拉马克和伊拉斯谟·达尔文，可以说二人都曾致力于改进存在之链理论，将不变的神圣蓝图所固定下来的阶级，转变为贝尔所谓的"各别意志综合论 composite of particular wills"，说白了也就是某种开放式的竞争型社会结构。[37] 尽管两人不大可能清楚地察觉这一事实，然而，新的观念实在诡异地反映出他们所处的社会之变迁。

在英国，对于法国大革命的反动，注定会使伊拉斯谟·达尔文的理论成为过时。重新确立的宗教正统观念，复又将拉马克斥为"法国无神论者 French atheist"，其学说则受到"道德谴责"。最终，学界通过"沉默的共谋"，使拉马克的研究工作窒息 55

37　Charles G. Bell, "Mechanistic Replacement of Purpose in Biology 生物学宗旨的机械论替代",《科学哲学》*Philosophy of Science*, 1948, Vol. 15, p. 47.

而死。[38] 思想史上已多次上演过这一幕：某一新观念为社会势力所压，其再次的出现，也将因此受到影响而迁延无期。

然而回头看去，吾人仍可以看到，历史确乎正迈着稳定的步子，向令人满意的合理进化机制前进。布封曾设想气候及其他类似环境因素直接导致生物体产生可遗传的变异。拉马克否认环境的直接作用，而主张只有通过生物习性的改变，才会进而产生机体的可遗传变异。伊拉斯谟·达尔文的看法与之类似。

如此，则可以说，拉马克和伊拉斯谟·达尔文，二人最早认识到了生物体与环境构成的二元生态关系，其中生物体需不断适应环境的改变——一旦环境改变，生物体便须做出持续的反应。此外，拉马克还可能第一个看到，"用进废退"对个体器官会产生重要的影响。后来，查尔斯·达尔文对其略做调整，将其用于自己的进化论体系。

再观拉马克之困于"灭绝"难题，让人不禁深思，仅涉现存生物的比较形态学，似不足以完整进化理论而打开过去之门。时间旅者尚需进入更广阔的光阴之海，如早期的航海家那样，到时间长河彼岸，去搜索异珍，猎获新奇，以说服他们不愿改变想法的同时代人。这旅程尚待三位伟大领航者前去开拓；面对重重障碍，茫茫前途，他们终将拨迷雾而见远方。他们三位的英雄故事，且待下一章慢慢讲来。

38　Norton Garfinkle,"Science and Religion in England 1790－1800""1790 年至 1800 年间的英国科学与宗教",《思想史杂志》*Journal of the History of Ideas*, 1955, Vol. 16, pp. 387–388. 亦见 Gillispie，上引书，1957.

锁已生锈，不能开阖；

时光重铸一切，钥匙不再吻合。

——马克斯

1　时间与有机体变异

对于 19 世纪的前几十年，进化史研究者颇感难以综理其头绪。看似无关的事件，各门各类的科学发现，工业化的趋势，宗教的世界观——这一切，从历史角度来看，纠结缠绕，互不融合，直到突然一天，全都清晰透明、交融一体，以达尔文主义为核心，新的思想范式终于出现。这就像盯着一个化学蒸馏器，等待里面产生某种稀有的多面晶体：一下子，所有原料都溶解了；再看看，也有可能，不过如此——就在下一秒，仿佛无中生有，结晶就这么出现了。这一时期的学者，想评估他们彼此之间互有怎样的影响，如我们所见，确是非常困难的：因他们全是活跃于同一圈层的同代之人，相互来往交流密切，很多时候，在某些观点成篇付梓以前，其实早就已经在对谈或书信往来中详细讨论过了。因此，尽管其中一流的著作和思想家，皆早已广为人知、享誉甚久，但其荣誉地位的评价论断，不可避免地会带些武断和随意性。

18 世纪的思想家，全都热衷于书信往来。许多在今天会立马登核心期刊的文字，那时候却只是信来信去，常常几十年不会公诸于世。手稿中独创观点非止一二，然蒙尘日久，最终却由别人先发表了。由于通常来说信件不若已刊文献便于保存，因此我们当下所讨论的这一时代，比其他时期尤其掩藏许多让人心痒的小秘密，只是在正史上，这些秘密大多不被理会罢了。我们的历史局限性交代已过，言归正传，在接下来的章节中，我将要检视下"前达尔文时代"的时间问题。如前文中所见，若没有"久远时间跨度"的预设，任何一种进化理论都无法存在。但恰恰是这一要素，却被当时的基督教宇宙论断然否定，探索中的科学家，前路因之阻断。盖因西方思想中，关乎时间跨度之两种观念，其差距之大、罅隙之深，足可比拟天文学上托勒密与哥白尼两体系差异之悬殊。时间这一观念若不得到改变，则任谁也难于专注深思广泛有机体改变之可能；前者乃是后者绝对必要的前提条件。因此，我们且先看变化是如何产生的。我们可以说，这一过程涉及两个重要的论证：一是证明世界是古老的；二是先不提进化不进化，只证明我们行星历史上，确曾发生大规模的生命形态承续演替。

2 异教与基督教的时间

自从人不再如无知无愁的野兽般在阳光下奔走，他便开始幻想着躲开时间的阴影。他远徙异国，寻索使人青春永驻的灵泉；他相信曾有一段已逝的黄金时代，相信其时他的祖先与今人不同，彼时死亡尚未降临人间。但是，他看到，年复一年，树叶总要辞枝落地；代复一代，自己的同类终期于尽，归于黑暗。由此便产生了三种看法，或不如说，有三种视角，描述人类对时间的理解，直到地层地质学带来新的观念。第一种，我们可以称之为原始的时间观。那个时候，人还是游荡在大地上的捕猎者，只知暑往寒来，季节变换，端的是山中无日历，寒尽不知年。此时的时间观念至为淡薄，也没有任何方式记录，唯有用过的箭镞，埋入沙土，一朝暴露，多见其锈迹斑斑而已。人群当中，只有灰发的长者，偶能说出，曾见离离芳草，几回荣枯；树上翠叶，多番落地。那时还没有语言，只能用手势来表达"做梦的时候"和"有年纪的"等等这些。显然，在这种社会状态下，人对时间只有纯感性的感触，却无由让这种感触发生效用，更无法理解那巨量的"无用"究竟有何意义，这只有在今天，天文学家与地质学家方能一窥其深邃。原始人的经验于是及身而终，至多听过些父辈关于往昔时光的口头回忆。大地和星星，大概要比这古老些吧，但没人理解个中涵义，因此这问题本身想来也从未出现。而这个问题究竟有没有提出，则要看相应社会的创世神话了。

然而，在世界的东方，民智渐开的最初几千年里，最早的伟大文明起起落落，一种不同的时间观念于此诞生了：时间是循环往复的长河，万物于焉诞生，于焉消亡；消亡不过是离开，而离开只为再来。此种哲学里，能看出旧文明的疲倦消沉，周围满是先辈的残碑断碣，人遂以悲观怀疑的眼光，旁观着神祇的任意作为。古罗马时期最后一位伟大的思想家，马可·奥勒留（今译马尔克·奥列里乌斯·安东尼·奥古斯都，《沉思录》的作者——译者）如是说：

"宇宙的周期运动终归不变，代复一代，兴替无已。或者每一件孤立之事，都是宇宙智慧自身运动所产生的效果，倘是这样，你要满足于它活动的结果；或者是它一旦推动，别的事物就一件一件，接续来到，而方式各有不同；再不就是万物来自不可分割的元素——总之，世间有神，万事大吉；倘是'偶然'做主，你就不要照样依它支配。"

"大地不久就要掩埋我们所有的人，然后这大地也会变化，从变化中产生的事物也将变化，如此如此，变化无已。一个人，若是思及那改易变化，像后波之逐前浪，无有穷已，且旋起旋灭，其留不永，他会把这一切易逝之物都看得轻了。"

随着基督教兴，一种新的时间观——不同于原始社会历史感浅薄的观念和古罗马式无尽循环说的偏执于古往——开始占据欧洲人的头脑。在基督教看来，时间——俗世的时间，本质上乃是一种神圣媒介，于此媒介中，一部伟大的戏剧——人类的堕落与救赎——正在世界的舞台上演。这部戏是独一无二的，且永不会重演。因此，早先异教徒的无尽循环论，在基督教看来，乃是亵渎神明的。"上帝禁止我们相信此事。"奥古斯丁（圣·奥勒留·奥古斯丁，《忏悔录》的作者——译者）驳斥道，"因基督为我们的罪死了一次，然后复活，并不会再死一次。"用林恩·怀特教授的话说："道成肉身的独特性，意味着历史乃是上帝指引下的一个直线序列……就宏大领域的世界观而论，从此一定，而再没有更加完全彻底的变革。"[1]

由于人并不具有关于自身的完整历史知识，这一伟大剧本，据估计耗时仅需几个千年，然后将迅速地走向终结：仅仅一天之内，最终审判就结束了。换言之，尘世的时间，是短暂的。当最终审判结束，尘世时间，也就是历史的时间，就消失了，剩下的便是不变的永恒，那才是上帝与义人魂灵的真家。这样一种对时间和人类命运的解释，将西方世界的想象紧抓在手中，将近有 2000 年之久。此种哲学若按原教旨主义的理解，只能苟存于托勒密宇宙论的框架下，且必须对地质学的事实保持完全的无知。61

基督教学者普遍认为，整个世界的历史大约有 6000 年。阿尔马大主教詹姆斯·乌雪，将创世的日期确定在公元前 4004 年。可实际上，尽管这一估算得到广泛的承认是在 1650 年以后，与之相近的数字却早已在很久以前就广为流传了。这些估算

---

[1]　Lynn White,"Christian Myth and Christian History 基督教神话与基督教历史",《思想史杂志》 *Journal of the History of Ideas*，1942，Vol. 3，p. 147.

的主要依据，便是圣经所载的亚当后裔世系的历史。[2] 至于审判日，也就是世界末日的到来，据估计离我们也不甚远了。有些人，唯恐那"伟大戏剧"不合对称律，坚持认为基督的到来，应该占据尘世历史的准确中心，就是说，基督诞生以前有多少年，在他死后到审判日就该有多长时间。另外一些人预计的时间，比这还短得多，主要是部分更为狂热的教派。他们不断宣称，审判的时刻近了，并寻找一切可能的预兆和征象来证明自己所言。即便到了今天，时不时的，我们仍然能听到类似的预言。大概没有别的什么民人能有基督徒这么奇特而极化的日程安排了：他们的物质世界是短暂的，而其精神世界却具有无限的永恒，超越一切缺陷和变化。

新科学兴起，自 17 世纪起，便开始不断侵蚀基督教神话叙事的基础。而 19 世纪的几场进化之辩，不过是加速了其衰退的
62 进程。但是，即便我们认识到基督教教义的脆弱无力，唾弃基督教对世俗思想的残酷迫害——这是中世纪历史较为倒人胃口的一面——我们还是不得不承认，在历史给出的有限几个随机组合中，只有基督教世界以清晰有序的路径，最终诞育了实验科学的方法论。无疑，这一组实验品中还有许多别的成分：古希腊的逻辑和哲学，与贵族式思想家相对而言的手艺人的实验方法——这些都早已得到广泛探讨了。但其中最使人惊奇的，如

---

2 然而，Paul Kocher 却在其所著《伊丽莎白朝英国的科学和宗教》（*Science and Religion in Elizabethan England*, San Marino, California, 1953）中指出（p. 152），英国正教时或受到异教或不信教的数学家的侵扰，用 Thomas Nashe 的话说，他们"会证明人比亚当还早"。

怀特海所说，"那纯然是一种信仰行动（act of faith），相信宇宙本有秩序，并可以为理性心智所理解"。[3] 诚然，怀特海说得对，实验科学并没有什么了不起的哲理。[4] 它之开始有所发现，而运用其实验方法，不是因为知，而纯然是因为信：相信宇宙是可以理解的，相信它是由一个创造者掌控的，相信这位创造者做事情，既不是凭着突发奇想，任意而为，而一旦发出运行之力，也不再动辄干预。实验方法的成功，确实远超人类当初最理想的憧憬，但其背后的哲学基础，这种其所从来的信念，实在要归功于基督教教义中上帝的本性。[5] 这大概是历史上最有趣的悖论了：科学，其所从事的老本行与信仰行为可谓毫不沾边，但其本源之所出，却正是一场信仰行动：相信宇宙乃是可以理解的；而科学到今天依然维系不堕，行进不辍，靠的也还是这个根本假设。

时到 17 世纪，"地质年代漫长悠久"的蛛丝马迹，便再也逃不过虔诚然而细心的思想者的注意。1663 年，当雷站在布鲁日 63 海底森林前发出惊叹时——其时海水褪去，露出底下的干土，这森林原先便在土下埋着——我们已看到了科学时代黎明前的微光。他说道："旧时的海底，竟深埋于几百尺厚的土下，而这土不过是注流此海的河川所携泥沙，日积月累沉积而成。造化之奇，曷过于此。"的确，事态如此惊人，他不得不叹呼称奇："想

3　A. N. Whitehead，《科学与现代世界》 *Science and the Modern World*，Mentor Book ed.，1948，pp. 4-15.

4　同上，p. 17.

5　同上，p. 14.

想吧，依着今时的说法，世界自诞生之日起，到如今也不过才5600年。"[6]

海底森林使他困扰，有些山岳也让他头疼。基督教的一首诗里，有几句应景的词大约颇能引起他的共鸣：

山崩岳摧兮断崖现
人难测兮，思之悸颤

山摧崖现，世界的样子确乎发生了改变，然而这却不见于任何的记载——那么，"如果这断崖不是从开辟之初就这样的，则要么它所经历的时间远比我们想象的长久；要么，在上古时期，创世未久之时，地表曾遭受远比后来更强烈的震荡和剧变"。[7]

一位通信者提到了同样的问题。1691年，一位爱德华·劳埃德先生在致雷的一封信中提到，威尔士某山上滚落下巨石：

"我在附近山区的峡谷中搜索这种巨石，找那些大小、样子与这次滚落者相类似的：居然如此之多，不可思议，除非设想它们来自古久以前的大洪水。因为在两个山谷里，我就找到了几千块同样的……然而寻访四周，哪怕最年迈的人，所能记得的也只有两三次这种事件（坠石）。那么，按照自然的常理推测，则其

6　Charles E. Raven,《博物家约翰·雷》John Ray, Naturalist, cited p. 421.

7　同上，p. 425.

所历的时间，岂不比世界的年岁还要大过许多个千年吗？"[8]　

雷确曾小心地推测，说某些贝壳乃是现已完全灭绝的生物所遗留，"至今这一推断哲学家仍旧不甘承认"。[9]但断崖的问题仍然横亘在他面前。他忍不住要去看，去想。"可是另一方面，这将带来一系列严重的后果，足以令《圣经》震动——尤其是关于世界创生的历史。至少，这将推翻神学家和哲学家所一向接受的观点（吾人是有很好的理由这样想的），那种观点是：自创世至今，所有动物或植物，没有一种消失，也没有新的生成。"（1695）[10]如今，我们已然能够看到，站在19世纪的门槛上，曾让拉马克挠头不解的两个难题，时间，还有化石，也许只是同一谜底的两个分开的谜面。这将带来一个新的世界：更为广阔，更为久远，更加令人惊叹。

3　藏宝图

我们已然看到，早在17世纪中叶，雷就得出过这样的结论："要么它所历经的时间远比我们想象的长久"，要么在创世时期，"地表曾遭受远比后来更强烈的震荡和剧变"。雷的洞察可谓

8　W. Derham，《已故硕学雷先生与几位坦率乡人暨洋人哲学通信集》*Philosophical Letters Between the Late Learned Mr. Ray and Several of His Ingenius Correspondents*, *Natives and Foreigners*, London, 1718, p. 236.

9　Charles E. Raven，《博物家约翰·雷》*John Ray*, *Naturalist*, cited p. 425.

10　同上，p. 437.

敏锐。短短一句话里，他便无意中预言了其后的两条思索之路，在接下来的一个半世纪里，地质学家便沿着这两条路径寻胜探幽，研道穷理。

65 　　这时，有三个人出现了，他们全都曾活跃在启蒙时期难忘的最后十年里，每个人都手握一份写着地球历史秘密的关键片段，但哪一个也没能最终解读成功。他们就像三个猎宝人，人人手里有一份海盗藏宝图的残片。其中一位，思维锐敏、头脑过人，只他一个就有可能把藏宝图拼好——惜垂垂已老，最后一部作品问世两年后，人就离世了；另外一位，毕其一生终日徜徉于英格兰本土，每遇酒肆茶寮便欣然将宝图献于人前，慷慨宣讲，其单纯憨厚之态，反令人不以其所言为然。至于最后这位，本是欧陆最高法院的当红高官，其手中所握乃是宝图中最奇特殊异的一份——其人却不以为意，只当手里拿的是一份美妙图画，自做了一份锦绣描摹以刊行于世。殊不知，若是此人当真辨得其中真意，以其人道德观念之局限，说不定会有意无意误标其经纬度，以掩饰其指向之所在，令后人再难一寻秘境仙源。我说的这三人，便是詹姆斯·赫顿（1726—1797），威廉·史密斯（1769—1839）和居维叶男爵（1769—1832）。这三人各持时间秘录的一角，只可惜从未有缘共聚一室，好把秘录合而为一。这三人中，只有詹姆斯·赫顿一人，多年沉思，渐有所得。每每眼望苏格兰小溪缓流，观其远途入海，携土积沉；细思脚下坚实陆地之滑动不安，复顾念城邦帝国浮于其上，便时兴世事如浮尘，无定亦无根之叹。

4　灾变说初兴

　　如果要在 18 世纪里，找出一个真正卓越的天才头脑，配得上站在 17 世纪伟大的天文学天才和 19 世纪查尔斯·达尔文的中间，这人就是詹姆斯·赫顿了。尽管科学史上，赫顿被尊称为历史地质学的奠基人，但他的名字却并不像牛顿、达尔文那样妇孺皆知。他的发现，乃是一种无形之物，那是人类心智长久以来一直深闭固拒的——这就是时间。他发现，时间乃是无有极限，无有尽头的，这像是古代东方人的时间。但这一次，他不仅发现，还将其证实了：证据便是世上的石头，地上的尘埃和泥土，那是虔信者脚踏着往赴朝圣之所的。詹姆斯·赫顿也因这一发现 ⁶⁶ 而屡获回报——愤怒的敌视和"异端"的指控，甚至还有更凄苦的东西，那就是无声的冷遇和蔑视。如果没有他忠实的朋友和追随者，约翰·普莱费尔从旁襄助，他很有可能遭受半世纪后孟德尔的命运，被人彻底（哪怕是暂时的）遗忘。尽管这样的悲剧并没有发生，但是，当你看到他存世的唯一肖像画，看着他那悲苦、狭长的脸颊，看见他的双眼仿佛从远方注视着我们，你不能不感觉到，这双眼睛已然将人类的名利视作祸乱洪荒的天灾，并将弃之如敝屣，转而寻求某种源自内在的高贵平静。他的眼睛告诉我们，以他的目光之深长，人已经不能使他产生些微的兴趣；若想看到他的笑容，除非恰巧在某个令人愉悦的日子，晨间散步时，在树上看到一只奇异的鸟儿。

　　目前为止，我们所关注的大都集中于哪些人在现存的生物世界中做些调查研究，找寻有机体嬗变和阶进的蛛丝马迹。如此，在评价赫顿的功绩之前，先来了解一下当时的地质学理论，便该是理所当然的了。可能你已经猜到，那时的理论，基本上是圣经创世说与缓慢进展之科学观察的某种折衷。到 18 世纪末，灾变说（catastrophic），或按其产生时的说法，突变论（cataclysmic），成为时人所认可的地质史理论和正统学说。

灾变论学说，或者说灾变地质学，有前后相继的两个版本，由于化石的存在渐为公众所注意，每一版本都不得不追加考察了地层学和时间的问题。亚伯拉罕·维尔纳的名字与第一个版本联系在一起，他是德国地质学家；法国古生物学家乔治·居维叶，则提出了第二个版本。赫顿所反对的，乃是维尔纳的第一版灾变说。这一版本便是所谓的"水成说"（Neptunist），其地壳分层理论，假设整个地表曾覆以浑浊海水，水中泥沙沉积，层层岩石便产生了。最初的岩层是不含生命的，其后不久，含有化石的其他材料进一步沉积，其地层形成便对应了不同生命形式的连续创生。随着海水消退（没人给出令人满意的解释），更高等的生命形式，哺乳动物，就在地上出现了。对此，吉利斯皮曾指出，[11] 该理论图式在神学上具有相当的吸引力。因为，不同的人可以完全根据自身的信仰和教派，对圣经创世记中的"一天"，给出或快或慢的解读。不管怎样，这一理论中生命的创生，其顺序总是能跟创世记保持一致，最终归结到人的诞生。

67

---

11 《创世记与地质学》*Genesis and Geology*, Harvard University Press, 1951, p. 46.

达尔文的世纪

灾变说的第二种理论，在赫顿离世不久便博得了公众的青睐，有一段时间，几乎完全把赫顿的学说淹没了。这一版灾变说最早与居维叶的名字连在一起——尽管居维叶从未提出过生命创生的完整理论，而只是讨论过动物区系因地质灾变而移徙到其他地方的情况。一直到此时，灾变说，从生物学角度来看，本质上不过是维护基督教神学教义的工具，它所起到的作用，不外乎是给神学教义加上点科学的色彩罢了。它保留了神创说作为大前提，其代价不过是将圣经故事改头换面，将创世解读为在不同地质时代进行的一系列物种创造。同时，它默认诺亚时代的大洪水，以为那乃是一系列地质动荡和灾难里距我们最近的一次；不同地质时期的史前生物，就被一次次这样的地质灾难，分隔成不同的历史阶段。每次灾变毁灭旧有的物种之后，新的物种便从新创造出来。随着岩层中蕴含的有机体渐次演进更加为人所知并得到更好解读，其展示人类出现之前的史前生命阶梯，与现时世界的存在之链如此相类，人们便以为，演化的进程早已预言了其最终目的，也就是人类的诞生。 68

容易看到，这一理论中存有明显的超自然因素，这一倾向在 19 世纪早期的英格兰，实际上还有所加强。但是，我们须得谨记，在赫顿写作《地球理论》（*Theory of the Earth*）的 1785 年，灾变论中所隐含的进步论（progressionist）倾向，尚未得到充分的发挥；直到后来，人们对地层中的内容物了解渐多，这一进步论倾向才达到顶峰。

特别奇怪的是，法国的灾变论学说，反倒源起于想要摆脱超自然主义影响的尝试，那些尝试，致力于在无超自然力的条件下对地球历史进行解释。如前文所述，宇宙演化的思想是在 18 世纪中叶流行的，大部源自笛卡尔，因此在法国广受欢迎。布封在他的《地学》(*Theorie de la Terre*, 1749) 一书中，试图追溯地球形成的历史，自从部分物质脱离太阳，构成了地球，随后又历经一系列"自然纪元"。他认识到，平行地层"不是一下子生成的，而是由一次次沉积相续形成的"。尽管时间跨度被大大低估了，但他仍认识到，以多种形式出现的侵蚀"持续产生效果，其造成的变化，在较长的时间里逐渐彰显"。他开始相信，原本微不可察的变化，在极长的时间跨度下，其效果会"产生巨大的革命"。

"革命"一词，如托姆科伊夫博士几年前曾指出的，对布封来说仅仅意味着巨大的变化，并不特指世界范围内的灾变动荡——尽管很快就被理解成那个意思。[12] 考虑到布封写作时代的知识水平，我们可以说，他的写作只能带几分赫顿的味道。相比之下，法国大革命以后，布封的后继者居维叶，才给地球"革命"以真正戏剧性的解释。然而，如果研究一下布封是怎么用这个词的，你会发现，他在很多情况下，只是把"革命"用作了"变化"的同义词。比如说，比之火山爆发带来的自然景观的剧变，河水的侵蚀作用，就只能产生颇为迟缓的"革命"。与布封

12　S. J. Tomkeieff,"Geology in Historical Prespective 历史视角下的地质学",《科学的历程》*The Advancement of Science*, 1950, Vol. 7, p. 65.

78　达尔文的世纪

相比，居维叶长期在巴黎盆地进行脊椎动物化石的研究工作，因此，他对灭绝这一问题就格外留意。同时，仍旧是由于专事研究脊椎动物的原因，居维叶难以对演化之变的持续进展有较为完整的把握。许是因为这一点，他对布封颇为推崇，并且从布封的作品中受到启发，把其"自然纪元"的概念重加诠释，将每一次世界性地质灾变都和一个纪元联系起来。如此，则每一纪元过后，新的动物区系和植物区系就会产生。

尽管居维叶本人并没有解释新的动物区系是怎样产生的，但不久后，纯粹灾变论就已经成为地质学领域的主流正统。《圣经》所载的大洪水，已被看作是最后一场大灾变。创世记的前几天，则应象征性地理解为一些早期纪元生命形式的创生。大量有关物种灭绝与创生的文献出现了。有的作者居然从地层中数出了20个不同世界，其内容多以作者所见闻的局部地区地质特色为基础，却错误地推及于世界范围。这一理论体系在宗教上本就有吸引力，又正值因法国大革命的刺激，英国保守势力反倒崛起。灾变论学说，一方面解释了动物的大量灭绝，同时又保留了当代宗教信仰的本质根基。于是，其广受欢迎和风行海内，便愈发势不可当了。

5　詹姆斯·赫顿的世界机器及均变说

从17世纪天文学上无限空间的发现，到18世纪最后十年间发现时间的无有穷极，这中间有一长长的令人费解的迟滞。表

70 面上看，两种观念是相通的，任一个的发现本应很快逼出另一个。然而实际上，基督教世界仍然只将无上天堂视作时间之无尽，世俗凡物仍不能够与上帝的永恒相提并论，即使科学之手已然开始对世界重新进行描绘。因此，凡俗世界的更长时间跨度和有机体进化的观念，仍然一同滞后于宇宙学上天体演进的发现。天文观测实在离现实太远，太过依赖数学计算，这种程度的数学只有极少数出类拔萃的头脑才能掌握——时间的秘密本应由这些出类拔萃者带给仅受过普通教育的大众，怎奈大众所接受的信仰，其整个体系都是与这些新观念相悖的。寻常百姓等待着，等待着些许他能够亲手摆弄、亲身见闻的东西——就如同在大航海时代一样，他能看见不久前抵岸的水手肩上那只会说话的鹦鹉；据说他们是刚从印第群岛（the Indies）回来的，一行人的帆船还泊在伦敦的码头。直到有了居维叶，这最后的证据才终归齐备。可在此之前，毕竟还是得有个理论，得有一张关键的、能指引方向的时间地图，没有它，便不可能驶向那遥远的未知之海。詹姆斯·赫顿的丰功伟绩便在于此：他证明了这未知的不可得见之海域真实地存在，还测出了这片海域之辽阔深广。至于其他像什么嘴里长牙的鸟儿，会飞的巨龙什么的，自有别人前来奉上。

18 世纪以来，牛顿学说在物理学领域兴起，随之而来的，一种哲学上的新变化出现了：不同于过去上帝以人格化的神圣示人，现在的上帝，在自己创造的宇宙的面前，渐渐成了旁观者的角色。牛顿定律是这样的：假设宇宙是一台机器，那么一旦机器造成，引擎启动，机器本身就基本可以自我运转和调节，创造者再无所事于其间。奇迹，以前是时不时的得在紧要关头出手干预一下，现在，大体上不需要了。其时，正当理性时代如日中天，人们对于数学般的秩序热情正炽。詹姆斯·赫顿呼吸而领会了这 71样的空气。他的书目的明确，那语气口吻，摆明就是要将牛顿察知的天上的永恒秩序和完美带到地上来，将其带入地球和其上生命的历史。换句话说，詹姆斯·赫顿乃是在创造一台自我更新的世界机器，其运转法则将会像天文学中的宇宙引擎一样，坚执不移。在这一点上，他确乎顺应了科学的时势。他的不幸在于，那个时代，人们接受的天行之道，到了地上却仍然是异端。

在赫顿以前，几乎所有对地貌形成的讨论，都不得不采取水成说的假设，即地表所有主要特征都是洪水遗留的结果。冰川的推进使巨大的漂砾散乱开来，常常散布到距其始发处几百英里之远，那时却多被认为是大洋的湍流所致。由于过去地表绝大部分（很可能是全部）曾浸入水中，因此，对地质研究者来说，将地质现象与洪水联系在一起乃是富有创造的明智之举，比如可以解释洪水撤出后，地表下遗留的巨大洞穴。然而，赫顿却给出了一个合理但不合正统的答案。他并没有试图"排干池子"。反之，他论称地壳本身的内在力量会产生张力和应力，在这些力量作用下，随时间的推移，新的陆地将从海中升起，哪怕其他外露的地表仍处于侵蚀过程当中。从来就没有什么盖满世界的大洪水。内陆掩埋的贝壳床，并不是洪水的证明，而只是地表不断塌陷与重新抬升的遗留特征，是地壳运动常在常新的永恒过程的一部分。

"我们能感觉到，"赫顿思忖道，"这些创造动因真实地存

在。这大地的根基如今虽深埋在不可测的海底，但终有一日，必
72 升抬而起，产生新的陆地。"[13] 发现了大地这一非凡的机械工作原
理，他喜不自胜，就如牛顿发现了物理学原理一般欢欣。他对众
人说，风霜流水的破坏作用，本来可以将陆地侵坏而吞没，幸赖
"再生作用（reproductive operation）在，使毁坏的格局得以修
复"。[14] 从这些话里，从他对"漂亮机械"的亲昵称谓里，不难看
出，整个启蒙运动的气质就是如此，它反感一切"求助于非自然
恶因、一切归结于意外的事故灾难，以及任何借助超自然力的原
因解说——这些都不应作为已知事件的正当解释"。[15] 世界是自然
的产物，有生自有灭，但其本身也在永久地自我更新。"我们脚
下的大地，其本性便是有新生亦有衰朽，"赫顿在后来的作品中
写道，"然这衰朽，不过是其生命机理的完美体现，是活的世界
的组成部分。"[16]

赫顿仔细区分了沉积岩与火成岩。这一工作，以及他对地
层的长期观察，使他认识到，他所察知的地壳自我恢复能力，乃
来自地球内部的热力。他观察地层的倾斜和变乱，认为这是由于
地壳的隆起与褶皱，意味着有"某种地下的热能"在起作用。活
火山的存在证明了他的观点，也就是说，这种力量并非为过去所

---

13 《1788 年文集》*Essay of 1788*，p. 293.

14 同上，p. 216.

15 同上，p. 285.

16 《地球理论》*Theory of the Earth*，Edinburgh，1795，Vol. 1，p. 208.

独有，而是直到今天依然活跃，是新的陆地和山脉创生的动力。海洋深处，由风和水从各大陆带来的物质被压力固化成岩层，这岩层终有一日将抬升出海面，而再次受到侵蚀。大地，"就像动物的肌体，在耗损的同时也被修复着"。

赫顿对微观衰退销磨的感知，与他对大陆运动所造成巨大动荡的察知可谓同样敏锐。他对时间的感知超乎寻常的锐敏，使他能够 从眼前流动的小溪预见整个大陆的消亡。不仅如此，他还认识到，长远来看，这一今日的耗散同样预示了新世界的诞生。"因此……从山顶到海边……一切都在变化；石头和岩层慢慢销蚀，破碎，分解，终于变成土壤；土壤迁移着，从大地的表面一直运动到海边；海水不停搅动，使海岸损蚀耗散，而这搅动对整个有机界来说，又至关重要。因为，没有它对海岸的侵蚀耗散，世上就不会有风有雨；没有对陆地的侵蚀耗散，大地就无法孕育生命。"溪流边的沉思者，仿佛听到了尼亚加拉瀑布的咆哮，仿佛看到了世界前进的洪流。

无数微小的颗粒，永无休止地在大地上奔波；已然瓦解的从前陆地，以及其上已逝的种种生灵，将西方思想再次带到了无尽时间的长长影子跟前，像古罗马时的思想家所面对的一样。时间是否无尽，于这一问题的答案，赫顿在书的结尾写道："我们找不到开始的痕迹，也看不到结束的前景。"这话写完的 60 年后，查尔斯·莱伊尔爵士在伦敦地质学会年会上致辞，坦白说，"尽管我们已经大大扩展了自己的知识范围，在我看来，这一结论仍然成立"。[17] 至此，达尔文的前路已畅通无阻。

1785 年，詹姆斯·赫顿在爱丁堡皇家学会宣读了他的《地球理论》，3 年后，该学会的会议论文集将其收录发表。1795 年，增补版两卷本出版印行。他的理论在自由派人士中颇受欢迎。在 1795 版中他写道："当我第一次构想这一理论之时，少有博物家能明白地撰写此类文章。但那是很久以前的事了，现在的情形已大不相同。现在，很多最开明的人在从事博物学研究，做出观察，彼此交流。我可以每天验证我的理论，将以前的观察所得与世界上几乎任何地方的实际情况相比对，对我这真是莫大的满足。"[18]

灾变论，本是脊椎动物古生物学研究的最初产物之一，可随后却给他的工作蒙上阴影。他对进化思想的看法并没留下只言片语，除了他曾颇有兴趣地提起过德梅耶的"巧妙理论"。这一理论的摒弃超自然力以及对用自然进程解释的偏爱打动了他，但他批评说这"不过是物理学的浪漫"，尽管此理论"较其他的更为基础牢靠"。[19] 赫顿的时间观，本质上是循环论的，这也是他的学说最要命的局限所在。他认识到时间的无限延伸，他认为在旧大陆缓慢消亡的同时，新的陆地正在升起，因此，没有理由认为物种会完全灭绝，同样也不存在生命的不断创生。不过，他到底

---

17 Anniversary Address of the President（主席年度致辞），《伦敦地质学会季刊》*Quarterly Journal of the Geological Society of London*，1851，Vol. 7，p. lxxiv ff.

18 《地球理论》*Theory of the Earth*，1795，Vol. 1，p. 306.

19 同上，Vol. 1，p. 271.

并未对史前动植物的性质做详细研究。他观察到，这些生物能够从某地的某一形态，"翻译"到另一地，变成别一形态，只要时间和地理环境允许。与同时代其他作家一样，由于史前贝壳化石与现存种类相似，他误以为生命形式从古至今是稳定而少变的。

因此，赫顿是一个彻头彻尾的均变论者。"诚然，"他承认，"这些［海洋］生物与现今的动物确有些不同，但其区别并未超出……在地球的不同地区所存在的那些。所以说，古时的海洋生 75 物系统，与现今存在的并无不同……"[20]

要使公众对进化论的到来做好准备，还有两个步骤是必须的，还有两块拼图，要拼接到赫顿手上的这一块，好组成完整的藏宝图。史前动物的遗骸还埋在地底，尚待观察鉴别。不只是每一种动物埋藏的地层要按顺序分开，每一层所埋的各在什么年代，也要顺理清楚。这便需要解剖学的知识了，对这一领域，赫顿是不甚了然的。

6　威廉·史密斯

天文学对赫顿影响深远，他的哲学，他的世界机器说，都受其影响。本质上讲，天体世界里所有轨道的扰动，都倾向于围绕某一均值，在一定范围内上下波动，因此，对于太阳系这样的系统来说，较小的异动是不足道的，不会干扰其稳定运行。这种

---

20 《地球理论》*Theory of the Earth*，1795，Vol. 1，pp. 175–176.

想法或导致赫顿对有机体变异的可能性不甚关心。海洋生物，其形态变异较不明显，容易被当作是围绕某一范型略做改变，从而为人所忽视。这种情形，如我们所见，在赫顿的年代已是司空见惯了。然而，有一个人，他的知识背景却有些不同，而且，他本人也有些工程方面的实际需要。这个人是威廉·史密斯。

我们曾提到过，早在 18 世纪，就有几位学者提出（布封即其中之一），化石在推测沉积岩层的年代上，兴许会有些用处。詹姆斯·伍德沃德在 1695 年就注意到，不同地层中的化石似乎有些外观上的差异，[21] 但他没有正确地解释这一现象，而是将其归因于大洪水时代的重力作用。地层的沉积排布有连续性，这一点有几位也早就注意到了。[22] 无疑，亚伯拉罕·维尔纳于 1777 年首次提出的连续地层观念，激起了人们对地质分层的兴趣，但这些想法却无助于对所提出的诸多问题做出合理解答，因维尔纳将其归因于在海洋完全覆盖地表的情况下，海水中的化学沉积作用。[23] 维尔纳其人确有贡献，然而那主要在于他推动了不同地区地层的比较研究，并确认了这些地层在广大范围的相似性。尽管他的理论早已过时，但无疑使公众得以更早认识到某些地质构造

21　《自然地球史论》*Essay Toward a Natural History of the Earth*.

22　欲知史密斯更为湮没不彰的先驱，可看近人 C. J. Stubblefield 所著 "The Relation of Paleontology to Stratigraphy 古生物学与地层学的关系"，文载《科学的历程》*The Advencement of Science*, 1954, Vol. 11, pp. 149 - 159.

23　F. D. Adams, 《地质科学的诞生与发展》*Birth and Development of the Geological Sciences*, Baltimore, 1938, p. 221 ff.

的范围和相互关系。

维尔纳的这一早期研究，其关注点乃是构成地层的岩石本身的性质，而不是石头里的有机物质。史密斯则提出了一种全新的研究思路。他认为，地层的年代可以靠其中的不同化石来确定，对于层叠累积的连续地层，愈近底层则年代愈老。像其他伟大原理的归纳总结一样，这一原则，一经提出，看上去就如此简洁明了。如今，此原则已广泛应用在考古学和古生物学研究上。许多伟大的头脑，常在解决某一重要问题的边缘徘徊不前，以致无功而返（进化论的创立过程可作一例证），这一事实说明——如我们所一直频频提起的那样——某个根本因素的缺失是至关重要的。古生物学，其时还没有成形，学人的兴趣，不在时间，而无非是设想史前海洋里，迅速沉积下来的岩层有什么矿物成分罢了。

如前所述，赫顿在 1788 年出版了有关时间和侵蚀作用的著作。3 年后，威廉·史密斯似乎搞出了地层学的奥秘，不过，相关著作的出版就要等到很久以后了。 77

威廉·史密斯的身世，与文化层次极高、深具哲学思想的赫顿相比，可谓大相径庭。史密斯很小就沦为孤儿，由一位身为农夫的叔叔（或舅舅）抚养。少年时代，他做了测量员的学徒工，兴趣之所在乃是广阔的原野和其中埋藏的化石。其时在英格兰，为长途运输煤和其他货物，各种运河的修挖工程大肆进行。史密斯便在这时开始了自己的职业生涯，成了一名测量员和工程师。进入新世纪后，他为运河公司跑了许多地方。他写了很多报告，有关于煤层沉积的，排干沼泽的，如此等等，还设计过运河开挖的路线图。换句话说，他成了一个做实际工作的野外地质学家，通晓地下水和英格兰全部地形学，人才难得，无与伦比。他的谋生之道，便是精准判断不同地层，并在英格兰各地把它们找出来。鉴别不同的地层，无论是人为暴露还是自然裸露的，都是他的拿手好戏，后来还因此得了个"地层史密斯"的雅号。他最重要的发现在于，不同的地层，其所含的有机成分各有区别。史密斯本人也许并没意识到，但这一发现，实在是揭示了生命的历史性（historicity），奇特而令人着迷。多亏有那么些沉积岩层，单凭物理性质不好判断区分，史密斯这才引入这一新的因素来帮助鉴识——这新的因素不是别的，正是这星球历史上，唯一存续既久，不断改变，而又总能令人辨认不爽的东西——那就是生命本身。

威廉·史密斯并未秘藏自己的发现，只是他自己不怎么写作。仗着朋友们对其工作的忠诚转述，居然也获得了相当的名声。他总是在旅行，而且，事实上还讨厌写官样文章。他所常做的，是带着旅行推销员式的自由洒脱，与每一个耐心的听众分享自己的伟大秘密。到 1799 年，他已经在巴斯附近散发了不少未78 经出版的手稿，其中运用了他自己发现的古生物学原理。1813年，他的一个朋友，约瑟夫·汤生牧师写成一本书，书中盛赞史密斯的发现。[24]1815 年，史密斯终于出版了自己的毕生之作——

---

24 《确定摩西为历史学家，他记录了创世到大洪水的历史》*The Character of Moses established for Veracity as an Historian, Recording Events from Creation to the Deluge*, Bath, 1813.

英格兰的第一部地质地图。后来他又写了几篇论文，详细阐述了自己的观点及其依据。其中最有名的大概是 1817 年在伦敦发表的《化石生物的地层统系》(*The Stratigraphical System of Organized Fossils*)。史密斯的幸运在于，他的专业知识恰好顺应了经济发展的需求，因而得以发达。但他本人仍旧遗憾地感叹，"地质学理论专属于某一阶层的人，而从事实际地质工作的人，则是另一阶层的。"[25] 在这些文章当中，最让人感兴趣的是，史密斯颇恭敬地谈到了拉马克对无脊椎动物的研究，称其方法"最适宜化石生物的分类工作"。显然他极其熟悉古斯塔夫斯·布兰德和丹尼尔·索兰德的著作《汉普顿郡的化石》(*Fossila Hantoniensia*, 1766)；18 世纪初，拉马克在其开创性研究中曾援引此书，以便将汉普顿郡的第三纪化石床与位于法国者联系起来。

史密斯否认自己关注理论，声称："我又不必拥护谁。"[26] 但在这一点上他并非一贯如此。尽管无法查阅所有的原始文献，但我有一种与他人不同的感觉，似乎史密斯的早期工作多受赫顿与拉马克渐变论的影响，而后期则转向了灾变说，后者在居维叶得大名后成为一时显学。比如在 1817 年的地层论文中，他便说："每一地层中的化石生物，其遗骸皆属于一届孤立的创造。"他进一 79

25　H. B. Woodward，《伦敦地质学会史》*The History of the Geological Society of London*，London，1907，p. 53.

26　见上引 1817 年论文，p. vi.

步推测:"或者,属于尚未发现的更早时期的一届创造。"这种论调跟上面所引的话里表示的独立不倚立场并不谐调。

尽管有一次,他对动辄以未知"痉挛 convulsions"解释地质事件之辈表示厌恶,但时代的保守倾向,来自朋友与职位带来的微妙压力,以及他本人的气质秉性,最终使他接受了地质史中不可见的解释因素。"由于化石的运用,"他说,"我们回溯至一超自然力的国度。"[27] 这些话便是那一时期科学气候下的典型套路。总体来说,当时的时代气候对科学是感兴趣的,对化石则兴趣与日俱增,但最终,其指归仍然是坚决维护宗教的权威正统。

当时曾有人这么评价威廉·史密斯其人,说他是个"朴实而粗通文墨的人"。是他把科学界的注意吸引到地层上去,指点人们看那埋藏的生命遗骸,又揭示了地层叠加之原理,让整个世界第一次认识到时间的本质。一切暴露出来的地层断面,商业挖掘弄出来的也好,断裂的高地所暴露的地层构造也罢,包括海岸边的断崖,都等在那里,埋藏着远古的遗迹,隐匿着悬而未解的谜题。[28] 于是忽然之间,古玩专柜里漂亮的贝壳有了神秘的大意义。史密斯也许没有接受进化论,但他接受了时间——本质上属于

27　F. J. North, "Deductions from Established Facts in Geology, by William Smith: Notes on a Recently Discovered Broadsheet 威廉·史密斯氏从确立的事实做出推论:关于最近发现的大报的笔记",《地质学杂志》Geological Magazine, 1927, Vol. 64, p. 534.

28　英国地面虽小,而地层序列极其完备。

赫顿和拉马克的那种时间。[29] 这种时间再不是抽象的了，对外行来说也不再毫无意义。生命的奇妙线索贯穿其中，独特而又不断变化，永远不可预测。其时居维叶已在巴黎盆地发现了奇怪的骨 80 头，但初为新贵的贝壳，即使是外观较为逊色者，也早成为年轻女士的关注对象。[30] 有人开始抱怨史密斯了，说写作终究非其所长，责怪他何不尽早出书，气急败坏地痛斥他一再延宕。

已灭绝生物之研究，从此便与地球的岩层完全融为一体，再不能分开。通向过去的梯子已经造成，研究现存生物的族系之发展，再不能对地下的故事置若罔闻。假如，为职业所限，为时代所压，史密斯选择了强调化石记录中的断开而非联系，他的错误是可以原谅的。他慷慨地分享了他的伟大发现——考虑到他的生活之困顿艰辛，他本来很有理由不这么慷慨。

1831 年，史密斯领取了伦敦地质学会的第一枚沃拉斯顿奖章。颁发该奖是为了表彰这个找到了时光回溯之路的人，他在翻山越岭中完成自己的工作，最终赢得了这一荣誉，而他所从事的在许多人看来，是种肮脏而不甚体面的职业。至此，隐居的苏格

29　拉马克不费力气地想到了数百万年之谱。见 A. S. Packard，《进化论鼻祖拉马克》*Lamarck, the Founder of Evolution*，London，1901，pp. 132–133.

30　无名氏，"An earnest recommendation to curious ladies and gentlemen residing or visiting in the country, to examine the quarries, cliffs, steep banks, etc., and collect and preserve fossil shells as highly curious objects in conchology, and, as most important aids in identifying strata in distant places; on which knowledge the progress of geology in a principle degree if not entirely depends 诚意建议居留或造访本国的女士先生前往考察采石场、悬崖、陡岸等处，收集保存贝类化石以为珍玩，并作为辨认远方地层之最重要助力；此项知识，地质学进展所赖甚重，乃至全然有赖于此"，《哲学杂志》*The Philosophical Magazine and Journal*，1815，Vol. 45，pp. 274–280.

兰医生和受尽风吹日晒的英国佬都已各自完成了孤独的工作。

史密斯以外，与他同时代的还有一人，此人无疑才华出众、出身显赫，他便是布封衣钵的继承者，乔治·居维叶男爵。赫顿和史密斯都算得是自然地质学家，而居维叶，藏宝图第三份秘录的持有者，则是一个比较解剖学家。他是脊椎动物古生物学真正的奠基人。

7 居维叶：陈尸间的魔术师

于今，外行人茶余饭后闲聊时，说古生物学家能从一根骨头就重构起生物体的整个原貌，这似乎已经是老生常谈了。可真正这一学科的研究者，凡自知其长短局限的，大多会轻声笑道："那得看是什么样的骨头了。"然而，一个多世纪以来，公众的确早已惊奇震撼于博物馆里矗立的巨大铰接骨架，赞叹着已逝爬行动物的复原，那些个有翼或双足的巨兽着实令人着迷。对普通人来说，这就是一种他们所不能了解的魔法。更重要的是，就像大航海时代伦敦码头上的看客，如今公众可以直视这些宏伟的骨架，这些从消失的时间海岸获取的战利品，然后则心底必定更加愿意相信其背后新的理念，也就是那个人拒斥了赫顿和拉马克、跟他们分道扬镳之后发现了什么。真的，他们两人的确触到了时间的秘密，只可惜没能抓得住它，就像太小的贝壳留不住大海的潮声。只有巨大的骨头，大型猫科动物的剑齿，巨象的长牙，只有这些，才能让一般人心头震撼，真切意识到，久已从阳光下消失的古陆上，确曾有如此千姿百态兴旺昌盛的史前生命，繁衍漫布在大地上。早先，人类曾天真的以为，这世界乃是为自己而创造的，如今时间旅者却发现，并不算长的时间以前——从地质学角度来看——人类似乎还不存在呢。这新的故事剧情，还有那些巨大骨架的重生，都得归功于居维叶和他的后继者们。他的丰功伟业给他赢得了一个神秘的称号，"陈尸间的魔术师"，也是从他开始，古生物学家和一根骨头的故事才开始见证这个世界的改变。

赫顿的遗失大陆上，究竟有怎样的珍异巨兽曾漫步徜徉？学者们要想弄个明白，就得从海洋生物的研究更进一步，发展出 82 一种新的方法，让人能单从动物遗骸的某个零件，就能推知全体原先是什么样子。要知陆生脊椎动物可不比贝壳，一般来说，能找到的都不过是些散碎骨片。因陆生动物死后太容易被游荡的食腐动物或鸟类撕碎吃掉，即便尸体很快就被泥土或流沙埋到地里，漫长时间的侵蚀也足以毁掉遗骸的绝大部分。大自然对保存逝者可无多兴趣；她的宗旨，乃是回收利用它们留下的元素，将其重新带往永恒的生命旅程。如此一来，则数不清的脊椎动物骸骨便只能零星可见，东一块、西一块地散落在大野；其中总会有那么一两块恰好保存完整，又恰好被人找到。于是，在这种情况下，从局部片段推知原身全体的能力，便显得至关重要。居维叶，便将这一技艺发展到了炉火纯青的境界，于是，他的功绩便成为传奇。

比较解剖学的开端，就像我们的许多学科一样，可以追溯到古希腊人。举例来说，亚里士多德便知道，较大的分类阶元中，动物多具有结构的同一性，而其中的不同物种，则针对不同目的历经了形态变化。[31] 存在之链本身的等级序列也有助于这种观念的延续传播。当然，这并不意味着，人们就理解物理层面的形态适调变化是如何代相承传的。实际上，当时人们将其理解为某种蓝图或多种蓝图，其规模宏大，跨越整个整个迥不相同的生物群，规划了各种生命形式的创生。这种"蓝图"应该看作是非关物质、纯粹精神层面的，类似柏拉图所谓的理念体式（理念体式，form，某种纯粹精神存在，现世中的个体乃是其粗糙摹本——译者），自然的神圣秩序便在其中得以展现。

然而，随着 18 世纪拉开进程，人们开始认为，统一的蓝图可能表明，千差万别的生命形式，在物质层面乃有共同的起源。我们已经看到，在布封身上，这一想法早已犹豫不决地冒头了，而这一观点的各种隐约的暗示，早在居维叶以前，对 18 世纪中叶的法国和德国作家来说，就都不算陌生了。[32] 就像进化论本身一样，我们可以观察到，在艺术大师居维叶出现之前，已经有人初步摸索着如何准确运用这一观点了。

在无损居维叶天才之名的前提下，我们应该指出，在他将统一蓝图——目前看来，这蓝图确实在现实生命世界中存

31　E. S. Russell，《形式与功用》Form and Function，New York，1917，p. 3 ff.

32　本书篇幅所限，对这些作者不能一一详述。有兴趣的读者可看 E. S. Russell 上引书，A. S. Packard 上引书 pp. 136-139，以及 A. O. Lovejoy，"Some Eighteenth Century Evolutionists/18 世纪的几位进化论者"，《科普月刊》Popular Science Monthly，1904，Vol. 65.

在——转变为一种探索过去的新方法之前，有这样几件事已经发生了：①公众的关注，特别在欧洲大陆，已经从贝类转向动物骸骨。美洲发现巨大骨架遗骸的新闻，开始传回到旧大陆，在某些事例中，骨架甚至已经在欧洲展出过了。②地球年岁的显著增长，加上史密斯有关化石地层序列的发现，使公众对陆生脊椎动物的兴趣大大提高了。人们都想知道，和史前海洋无脊椎动物的千篇一律相比，同一时期，陆地上又会有哪些参差多样、形态各异的生命形式呢？③有关世界其他地区的地理知识日益增长，神秘大型脊椎动物隐藏于不为人知之所，这种可能已经非常渺茫。最终，物种灭绝为现实所接受。因此之故，人们期待着，失落的史前生命可能带来前所未见的惊人奇迹。④第一帝国时代，巴黎盆地的岩层被大量开采。某些地层里，淡水生物的遗骸时有发现，而同一地方，更深处的沉积岩层则含有大量大型陆生动物的化石。当时一位匿名作者曾悲叹感慨史前生命的消逝，又对新发现物种的起源捉摸不定，苦思不解，便沉吟数语，笔带敬畏："头脑已经迷茫——眼前飘过的，唯余模糊不定的光线和隐约庞然的影像。"[33]

84

正是在这片广阔而不断扩展的远景光影中，居维叶，就像现代的浮士德，亲审遍察从发掘中收集的成堆骨头。他曾说："我发现自己仿佛置身于陈尸间中，有 20 多种动物的数百具骨骼的残片碎块包围着我，让我困惑。我的任务是将它们全部复

---

33 《爱丁堡评论》*Edinburgh Review*, 1812, Vol. 20, p. 382.

原。比较解剖学的声音在我耳边响起，指引我把每一根骨头，每一块碎片都拼回到它原来的位置上去。"[34]

有一件事是令人由衷感到满足的：翼手龙（Pterodactyls）的命名，正是来自居维叶本人——多亏我们的现代魔术师，在人们头脑中复活了这位逝者。毕竟，跟小恶魔如此相像的翼手龙，这有膜翼会飞的爬虫，难道不正宜于在魔法大师的头顶盘旋吗？这一幕该画成油画，居维叶这人本就有深沉的戏剧感。他知道，这些生物实在是有史以来，铁锹所挖到的最为非凡奇异的东西了；他也知道，它们完全属于一个消失了的久远世界。然而，在他眼里，没有什么可以逍遥于自然法则之外。每一根骨头，每一颗牙齿，仍要符合解剖学的法则。尽管为了适应当时的特殊环境，这些骨骼可谓奇形怪状、五花八门，但它们仍然符合古代爬行动物的范式，或者说蓝图和同一性，经历漫长的衍生变化，最终成为今天爬行动物的模样。因此，我们的生物学家便敢于下这样的结论："翼手龙已逝，但其身体构造的模式仍在。它们是高度特化以适应飞行的爬行类脊椎动物。然而从结构上看，它们与现代爬行动物有明白的亲缘关系。"

居维叶，这位完善并推广了这条回溯过往的新路的人，本是一位家境平常的瑞士军官的儿子。他的早期教育是在斯图加特获得的，在那里他受到德国早期解剖学研究者凯尔梅耶的影响。1788 到 1794 年，他受聘为法国诺曼底伯爵之子的家庭教师，因

---

34 *Edinburgh Review*, 1837, Vol. 65, p. 23.

此他免于受革命牵连，后来又得贵人相助，于 1795 年重返巴黎，入巴黎植物园工作，开启了辉煌的职业生涯。嗣后，他又入政府居要职，极得拿破仑宠爱。1800 年，他开始发表《比较解剖学教程》，阐述了自己的学术观点，其理论后来在与亚历山大·布隆耐尔特合作进行的巴黎含骨矿床研究中得以出色运用。[35] 他著作多产，较为出名的有《化石骨骼研究》(*Recherches sur Les Ossemens Fossiles*, 1812) 和《动物王国》(*Le Regne Animal*, 1817) 等。他的《地球理论》(*Theory of the Earth*, 1815) 英译本流传甚广，其时对比较解剖学的传播起到了主导作用。所有这些作品都多次再版。我们早已提到他发展了灾变论的第二个版本，现在专论他的所谓"相关律 principle of correlation"。

居维叶细心指出，尽管脊椎动物遗骸使回溯古往的前景有了更宽广的视角，但由于残骸零星散碎的现状，其研究仍为人所轻，致使仅有极少数人有本事从碎骨残片中做出有意义的发现。此时的居维叶，在漫长努力之后，终于获得了最后一份藏宝图的秘录，与史密斯、赫顿两人所持有的部分，恰好完全吻合。他说，实际上，"从现存生物身上学到的比较解剖学，将成为一座梯子，向下搭到过去的世界上。我们掌握的所有信息——尽管还并不太多——使我们得以假设，在现代生物世界观察到的统一设计，可以扩展到上古时期久已被埋藏的过去。我手中的钥匙，比较解剖学的法则，使我们有能力将早已消失的巨兽复原，

35　《巴黎周围的矿物地理论文集》*Essai sur la geographie minéralogique des environs de Paris*, 1811.

并将它们与现存的生命联系在一起"。

为发挥他在鉴定和修复方面的专长，居维叶有一套自己的法则，放到现在或可以称之为"整体论"（holistic）或者"有机化"（organismic）原则。他认为，器官——实际上包括所有的解剖结构在内——与整个生物体的生命活动息息相关，没有任何器官可以单独发挥作用，而不需要其他相关部分的适应配合。因此，仅靠一个脚印，我们就能推知这头兽的很多信息，哪怕我们除这脚印外一无所知；只凭一根羽毛，就可以推断很多关于这鸟的情况，因所有鸟类，其身体结构上都有已知的联系。"因此之故，"居维叶说，"我们取得了惊人的成果。要知道，哪怕最小的碎骨，甚至一个极不明显的隆起，都表明某种特定的、确切的特征，从而跟某一纲、目、科、属或种相联系；故而，只要有一根骨头的末端保存完好，通过仔细检视、精确对比和类推，我们就能完全确定这根骨头属于哪一种生物，就好像整只动物都在我们眼前。"[36] 居维叶昼夜精研，对现存和灭绝的动物骨骼可谓了若指掌，其鉴识之功渐臻化境，他的这一专长，为自己赢得了无数惊叹和赞誉。

仅举一个例子：1726 年，有个叫约翰·启则的人报道说，在康斯坦茨湖附近有一块石板，里面发现人骨化石，而据他所说，这是生活在大洪水前的人类留下的。这一人骨标本，便因其宗教背景收获了巨大的关注，从而被运往哈勒姆展出。但在

---

36 《地球理论论文集》*Essay on the Theory of the Earth*，Edinburgh，1815，p. 101.

1811 年，居维叶鉴定了这一骨骼标本，发现骨头来自某种已灭
绝的巨型蝾螈。可以说，随便拿一块骨头，就敢说是巨人残骸或
者圣徒遗体，这种日子一去而不复返了。

再说两件男爵的功绩，这次要提的，是他为达尔文的发现
扫除了障碍。其一，是他打破了存在之链这一假说。读者应还记
得，18 世纪的人仍然沉迷于连续上升的生命形态阶梯，不同物
种由看不见的刻度一一划分、层层相叠，而且在难以觉察的程度
上相邻的层次间彼此还有些重合渗透，一路向上，以至于人。这
一假说却在一个问题上欠了思忖：就是说，按照该理论，所有生
命形式应有高度的统一性，这种统一性实际上超过了自然所真实
拥有的。于是存在之链不可避免地导致了极其成问题的分类
法——试图将所有生命形式压缩到短短的一部阶梯上。

居维叶跟这一概念挥手告别。他的论证很简单，因为从解
剖学角度看，一些大类的生物，其间呈现的解剖学组织性差别如
此之大，绝不会配置到同一个单一的递次上升的分类系统。进
而，居维叶设想出四个大的门类：脊椎动物，软体动物，节肢动
物，以及轮辐动物（the Vertebrates, the Mollusca, the
Articulata, and the Radiata）。最后一个门类在后世的研究中经
历了最多的改变，尽管如此，居维叶从根本上发展了动物学的分
类系统，即便他并未意识到其中的进化内涵，但他证明世间并非
只有一部阶梯，而是同时有多部。软体动物的器官蓝图和适应结
果，使其永远无法配入脊椎动物的序列。也许，正是由于这种对
生物组织不同世界的敏锐洞察，使他最终拒绝了带有旧时存在之

链味道的进化论，对古老笨拙的形态学深恶痛绝。

不管怎么说，居维叶在不知不觉中为分途进化开辟了道路——拉马克曾小心地瞥过一眼，但最终并未推导出这一结论。无论我们后来对所有生命共同本源又有什么新的认识，自居维叶已还，存在之链在某种程度上终成神话，尽管在神学统治科学的时代，它曾激发过人们对博物学的兴趣。这个星球上的生命，遵从了好几种不同的蓝图，在人类可知的范围内，倘不是纯靠发挥想象，它们决不能放进一单个递次上升又彼此联系的序列中的。相反，每种模式都沿着自己的独特进化走廊分头发展。成为人类并不是蠕虫的奋斗目标。生命是一丛灌木，而不是一架梯子。

最后一点：尽管居维叶并不承认进化论的解释，但他仍然第一个留意到了自己在巴黎所做研究的特别之处。"可以观察到，这些骨头能构成一个清楚的序列，这表明不同物种的出现有明显的承续性。"[37]他清楚地认识到，较年轻的沉积岩层，其所含的生物个体与现存生物更为相似，而年代久远的岩层则正相反。在他看来，这些岩层说明生命复杂性是逐步递进的，是通过这个星球的数次"革命"才演化至今天的模样。德佩雷称这一想法是"根本性的观点"，其价值长久以来为世人所忽视。[38]的确，巴黎研究无疑是地层中发现最早的陆生动物演进的证据，同时，也是史上

---

37 上引书，1815，p. 109.

38 C. Deperet，《动物世界的嬗变》*The Transformations of the Animal World*，New York，1909，pp. 9–10.

发掘最早的完整哺乳动物序列。

居维叶的发现促进了生物学上的进步主义（biological progressionism）倾向，我们将会看到，正是这一倾向清楚地拉开了 19 世纪进化论的序幕。不仅如此，居维叶本人——20 世纪的批评家经常忘记这一点——早已认识到，他的相关律本质上是经验归纳的产物。他知道，只有对灭绝生物解剖学知识的进一步拓展，我们才能不断增强回溯过去的能力，避免时不时地犯下错误，毕竟，最悠远古老的那些灭绝生物跟我们的常识通常相去甚远。毫无疑问，从我们今天所掌握的标本证据来看，确实有部分过渡性样本和极少数的骨格绝伦之辈，形态并不符合他的相关律。但是，绝不能因此就摒弃他的方法，毕竟这一方法曾帮助我们打开了通往过去的大门。

他不会想到会有始祖鸟这样的动物，兼具羽毛和牙齿，但是他自己的哲学很快就会适应这种例外，因为，正如他本人在后世批评出现前就已写下的："我们对这些形态关系的理论认知尚不足以引领我们，除非能得到观察和经验的帮助。"[39] 更不用说，他本人就极其成功地鉴定了若干种有相似现存后裔的动物，他的鉴定因完全合理而无懈可击。此外，居维叶秉性沉静——年少时候，他曾费尽心思给一套珍藏版的布封动物学插图上色——很可能也像一个安静的孩子那样，保留着某些私密的想法。比如，他曾隐晦地写道："用不着什么普遍的哲学原则，对事物的

39　上引书，1815, p. 95.

观察本身便足以说明，我一直谈论着的所有关系，其背后必然隐藏着秘密的原因。"[40] 当他写下这些话时，"变异之遗传"尚有 35 年才得以问世。作为官员，乔治·居维叶男爵有傲气，有时甚至有些狂气。但他为人却甚谨重。当巴黎正上演人头落地的惨剧的时候，他兀自在诺曼底海岸过着平静的日子。多年之后，他已在学术之路上走了很远。也许他也曾有过暂时的彷徨犹豫吧，也许他究竟没有。无论如何，说到最早的时间旅者，他的名字必然位在其中最伟大者之列。

40　上引书。（斜体是笔者加的——L. E.）

> 查尔斯·莱伊尔爵士，三十年来凝思不懈，披阅
> 并撰写了大量有关物种演替的文章，数十年之功可谓勤
> 勉矣……那么，他到底是如何一错再错，以致从未踏上
> 正途的呢？
>
> ——休伊特·沃森

1　地质学预言

对居维叶来说，骨头从来就不只是骨头，因为它的曲度和
各有异别的一些突起，都讲述了一个个组织良好的个体存在的完
整故事：所有其他骨骼和器官都必然以和谐的比例共存一体，并
与孤立的碎片相吻合。因此，爪子通常就透露了牙齿的信息，或
者牙齿指向肩胛骨的特定性质。对詹姆斯·赫顿而言，地貌并非
一成不变的，不，它只是这个星球自传的一篇一页。年复一年的
风吹霜冻，看不见的地火的烘烤，一棵植物在它头上扎根，帮它

把一点点土壤保存下来，免于受到流水的冲刷。无论它经历了什么，只有一点不变：这片风景是"自然"所成就的。它不是毫无理性的神秘力量所锻造，也并非出自愤怒的神祇之手。相反，它是两种力量长期以来、错综复杂的相互作用的结果，是土地的损蚀耗散和隆升复兴两种作用较量妥协的产物。所以，乡野风光固然是美景，但它首先是一部传记，而且是时间所留下的唯一可见的自传。同样，对威廉·史密斯来说，地层也并非一层层厚厚的冷漠岩石，而是一部通往未知的黑暗过去的梯子，这梯子的每一级梯蹬上都掩藏着各种动物，好像琥珀捕捉到小虫，保存到自己内部。这些动物，用史密斯自己的话说，"与当今现存者有极大的不同"。当我们重新审视这些对人类知识的伟大贡献，想起做出此等贡献的先贤之天纵英才——只因我们长期与之相近相习，我们便经常忘记这一点——我在想，到底是缺漏了什么配料，有了它，就能让 19 世纪的公众相信，有机体的进化，一如天穹群星的演化，乃是无可置疑的事实呢？

好吧，当我们这样思考的时候，实际上乃是不自觉地把现在的思维投射到 19 世纪初年了；彼时的信息积累确实还达不到足够的水平。如此，则不妨稍为仔细地研究一下当时的境况吧。

1788 年，赫顿出版了他的第一部，也是最紧凑的作品。其时，德国地质学家维尔纳的学说风头正劲，而大众由于自身的基督教传统，也的确偏爱大洪水的故事。当时，赫顿已然认识到化石的重要性，可不幸的是，他生得太早，未能意识到动物的形态渐变和大规模生物灭绝，这些要等到晚些时候才为科学所发现。

生物的灭绝，从其性质上来说，本就是不能推知，而只能靠实证手段得出的。于是，尽管赫顿看到了无尽的时间远景，了解到行星表面乃是由自然之力所塑造，但他却是**彻底的**均变论者。他没能看到有机体的形态渐变；他察知到世界机器自行运转和自我更新的主要机理，便心满意足，停步不前了。对于生命，他所知甚少，罕有疑问。因此，他的学说中便含有一种永恒不变的东方意味。万物的离去，只为有朝一日的重来，逝者如斯而未尝往也。这样的学说，在当时的文化背景下自然响应者寡，盖因那是一种专一于独一无二惊悚泪奔大戏的文化，毕竟，基督教世界的气质本就是专一倾情的。

　　赫顿去后不久，威廉·史密斯倒是意识到了生物的变化，这是他在不同地层研究中所发现的。可惜，总的来说，这种变化只局限在软体动物的琐屑局部以内。史密斯的工作主要跟海床有关，他的目的乃是在英格兰各地寻找相似的沉积岩层。为达这一目的，理想的目标便是海生软体动物之类，这些贝类总量丰富，至为常见。而脊椎动物化石，则由于分布零散，对他没用。另外，正如我们所看到的，史密斯是一位要打理实际工作的工程师，而不是居维叶那样专门研究解剖学的通才硕学。尽管在后来的著作中，史密斯也谈到了脊椎动物化石，但那主要是由于他读到了居维叶的作品，从中获悉了此类知识。尽管居维叶在脊椎动物古生物学上的辉煌成就——人人皆称他为这一学科的奠基者——确实点燃了公众的兴趣，使之达到前所未有的高度，但细细看来，我们就能清楚发现，"进化贯穿始终"这一课题，其实并没有为思考所触及。

　　原因在于，尽管史密斯和居维叶的发现已经吸引了公众的关注，使他们终于意识到，过去的世界真实存在着，但是实际上，却没有清楚意识到，那个世界乃是连通一体的。他们能够接受史密斯和居维叶的史前生物世界，因那个世界与现在是划然相隔的，与此同时，赫顿的时间之流和持续渗透，却被摒弃拒斥了。累积叠加的沉积岩层，在人们看来，不过是岩层构造的出现顺序问题，这一点上连史密斯也持同样观点。

　　每一岩层，其所含的有机成分都与上层或下层有根本性的区别，这代表了每一届造物之独特。在每一届创生以后，经历或长或短的时间，一场地质动荡或覆盖地表的大洪水便来了，将这届造物尽数毁灭。对公众来说，生命的历史并不是一向如现今般平顺的流动，物种绝不是在时间长河里慢慢灭绝或演化改变的，而是遭遇了突如其来的厄运。他们喜欢观赏的，不是地球历史的电影纪录片，而是从不同背景中取下的一系列静态截图。

　　一般民众的知识，诚然已经加深和拓宽了，但他们，包括当时的科学家，仍然对自己从小就熟悉的宇宙情有独钟。生物设计的真正统一性，被认为是源自造物者的某种精神关联，而非物质关联。这种统一设计，连最起码的物质层面的联系都不具备。当居维叶成功展示了生物形态演化中不断进步的一面——涉及的主要是陆生动物的形态变化——这一发现在当时人的头脑中迅速转化，理解为造物过程中一个极为漫长而复杂的前奏，而其最终的大轴戏便是人的出现，用其中一位思想家的话说，造物"在最初便有了预言和先兆"。

能够看出，这一种当时所谓的"进步主义"，尚且保留了不少存在之链的特征。一方面，进步主义理念是人类中心的。人们相信，人类的创生是这个过程的总目标，所有的一切都指向这个方向，预言了人的出现。同时我们也可以看到，进步论清楚表明，即使将存在之链世俗化，并使其延伸至过去，我们也不一定就能得到进化的哲学。相反，如今我们有一连串的生命世界，每一个都被灾难或超自然力所引起的地质灾变所终结。贯穿联系动植物的设计同一性，按照某位进步主义倡导者的话说，"跟父母血统毫无关系"。他说得很清楚，这种联系，本质上是"更高的、非物质的"。[1] 于是，精神层面的进化，姑且这么说吧，便先于关 95 于物质变化的信念。

于是，在 19 世纪的前达尔文时期，我们便见到了传统基督教与德国浪漫主义哲学潮流的融合。在这里，新的科学发现都被嵌入一个哲学体系，叫作"造物主的预定设计"(foreordained design of the creator)。这一思想体系主要源自 18 世纪德国浪漫主义作家，但在英格兰，其中的基督教成分明显加强了。正如戈德－冯·艾希所指出的，这一德国哲学学派将世界看作是"巨大的象形文字系统，可看作是上帝的语言，亦可看作是自然之经书"。[2]

---

1 Hugh Miller，《石证》*The Testimony of the Rocks*，Edinburgh，1869，p. 192.

2 Alexander Gode-von Aesch，《德国浪漫主义中的自然科学》*Natural Science in German Romanticism*，Columbia University Press，1941，p. 219.

这方面有一个有趣的事实：卡尔·凯尔梅耶，居维叶的解剖学老师，也是他早年的朋友，据认为是生物发生律（biogenetic law）的最早提出者（1793），这一学说一度被浪漫主义哲学家誉为新科学时代的黎明。[3] 我们会记得，在后达尔文时期，生物发生律更多的是与恩斯特·海克尔的名字联系在一起，这一学说认为，个体生物的胚胎发育阶段，与化石物种中的种系发生阶段可做一对应的类比。在进化论提出之前，对这一学说，德国哲学家有更早的唯心论表述：人是微型宇宙，也是有机王国的缩影，因此人的胚胎发育便反映了这一事实，即"动物不过是人的胚胎发育阶段"。[4]

96 甚至在达尔文之后的某些种族主义思想中，仍能看到这一观点，该观点假设高加索人种（即白人——译者）处于最高的等级，而其胚胎或婴儿阶段则对应其他较低等的人种。这种德国哲学毫无疑问与存在之链紧密相关，而且不妨说，是存在之链的现实映像的某种发展。[5] 于是，在英国进步主义哲学中，当其将修订版的存在之链投射到过去的时候，便不可避免地出现了所谓的"地质预言"体系。化石成为真正的象形文字，是上帝意志和设计在远古时代的象征。这一系统延续了单一谱系的趋势，无视了居维叶的多元分类体系。一切物种都作为预兆而

3　上引书，p. 121.

4　Gode-von 转引 Oken，上引书，p. 122. 欲知德国超验主义生物学派的讨论之详，应参看 E. S. Russell 的杰作《形式与功用》*Form and Function*，New York，1917.

5　Russell，上引书，p. 214.

指向人类的出现。一种已灭绝的爬行动物——"手兽"（chirotherium）的足迹化石，有着隐约的人手状外观。（手兽，足迹形似人手，原形有争议，今人以为当为巨型蝾螈或鳄类——译者）这便被解读为"人类将临的无声预言"。[6] 哲学家詹姆斯·麦考什与其合作者乔治·迪基则声称，有一处双足脚印鸟类化石（实际上是恐龙的），预示了人类的出现"将在其后、然而仍旧是久远之将来"。[7]

当我们在很多杰出生物学家的著作中看到类似的表述时，很明显，进步主义的超验倾向已经过于强烈，如此则必然对生态、多样性及适应等方面的理解造成一定的压制。学界的关注点过于集中在地质学的"预言卷轴"上。这方面，休·米勒的作品再版了无数次。书中部分观点来自路易斯·阿加西，那位仁兄活到了跟达尔文作战，而毕其一生仍然是进步主义的忠实信徒。米勒的作品中，有很多篇章显示了这样一个问题：人类中心主义的过度关注，不可避免地推导出这一假设，即人类的出现意味着地质学的故事已经讲完。因此，到 1866 年，阿加西便表示："看看人类的高贵形态，他的大脑设计得如此完善，脑部前方有严密防护，将大脑其余部分完全遮盖起来，不使暴露于外，且整个大脑垂直立于脊干的最顶端。再没有什么比这更能体现，人类的结构 97

6　Miller，上引书，p. 193.

7　《创世中的典型形式和特殊目的》*Typical Forms and Special Ends in Creation*，New York，1857，p. 330.

已达到设计蓝图的最高发展阶段。"[8]

更早的一本书里，他愈发明确地表示，"根据解剖学的证据"，人类是"系列的最后一个产品，其上再没有可能的物质形态发展，**整个动物王国构造的设计蓝图到此为止……**"[9]斜体是我加的。他们的意图，乃是突出预先设定的秩序中典型的先验假设，强调人类乃是造物本身的最终目的和原因。这些话，也只不过是奥肯所言"动物不过是人类的胚胎阶段"的翻版罢了。现在已经清楚了，源自德国的那些新思想，尽管确乎给英国生物学界注入了部分有趣的想法，但结果仍未能产生真正的进化论思想体系。相反，最终产生的乃是一种超自然主义的生物学，与之对应的还有相似的超自然主义地质学。至于再次引入渐变论的尝试，能否带来可喜的新变化，那就还要看此后的发展了。

2　查尔斯·莱伊尔爵士和均变说的复兴

詹姆斯·赫顿，如我们所知，是不理会洪水假说的，他是全面彻底研究地质物理学机制的第一人。[10]他早就论证说，大陆乃是建立在远古时代毁弃的地表之上的，过去的世界并未消失，其历史足迹一直延续到其后的漫长年代。然而，他所描绘的史前

98

8　《动物结构论》*The Structure of Animal Life*，New York，1866，pp. 108–109.

9　《分类论》*The Essay in Classification*，London，1859，pp. 34–35.

10　布封迫于索尔彭发现而放弃了诸多命题，其中包括如下观点：地表特征乃出于次级的原因，随着时间推移，这些原因将毁掉这些特征，而易地再造之。

伟大奇观却和之者甚寡，追随者更寥寥无几。在这寥寥无几之中，就有位约翰·普莱费尔，在 1802 年，写成一部《图说赫顿地球理论》(*Illustrations of the Huttonian Theory of the Earth*)，简单明了地向公众介绍他朋友的杰出工作。无疑，这本书乃是一部文字优美的风雅之作，在灾变说占据地质学研究统治地位的三十年里，赫顿的名字勉强被人记得，此书可说是功不可没。然而，由于对法国大革命的拒斥，英国兴起的保守主义浪潮又将普莱费尔的作品如赫顿一样，旋即淹没了。

然后，居维叶的名声渐至如日中天，英法两国的地质学界领袖都已是灾变论的信徒。可恰在此时，一个年轻的无名之辈，查尔斯·莱伊尔（1797—1875）出版了一本书，叫作《地质学原理》(*Principles of Geology*)，这本书注定要摧毁地质学界的主流正统，将无尽时间和自然之力再次引入地质学研究。对莱伊尔其人，我们要给予恰如其分的赞誉，因他不仅影响了地质思想的进程，更是对达尔文一生产生最大影响的人。不仅如此，他还向英国读者介绍了拉马克的理论，尽管他本人反对这些理论，但却愿意给它一个公平公正的传播机会。他本是学法律出身，因此惯于操弄论据，权衡事理，论证说理的本事未可小觑。[11] 以文风论，他的作品可谓卓尔不群。他的书不仅为专业地质学家所广泛阅 99

11　C. F. A. Pantin 教授在谈到《物种起源》时说，是书的文风，让他想起莱伊尔的《地质学原理》。"《物种起源》一书之作，得益于《地质学原理》之处固多。"他又说，莱伊尔早年曾习律师业，那种训练沾溉了全人类。见 "Darwin's Theory and the Cause of its Acceptance 达尔文的理论与为人接受之路"，《中小学科学报》*The School Science Review*，6，1951，p. 313.

读，同时也为受过教育的普通民众所喜见，其时公众对地球秘密的兴趣正与日俱增。须知，如果公众对时间和自然力量的态度仍一如既往，不加修正，则达尔文主义就难有被广泛接受的机会。更不用说，如果不是受莱伊尔作品的影响，达尔文根本不可能构想和发表出自己的伟大发现。

奇怪的是，虽然莱伊尔在地质学领域的成就不亚于达尔文之于生物学，但他本人直到晚年才转而支持进化论，尽管在今天看来，进化论本该是他的学说体系最自然不过的推论。结果呢，还得达尔文出现，才能证明进步主义的一系列生命世界，实际乃是随隐形的时钟指针平稳前行的。1717 年，天文学家哈雷证明，我们的太阳系并非锚系于太空中的某一定点，而是在巨大的星系漩涡中不断漂移着。而达尔文则将揭示，不仅是人，整个生命世界都处于不断的变化当中，任谁都没有固定不变的位置。上升，下降，变化，发展，什么都有，就是没有 18 世纪正统哲学所看见的那种稳定系统，或是 19 世纪早期主流思想家所设想的，以人类创生为目标的定向发展。

在转向达尔文之前，有必要检视一番查尔斯·莱伊尔爵士的生物学思想的性质。他比达尔文年长 11 岁，大器早成，年纪轻轻就已功成名就。达尔文是在贝格尔号航行时读到了《地质学原理》的第一版，等他返航的时候，就已经成了莱伊尔的忠实读者。实际上，早在 1836 年，达尔文给一位朋友的信里就说："科学上的伟人，再没有一个比得上莱伊尔这样宽容友善的了。"[12] 对自己从莱伊尔所受之益，达尔文从未掩饰分毫——他的《航海日志》一书便题献给莱伊尔。但是，这种关系的程度之深广，则几乎鲜有人知。在今天，地质学与生物学，除了少数关注点略有重合，其学科分野比 1830 年时要大得多。结果是，查尔斯·莱伊尔爵士的生物学著作今天无人阅读，因为它们深藏在一本地质学的老教科书里，而莱伊尔的地质学后继者们又只愿意关注他在本学科方面的贡献。于是，随着时光推移，便渐渐生发一种传说，说达尔文从莱伊尔处汲取了地质学的渐变论，而生物学方面的知识则另有渊源。

没有人否认，达尔文是一位资深研读者和观察家，但对莱伊尔早期著作的研究表明，《地质学原理》一书中，他所持观点与达尔文是极为相近的。于是，研究者几乎不得不做出这样的观察结论：一旦自然选择这一指导主题构建完毕，那么《物种起源》一书几乎完全可以在莱伊尔的著作基础上写成。一次又一次，莱伊尔在那个似乎刻意躲着他的主导思想周围绕来绕去，然而每一次都与之擦肩而过；也许，只是由于他比达尔文年长的这十几岁，由于他个人的背景和性情，使他受到更大阻力，结果终归没能走出这看似不可避免的最后一步。他长时间不愿承认支持进化论——这一点常让达尔文恼火——这本身可能就表明了，

---

12 《查尔斯·达尔文生平和通信》Life and Letters of Charles Darwin, ed. by Francis Darwin, London: John Murray, 1888, Vol. 1, p. 277.

也许正是他的这种犹疑踟蹰，阻碍了他对某些问题的敏锐洞察，而这些问题本是他曾在《地质学原理》一书中彻底研讨过的，并且态度是那样客观无执，兼容无偏。[13] 对于这一问题，容我们在后面的篇什中再来详加讨论。

101　　1842 年，在达尔文第一次试图简要勾勒自己的理论时，有一句话提到了奥古斯丁·德康多勒的"自然战争"（war of nature）。[14] 后来，在《物种起源》一书中，他又一次提到了这位法国植物学家的观点。如今，通常的说法是，达尔文的"生存斗争 struggle for existence"一语来自马尔萨斯，且达氏本人给予马尔萨斯甚高评价，认为其人对他的重要发现颇有导向之功。马尔萨斯，在达尔文 1842 年那篇论文里，倒确实跟德康多勒一道被提起过，但这并不表示，达尔文对其他作者关于生存斗争的作品一无所知。相反，倒是马尔萨斯的几何级数增长学说（geometric increase）颇得达尔文青睐，因它生动说明了生物与环境资源间的巨大张力。于是，我看了眼达尔文引用德康多勒时所征引的参考文献，发现他并没有注明文献的直接来源，同时我也记起，达尔文曾承认自己无法娴熟地阅读法文。这倒使我对他所引文献的出处感到好奇了。我知道达尔文会时不时从莱伊尔的《地质学原理》中寻取事例，于是就重新检视了一番我手上的

13　《查尔斯·达尔文生平和通信》 *Life and Letters of Charles Darwin*, ed. by Francis Darwin, London: John Murray, 1888, Vol. 1, p. 277.

14　《物种起源一书的基础》 *Foundations of the Origin of Species*, ed. by Francis Darwin, Cambridge University Press, 1909, p. 7.

《地质学原理》第三版（1834）。

在第三卷的第 35 页，我发现了涉及德康多勒的引文，但同样并未注明文献出处。"在一片给定乡野上，所有植物，"我们的法国植物学家这样写道，"彼此之间都在进行战争。"然后莱伊尔继续引用德康多勒的文字，说的是植物为了生存空间而进行斗争，直到"最善繁衍的种类逐渐成为地面的主宰……"至此，达尔文所引德康多勒的文献出处已经毫无悬疑了。确实，达氏本人在《物种起源》的第一版中曾写道："前辈德康多勒和莱伊尔曾详细……论证所有生物间存在着激烈竞争。"[15] 实际上，莱伊尔是在另一处用了"生存斗争"这一说法。[16] 他先论说病弱的植物必先消亡，或是被更强健的个体所淘汰，然后他就用了这一在后世声震寰宇的名目来指称这一现象。后人多沿袭旧说，认为达尔文此 ₁₀₂语取自马尔萨斯，但没有证据证实这一点。莱伊尔本人在多年后曾向生物学家海克尔重申，早年他对某些想法的处理指向了自然选择说，并再次把生存斗争的想法归在德康多勒名下。[17] "大多数动物学家早就忘了，"他厌烦地补充道（这可是 1868 年），"在拉马克时代以后，到我们朋友的《物种起源》出版之前，学术界还是写过一些东西的。"那么，至此我们已然看到，尽管生存斗争观点，乃至在变种限度内自然选择的观点（selection within

---

15　O, p. 53.

16　PG, 1834, Vol. 2, p. 391.

17　LLL, Vol. 2, p. 436.

varietal limits)，都远较德康多勒为早，但很明显，达尔文在这一问题上，更可能是从莱伊尔而不是从马尔萨斯处得益更多。

莱伊尔的作品，基本上都与动物有直接关系，并涉及广泛的生态学探讨。他谈到了在一定区域引入新物种可能导致的变化。他认识到"这种间接引起的变化，其影响将扩散至所有种类的生物，且几乎无有底止"。[18] 有明确证据表明，莱伊尔早已认识到生态变化可能导致生物的灭绝，在这方面他实际上较达尔文的发现更早。物种之间错综复杂的关系，包括人在无意中造成的影响，都经过了仔细的考量和阐述。莱伊尔尽管还认识不到他在自然界中看到的变化所包涵的创生之力，但他确已明白看到，自然平衡的扰动，很容易就能引发物种灭绝，并导致大范围动物区系的重新调整。

这样一种物种演替，不必等到地质灾变发生——这居然只是持续自然选择的常规产物！颇具讽刺意味的是，查尔斯·莱伊尔爵士本已充分认识到自然选择原理之消除旧有物种的负面作用，这方面他已经超越了拉马克。他的失败在于，他并没有充分把握这一原理所包含的创生作用。他仍然受到林奈咒语的影响，认为由此造成的变异终归有量的限制。

莱伊尔的学术生涯中，有许多方面给达尔文树立了直接的榜样。此外，他的著作中积累了海量信息，其中一些的来源我们前面已经讨论过了。这些信息如此方便地甄选归纳出来，直接引

18 PG, Vol. 3, p. 52.

起了达尔文与其合作者华莱士的注意，这就好像一个与你关心同样问题的人，把他的涉猎和思考所得直接摆在了你的面前。实际上，我们不妨说，达尔文们所最终解决的问题，本就是莱伊尔最先提出和构想的。他主张一种地质连续性观点，这主要源自赫顿的地质原理，但莱伊尔建立这一理论时所依据的更为广泛、经年累积的地质信息，则为赫顿和普莱费尔所未见。在逐步地成功推翻旧有灾变说的过程中，他也不可避免地将递进神创说（progressive creationists）所建造的一系列构思精妙、上升发展的生命世界统统摧灭了。取而代之的，正如莱伊尔在对生存斗争和自然的互联之网细心探索下所逐渐揭示的那样，是物种演替贯穿整个生命历史，而今天也仍在继续着。

再小的事情也并非微不足道，一切都为他所洞察，因为说不定什么就可能是自然之力持续作用的证据，而这种力的持续作用至今仍在这星球上活跃着。他从巴克兰对三叶虫眼睛的研究中得出结论："那时的海水一定是澄澈透明的，就跟现在一样；光线一定能从海中轻易透过，大气也是；太阳无疑在那时就有了；另外还有许多其他结论可以由此推知。"[19] 他是最早研究化石雨痕的人之一，"其雨滴的平均大小近似于现在从云中落下来的雨点"。根据这一证据，他论称，"已知最早时期的大气，其密度当

104

19　Sir Charles Lyell，《地质学八讲》*Eight Lectures on Geology*，New York，1842，pp. 41–42.

与现今相一致"。[20] 正是这种历时极长、仔细严谨的证据收集，才最终导致了灾变论学说体系的崩塌瓦解。一位对此印象深刻的评论家早在 1835 年就曾表示："认可无限时间内自然之力的作用，使我们不再非要用彗星、洪水和随便其他什么灾难，来解决善于思索的地质学家提出的任何难题。"[21]

正是从莱伊尔的作品中，达尔文找到了"地质记录不完备"的有名论据。直到写作《人类的由来》(1871)，在试图解释"为什么某种体格相对弱小的灵长类动物能够存活下来，一直等到其发展出文化而足以与可怕的史前食肉动物相匹敌"的时候，他还要从莱伊尔那里寻求救济。就这一问题，莱伊尔是这样说的：

"……因为，如果哲学家热衷于对这一问题进行猜测（指人类的起源地问题——原注），那么，何不把人类的起源之地，安放在某个热带的大岛上，使其远离危险的野兽，就像在今天的范迪门斯地（Van Diemans Land）或者澳大利亚那样（范迪门斯地，即今塔斯马尼亚，澳大利亚南部岛州——译者）？在这样的地方，在一个与世隔绝的海岛上，人类可以安度一段时间，就像今天某些大型类人生物局于一处热带岛屿之上。如此，则新生的人类得以保全种族，以丰沛的蔬果为食，尽管在某种程度上，这

105

20　Sir Charles Lyell, "On Fossil Rain-Marks of the Recent, Triassic, and Carboniferous Periods 近期、三叠纪和石炭纪的化石雨痕",《伦敦地质学会季刊》*Quarterly Journal of the Geological Society of London*, 1851, Vol. 7, p. 247.

21　无名氏, "Lyell's Principles of Geology 莱伊尔氏的地质学原理",《评论季刊》*Quarterly Review*, 1835, Vol. 53, p. 410. 文章没有署名, 但有理由归于威廉·休厄尔。

些人可能比今天新荷兰（新荷兰，今澳大利亚西海岸，最早被认为是某一岛屿，与东岸新南威尔士相对，后来才发现两地乃处于同一大陆——译者）的蛮人还要无助。"[22]

在《人类的由来》第二章的结尾部分，除了给自然选择说补了一个附加因素外，我们看到了与上述相似的表述。我们知道，达尔文的学说一开始便受到阿盖尔公爵的强烈抨击。有趣的是，此时达尔文虽已功成名就，但遇到困境他仍然从其老友的学说中寻求援助。

莱伊尔之于达尔文的影响，与上述相埒者不知凡几，在此便不加赘述了，因为，其中的涵义已经明了：在1830年，莱伊尔所拥有的信息，远较布封当年更为丰厚广阔，可以说，莱伊尔已经掌握了提出达尔文假说所有必要的基本信息，可他没有提出。尽管他对拉马克关于猩猩与人有血缘关系一说曾表示反感（他曾开玩笑地提过几句），但莱伊尔终究是一位冷静客观的理性思考者，不止是在地质学领域，在生物学上也是如此。有的人，对他的信件做了些研究，就给他安上一些罪名，说他故意含糊其辞，敷衍搪塞，在公众面前姿态保守，只是在私下里猜测物种变异是可能的。[23] 我认为，说莱伊尔因胆怯而两面摇摆是不公正的，只说他遍寻证据、论证反驳，终于摧毁了灾变说一事，他

22　PG, Vol. 3, pp. 17–18.

23　达尔文的匿名传记作者，Geoffrey West，即持此观点。见《查尔斯·达尔文肖像》*Charles Darwin, A Portrait*, Yale, University Press, 1938, pp. 103, 123.

就已经——用当时的科学史家威廉·休厄尔的话来说——"几乎无可争议地在整个地质学界一言九鼎"。[24]诚然，他的作品后来成了一部守旧的经典，但在发表的当时，莱伊尔乃是单枪匹马勇敢地站在公众的对立面，如同达尔文发表《物种起源》时并无二致。所以，尽管他的个性讨人喜欢，素不喜争论，但因此就称他是一个讨好公众的人，却也不甚容易。

实际上，就连莱伊尔的生物学观察也备受赞誉和关注，这是在他的《地质学原理》第二卷出版后不久的时候——正是这一卷，使身在南美的达尔文，一卷在手，兴奋不已。"没有什么，"正如休厄尔在保守刊物《评论季刊》中所称，[25]"能比我们的作者笔下生机勃勃的自然所呈现的这幅图像更加使人惊叹：不同的动植物族群，彼此之间争雄斗长，它们如何为食物而斗争，它们之散播扩张的伟大力量……以及这些现象给生机勃勃的大自然的面貌所带来和正在带来的广泛而深远的变化。"休厄尔着重讲述了莱伊尔在解释灭绝时所做的"精妙推理"。他满怀赞叹地说："作者痛乎言之：每当繁殖迅速、需要大量食物供给的新物种被引入一片乡野，则其土旧有之住民**必定**因匮乏而减少，且必将有部分种类因之灭亡。"从这里我们能看到，1830 年的莱伊尔，实则与进化论仅毫厘之差；而一位领一时风骚的学者在一种广为阅读的期刊里，对他的诸多观念——尽管并非全部——就是这样汲取

---

24 《评论季刊》*Quarterly Review*, 1835, Vol. 53, p. 407.

25 1832, Vol. 47, pp. 118, 120.

和领会的。

那么，是什么因素，导致莱伊尔的注意力从原本的关注点上移开呢？要知道，他的鸿篇巨著本曾花了大量的篇幅来探讨这一主题。窃以为，这一问题的原因，很可能来自于莱伊尔本人的渐变论哲学背景，这一点似尚不为学者所明察。吊诡的是，进步主义观念似乎也在其间有所作用，这一学说乍看起来，倒是颇有点向进化论靠拢的意思。个中情况很是复杂，须做大量分析。此外，部分学者，比如莱伊尔与赫胥黎，功成名就于进步主义风行的时期，后来华丽转身，一蜕而变为羽毛丰满的达尔文主义者——这些人便可能下意识地把自己的一些心理动机简单化了，于是，个中的梳理之难又加了一层难言之隐。达尔文主义在扭转世界思潮上所取得的辉煌胜利，的确让人禁不住想要藏起过去或 107 曾有过的犹疑踯躅，毕竟，谁也不见得打一开始就是完全的忠实信徒，从未怀疑过事态的发展方向。

1868 年，当达尔文声名如日中天之际，莱伊尔曾给德国生物学家恩斯特·海克尔写过一封信，感谢他寄来新作；在谈到进化哲学的历史背景和自己在其中的贡献时，莱伊尔评论说——这话于事实为真，于态度为诚："当然，我曾有为此铺路之雅……"[26] 有趣的是，即使在《物种起源》几近出版的当时，莱伊尔还始终宣称，他本人所主张的乃是他自称为"非进步主义 non-progressionism"的学说——尽管这一学说从未大行其道，

26　LLL, Vol. 2, p. 436. 亦见 LLD, Vol. 2, p. 190.

也没有就此写成任何长篇大论的作品。随着《物种起源》的出版引起公众的剧烈反应，在其后的论辩中，非进步主义悄然消亡，无疾而终，而其作者也从未试图使之复活。莱伊尔本人，从后来他谦虚地承认自己仅堪为达尔文之前驱，我们可以看到，他似乎并未不满自己那悖时理论的死亡，而从容接受了这一事实；身为那一理论的作者，他甚至连报告自己理论死亡的讣闻也未曾发表一个。

实际上，莱伊尔氏于 1851 年，在伦敦地质学会年会上的致辞，宣讲的正是这一理论。那次演讲的独特意义在于，他后来所谓为达尔文铺平道路的事情，也包含他做了这番演讲。再次重申：莱伊尔并未言过其实，只是他不够坦率，而做了选择性的遗忘。须知，随着进步主义的消亡——自从 19 世纪 40 年代阿加西等人提出冰川理论之后，[27] 进步主义便迅速瓦解——非进步主义也同时失去了意义。于是，在 19 世纪各种思潮当中，非进步主义便因其短命与晦涩而较不为人所重视，对其本身，乃至这一学说对其他重要事件的影响亦鲜有研究。但是，尽管这一学说于今看来或许确不合理，实则非进步主义在逻辑上是完满自洽的，是赫顿主义与均变论的合理推演。实际上，从逻辑上讲，如果将进步主义元素从纯粹均变论中完全剥离，那么，非进步主义便成为理所当然的结果。在这一方面，查尔斯·莱伊尔爵士并无过错。相比之下，进化论的体系则包含两种不同哲学的材料成分。

---

27 冰层的前进解释了以前用来支持灾变论者立场的冰川漂砾现象。

实际上，进化论乃是一个杂合的产物，由两种判然不同的思想路线融合所致，终于取得了完全的成功。所有这些，都早已被世界遗忘，而莱伊尔本人，出于人之常情，在这遗忘的进程里稍微推了一把。如今，是时候重新检视一番非进步主义及其诞生的思想基础了。

3 非进步主义

詹姆斯·赫顿将世界看作一架能够自我调整、自我复原的机器，历经无限延伸的时间而未尝损减，这一点我们在相关讨论中已然看到了。在他之前，已经有很多宇宙学假说和地球构造理论，但他一概信不过。在他看来，那些理论都只是推测性而无法验证的。他想把地质学限定于一定的领域——也就是地球本身——并且只研究从她的构成和沉积岩层中能够获知的事实。对赫顿理论体系的规律性而言，至关重要的是，地球里不能有任何神秘的、超自然的力量，或其他无法解释的因素在起作用。塑形行星表面的侵蚀力，应当视为来自于我们身边的风霜流水，或许稍微神秘点的——但仍旧是纯属自然的——来自地球内部的热力。生命对他来说并没有特别的吸引力，他只是简单认为，生物乃自无限久远延续至今。在他看来，并没有证据表明，地球上曾发生过大规模物种灭绝，抑或生命形态有过变化和发展。

到了莱伊尔写作《地质学原理》的时候，尽管他本人完全倾向于均变论哲学，但他所面对的境况，与 18 世纪 80 年代赫顿所面临的已有所不同了。已经有证据表明，动物形态确曾大量灭绝，远古时期确有过人所未见的未知动物，并且，最重要的是，作为时之显学的灾变说，其以人为中心的先验进步主义倾向，在哲学上与赫顿主义是完全对立的。在今人看来，进步主义可算得上向进化论迈进了一大步。但在 19 世纪 30 年代，从莱伊尔的角度、用另一种眼光来看，如同灾变论本身，进步主义之再次将超自然因素引入地质学，乃是对于科学原则的倒退。于是，为了捍卫渐变论地质学体系，莱伊尔就几乎不可能接受进步主义，因这一学说便是灾变论的生物学翻版。结果呢，从一开始，莱伊尔的哲学立场就面临矛盾，他与进步主义即使算不上对立，至少也不会是明确支持的。

尽管他驳倒"痉挛说 eonvulsionists"取得了巨大的成功（痉挛说：认为地质变化都是由于地层痉挛引起的——译者），莱伊尔始终对自身处境不是完全的满意。他在历史舞台上登场太晚，无法忽视日渐累积的有机体变异的讯息，但在哲学上他却专注于变异的第二因并信奉自然规律至上的主义。对进步主义者来说，很多现象用神意和神创来解释是很容易的，然而在他却常常感到为难，谁让他的毕生事业就是反对动物区系的阶段性灭绝和再创造呢。正如某位较晚近的作家对这一时期所说的，"博物家的目
110 的，似乎是要创造一个与现今不同，但同样可能的世界"。[28] 于是，莱伊尔在挑战灾变说之有效性的同时，不得不面对一个更加

---

28 《科学》杂志 Science, 1883, Vol. 1, p. 69.

不可回答的问题。而且，其时不比赫顿的时代；等待莱伊尔用渐变论来解释的，除了无机界的地质演变，还有有机界的发展变化。倘若他不得不承认阶段性生命创造中的超自然因素，那他在地质学界的对手可就有话说了。实际上，他的对手也的确说了些话：

"当我们发现，人类第一次出现在地上，以及大量物种物属一届届接续地创生，此二者皆已证实发生于可指定之不同地质时代，我们自然便可以认为，加之于无机界的物理作用（mechanical operations）亦可古今不同，亦可如发生于有机界的那样，一届一届有所变化。"[29]

于是，莱伊尔便面临这样的窘境：要么对生命世界的神秘变化做出解释，要么承认这一行星乃由某未知力量所塑造。

这是个严峻而艰巨的挑战。由于达尔文主义尚未问世，留给莱伊尔的实际上只有唯一的一条出路。而一旦选择这条路径，莱伊尔的思想便再难以保持前后一致。所以我们看到，在这一问题上他的想法的确时有动摇。本质上，他仍然采取了赫顿的观点，只是稍微加以修正：他仍然承认，时间如同空间一样是无限的，但同时却以谨慎的态度否认生物体的巨大变化是可以证实的。

对该问题在地质学上进行处理的过程中，他扩展运用了赫顿的侵蚀原理，只不过在赫顿求助于地质物理学的地方，他转而

---

111 走向了古生物学。他指出，不同时期生命的统一蓝图，本是有助于从现存生物追溯到过往的，因此这种统一性当中本就存在关联和连续性。他成功地说明，人们通常认为，阶段性的地质灾难是全球性的，但实际上，那只是局部范围内的灾变，并举例说，有很多事例表明，人们以为的生存于某一特定灾变时期的动物形态，在不同时期的连续地层中皆可发现，于是就提出了递相承续的动物区系是否全部灭绝的严重问题。同时，他援用"地质记录不完备论"来辩称，许多作者所说的那种生物发展序列，其中所要求的某些生命形态，其有其无，是现有证据尚无法加以证实的。

在《地质学原理》中，莱伊尔认为，"高等生命形态发展不完善观，对之有利的唯一反证便是……远古时期鸟类与哺乳类动物的阙如。前者在任何时代的地层中都普遍罕见"。陆生哺乳动物，则又不可能在海生种类的地层中发现。至于更加古老的年代，"就更难以获得相关之视角，以洞察其时大陆上的动物状况"。[30] 只有人类，莱伊尔被迫承认，似乎确然是晚近的角色，在他的学说体系中得居例外。

莱伊尔并未愚蠢到否认地球上存在有机体变化。正是在这一点上，他的理论体系终究留下了破绽；写作过程长达 20 余年，体系既有破绽，文意自难前后贯通。然而，从根本上，他的立场非但没有因此弱化，反而在世纪中叶更为坚定了。他的立场当可总结如下：

---

30 PG, Vol. 2, pp. 396–397.

他认识到动物区系的变化兴替，但是，如同前辈居维叶一样，[31] 他援用现代生物分布的特殊性做出推论，认为两个不同时代的生物之别，并非由于新物种的产生，而是代表着来自其他地区物种的迁入。这种迁入也许是由于气候变化，甚至可能缘于海陆位置的变迁。因此，他指出，即使到了19世纪，在澳大利亚，我们仍会发现有袋类动物占优势地位，而在加拉帕戈斯群岛上则可能是爬行类动物，至于新西兰则可能是鸟类。如果我们仅从地质证据中了解这些事实，我们可能会主张存在某种多届动物的递进承续 (progressive succession)，实际上这不过代表着地理上的区别。同样，在过去某时，爬行动物或比今天统治着更广袤的地区，但不必假设，某种形态演替"符合着什么递进发展律 (progressive development)"。[32] 在古植物学领域他也用了类似的论理。

到了莱伊尔的时代，当然不可能再行否认特定物种的灭绝，但是这位伟大的地质学家执意要抹杀物种递进演替的观念，因这一观点对他的渐变论地质学构成了威胁。顺便说一句，也不能说他就是完全错误的。当原先以为的不同阶段各别造物，被发现居然存在着重叠，早先的灾变论因而被迫让位，这时候，最自然而然的反应不正该是莱伊尔这样的吗？各种动物，原先以为的起源时间都向更久远前推进了。甚至最最晚近的物种，万物灵长的人

112

---

31 赫顿暗示了这一思想（1788），但没有展开论述。

32 无名氏，"Sir Charles Lyell on Progressive Development 查尔斯·莱伊尔爵士论稳步发展"，《爱丁堡新哲学杂志》*Edinburgh New Philosophical Journal*，1852，Vol. 52，pp. 358-359.

类，都开始受到更多的质疑。

　　莱伊尔否认承续发展说（successive development）为真。"当说到物种的创生，"他说，"我的意思仅仅是说某类新系列的有机现象开始出现，这新的现象也就是我们常说的'物种'。"至于这新的物种是如何形成的，他没有提出任何猜想，尽管他暗示过，他不相信"自我更新的力量"会完全终止。

113　　现在回过头来看莱伊尔时代的思想氛围，可以看出，他的精力、思考和努力大量投入于支持赫顿主义的时间观和自然过程。广受大众青睐的可称作"进化"发展的学说，其观点从根本上充斥一种超自然的光环，这是莱伊尔感到不得不反对并加以驳斥的。具有讽刺意味的是，这也导致他处于某种危险之中，也就是说，在试图以自然手段解释有机体变化的同时，他也可能要拒绝那一变化。他的立场，从一开始就颇为困难而充满了矛盾。这一情势，迫使他对有机体变异问题做了广泛的考察研究，以便<u>自然地解释这些</u>，而这些考察的结果给了达尔文和华莱士极大的帮助。总体而言，他对动物分布、生存斗争、物种灭绝及其他相关主题的评说，是深思熟虑而审慎明鉴的。若没有他，则无论达尔文还是华莱士，都难说就能自己摸索着撞见那最终之秘。另外，从 1861 年赫胥黎的伦敦地质学会年会演讲中，我们可以看出，类似这样的立场并非莱伊尔所独有。[33] 像莱伊尔一样，赫胥黎也坚

33　讲稿收入论文集中一再重印，题为 "Geological Contemporaneity and Persistent Types of Life 地质同期性和持续生命类型"。

决反对进步主义，他声称："尽管存在大量变异的证据，但其中任
何一种都不能正常理解为递进演化（progression）。"

这方面的作品中，常可见到某种类似循环震荡的原则，就
是说愿意承认，一些大类的生物，在不同地质时期会突然爆发出
若干异变形态，这些形态或许会灭绝殆尽，而由不明原因产生新
的一波取而代之。不过，这样的一种原则上的循环制，对现代人
而言，是过于单调乏味了。某种意义上，这就像是18世纪天文
学家眼里的自校准宇宙学体系的翻版。实际上，这一态度确实源 114
于18世纪赫顿的影响。均变论体系，总的来说是不愿赞成异常
未知力量侵扰宇宙的。如其奠基者赫顿一样，这一学派回避宇宙
的终极目的，以及有关创世的所有问题，他们认为这是超出人类
理解范围的。换句话说，均变论学派本质上乃是对于基督教时间
观念的反叛，他们反对短暂有限且有历史方向的时间观，反对超
自然力无所不在的不断干预。反之，其哲学体系则关涉牛顿机械
论，认为世界乃是能自我维护的，永永远远依既定原理运行
不息。

如我们所见，对这一学派而言，在自己的图式中引入进步
论的生物变异理论，乃是对自己原则的背弃。在19世纪的科学
看来，进步论的变异理论本就带点超自然的味道，辄诉诸一些不
能通过调查研究来证实的力量，所以是可疑的。只有在一件事
上，均变论假说对进化思想有所助益，那便是**作用的连续性**。莱
伊尔本人将赫顿的这一观察结论发扬光大，以便用自然因来解释
物种灭绝、动物区系变迁等相关问题。只是，他宁倾向于循环往

复的改变，而非无止境的进步变化。而在这一点上，他也并非始终如一。于是乎，鉴于他的立场与客观事实相抵牾，他的理论之完满自洽便不可再得了。

相反，灾变论哲学则本质上就是坦率的超自然和相信进步。在灾变论者看来，世界变成今天的样子，并非单靠我们现今所见的自然之力所能完成；埋于地下的生物记录，应当视为一不断进步的过程，尽管这一过程的**物质连续性**会偶被打断。这是一种柏拉图主义和万物皆有变的观点混合（指柏拉图的理念体式论——译者）。生命在其最初创生之时便已然预言了人类的出现。其时的宇宙论也不妨碍灾变论者。于是，在某种意义上，进步主义便更容易接受生命的神秘起源以及岩石里新物种幽灵的来来去去，而不像渐变论，只愿相信他能够看见的和能用已有知识解释的那些力量。[34]

渐变论对灾变论的最终胜利，加上其主要领袖莱伊尔后来成为达尔文主义者，使人不由感到，是渐变论滋养了进化假说。但实际上，这一感觉只有部分属实。有些方面上，渐变论学说乃是呆板严苛，不善通融的。它反感从生命世界中看出任何的上升趋势，尽管不久以后，表明这一趋势的**事实**大量发现，已经不能回避了——虽则如何解释又当别论。莱伊尔受制于这一难题，以致他发表一些有关进化的言论时，常觉于理不惬，于心难安。

---

34 当然，应当注意，一个灾变论者而无须诉诸超自然力量，至少理论上是可能的。可惜，该派却转向了别的方向。

这些言论，用他伟大的学生达尔文的话来说——这话未必说的是他——并非出自先见的洞察，而只是"大师的扭来扭去"。

所以，大体上可以说，进化论乃是融合或妥协的产物，其很大程度上源自进步主义，然后从均变论汲取了连续性与适应性反应这两个重要原理。进而，达尔文巧妙运用马尔萨斯的选择说，为自己的理论提供了渐变论者所要求的"自然"机制，以是消除了他们对超自然主义的担忧。进步主义与均变论，二者的极端形式自此逐渐淡出人们的脑际。后来出现的达尔文主义（Darwinism）、发展主义（developmentalism）和进化论（evolutionism），则都是生物学思想中这两个泾渭分明学派的后代子孙。

　　人若要超越感官所直接经验的，他必先抛出大胆出格之猜测，再参以见诸天地自然之点点滴滴，以小见大，由近及远，穷研长久，而真知灼见出矣。

　　　　　　　　　　——威廉·史密斯，《桑代尔》（1859）

1　分枝进化

　　早期的学者乃至科学家，其每每考察进化而思路阻断，当中一个重要原因是，以人为序列之首的唯一完整的生命等级体系，从理论上就不成立，而要将这等级体系转化为一可变动的链条，则更要面临阻断的鸿沟。明智如拉马克者，亦不能将脊椎动物与无脊椎动物联系相接。19世纪早期，有位超验主义形态学家杰弗里·圣希莱尔，同时也是一位投石问路的进化论者，他提出在脊椎动物与无脊椎动物当中，加入头足类（cephalopods），谓之"弯曲的脊椎动物"，便是为了跨越这一鸿沟——可惜，该假说

被居维叶轻易地驳倒了。[1] 这一著名争议，有时被称为"早期进化

118 论之辩"。实际上，尽管杰弗里的观点确实带有一定的进化论色彩，但其本质仍然是某种先验的统一设计蓝图。须知，结构的统一性在当时与今日涵义不同，并不一定意味着生命形式之间有物质层面的实际血缘关系和共同祖先。

人们对生物界存在的结构之异同愈来愈感兴趣，这在法国和德国激发了哲学讨论。随着哲学和文学中浪漫主义运动的兴起，此类思想不久便渗入英国。尽管居维叶经常被指责在反击杰弗里时粉碎了早期进化论，但事实是，他拒绝的乃是所有生物的统一设计蓝图，[2] 而他所坚持的非相关结构类型（unrelated structural types）——而不是以人为首的单一等级序列——这一观点正是"分枝进化种系发生说"（branching evolutionary phylogeny）的必要前提，在今天已经得到了完全的接受。以旧时存在之链为代表的单一生物序列，其序列中的阻断沟壑每常有人欲补缀连通，这种企图注定失败，且其观念之遗存随之成为进化思想的障碍。而在古生物学的巨大财富现身以前，在人类胚胎学的细节为人所知以前，在这很长一段时间里，生物学家不得不认为，人类的创生所经历的缓慢持续的形态演化，如当时某思想

---

1 圣希莱尔作为早期进化论者的重要性被夸大了。关于他的形态论和进化论观点，英语读者可看 E. S. Russell 氏所著的《形式与功用》Form and Function, New York, 1917, Chapter V, 其中有论说极精当。

2 杰弗里曾经写道："从哲学上讲，只存在一种动物。"他的意思是要从解剖学结构上，将昆虫，甲壳类，软体动物和脊椎动物统统联系起来。

家所言，乃是"想象所能及的最复杂迂回的途径"，是"想象的造梦"。

这一逻辑是可以理解的。发展假说（development hypothesis）的倡导者乐于说，自然是简单的，神灵掌控着自然背后的力量。那么，在虔诚的学者看来，一个合情合理的问题便出现了：上帝造人，何不简单一点，直接就造出来呢？这可不好 119回答。毕竟，只要以人类的必然出现为前提，就很难用理性解释其创生之迂回复杂。这要等到人们终于开始以完全不同的方式来看待人和在他以前、与他相关的其他生命形式，直到那时，这一看起来无解的难题才会有合乎理性的解答。

2　威廉·威尔斯

如我们所见，达尔文进化论的主旨，生存斗争，乃是一个古老的原理。而要理解其作为有机体变化的主要机制，还要有一些其他的必要假说，而无限延伸、突破种的限制乃至属的限制的变异，是其中的重中之重。从有意识地改良家养动物品种之时，很多人就意识到了人工选择的价值，但极少有人尝试过将此原理推而广之，应用到荒野的自然。而这些人中，曾得以一窥物种变异的长久作用，知道这种力量能慢慢使整个动物区系消失殆尽，代之以一个遗传上与原型相关又继续其趋异之路的动物区系，这样的人就更其少之又少了。

日后融合为所谓"达尔文主义"的那个观念复合体，在 18

世纪原是散而为多如牛毛的涓涓细流。于是乎，寻找个把不为人知或被人忘记的进化论者，简直像捕捉什么珍稀蝴蝶标本一样令人着迷。另外，当时涉及存在之链和进步主义的文献，由于二者早已在后世的主流知识体系中消失，便常常被天真的研究者当成了进化的真论。诚然，我们现在所用的许多语汇，确乎最初来源于当时的此类理论，但这不过是因为，现代进化理论曾不知不觉中，从过往这一时期中继承了大量的思想遗产。因此，审察曾为达尔文主义前驱的诸多理论时，仍需多加小心。另外，的确还有某些学者曾提出过令人感兴趣的小问题，而此事还没有被研究者注意到。这些人，其写作全都在达尔文之前，其中有四位在英国，[3] 一位在美国，这几位都至少隐约窥见了自然选择原理。其中，阿尔弗雷德·华莱士绝非次要之辈，但为方便起见，我将其放在后续章节中专门细论。这位先生与达尔文同为自然选择说的创立者，主张并论证了自然选择在有机体变异中所起的主导作用，亦在这一时代思潮中领袖群伦。

在 19 世纪的第二个十年中，仍是灾变论主导学界，莱伊尔年纪尚轻，仍在为他的巨著不声不响地收集资料，这时，有一位旅居英格兰的美国医生引起我们的注意。威廉·威尔斯，在 1813 年向伦敦王家学会（Royal Society of London）呈交了一篇

3　Wells, Blyth, Matthew, Wallace. 美国人 Grimes，见 pp. 314–315.Edward Blyth 新近才被发现，见拙著 "Charles Darwin, Edward Blyth and the Theory of Natural Selection 查尔斯·达尔文，爱德华·布莱斯与自然选择论"，《美国哲学会论文集》*Proc. Am. Philosophical Society*，1959，Vol. 103，pp. 94–158.

论文，其中包含对达尔文自然选择说几乎完整的预示。有两个原因让吾人应对此给予关注。这篇文章叫作《论白人妇女之皮肤部分与黑人近似者》（*An Account of a White Female, Part of Whose Skin Resembles That of a Negro*）。文章发布的场合并非寂寂无名，但直到 19 世纪 60 年代，由达尔文的一位通信者提到以后，学界似乎才记起有此公案。达氏在《物种起源》的较晚版本中，在书前的历史回顾部分提了一笔。[4] 没有记录表明，这篇文章此前曾得到任何关注，直到作者故去后，1818 年论文才正式出版。无论如何，这个故事有点蹊跷。

蹊跷之一：毫无疑问，威尔斯在讨论黑斑女人的过程中，确实清楚说明了人工选择与自然选择的关系。可以这么说，他所 [121] 汇总的两个要素，正是其后达尔文理论的主要构成成分。在谈到家畜的人工选择时，他说："那些通过技艺做到的，在人的族类形成中，是由'自然'似乎以同等功效来做到的；当然，速率是慢一些。所形成的族类亦各适其土。"作为一名医生，他想象到某些种系可能更好地抵抗疾病，并且在特定地区以牺牲其他种系为代价进行扩张。

威尔斯之未能引起当时科学界的注意，今日已经作为一个

---

4 强烈建议读者诸君参阅 Dr. Richard Shryoek 所著 "The Strange Case of Wells's Theory of Natural Selection 威尔斯自然选择理论的奇异案例"，刊于《乔治·萨顿科学和学术史纪念文集》*Studies and Essays in the History of Science and Learning in Honor of George Sarton*, Cambridge, 1946, 此文对此段公案论述甚有史识。Charles Kofoid 所著 "An American Pioneer in Science, Dr. William Charles Wells, 1757—1817 美国科学先驱威廉·查尔斯·威尔斯医生"，载《科学月报》*Scientific Monthly*, 1943, Vol. 57, pp. 77-80, 提供威尔斯私生活细节甚趣。

案例引起广泛探讨。实际上，他的其他科学工作有一些颇受瞩目，比如他写过一篇有名的《论露水》（*Essay on Dew*），此外他还是王家学会的会员。达尔文承认，威尔斯的文章是出版物中最早认识到自然选择的，但他批评说，据他所知，威尔斯仅将这一原理应用于人类社会。近年来，达尔文的这一论断多遭质疑。有些人，比如科菲德，[5] 就曾指出，威尔斯确曾注意到动物，因为他曾说过"不止是人，在其他动物身上，变异一直或多或少地不断出现"。因此目前普遍的意见是，达尔文所提到的局限并不存在，威尔斯确实简要地——尽管怯怯地——给出了达尔文-华莱士假说（Darwin- Wallace thesis）的完整预言。

对此，我的理解与各家略有不同。我在这里介绍它，只是要借以说明达尔文假说的发展过程中，有些更加微妙和难以捉摸的方面，以及提醒大家注意，阅读者把作者本来没有的意思"读"进作品里去，是多么容易的一件事。达尔文，显然要捍卫自己对进化论的首创地位，这也是人情之常，于是就将其分析局限于人类当中。但这无疑是失败的，因威尔斯确曾提及，动物中存在或多或少的变异。而且，他完全意识到今天我们所说的突变可以遗传给后代。毫无疑问，他对选择性育种了如指掌。

我们已经看到，威尔斯将达尔文假说的两个基本要素放在了一起，而且他清楚地看到了人工选择与自然选择之间的相似性。但是，真正成熟的进化论体系之出现，还有待于第三个成

5　上引书，p. 78.

　达尔文的世纪

分。这就是"与时俱增的无限之变异"这一原理或概念。无论如何费心搜索，从威尔斯的措辞中也看不出他想到了这一因素。显然，达尔文意识到这一缺憾，但却将其归结于威尔斯的探讨只局限于人类。不消再说，威尔斯确实提到过动物，但仅仅限于变种的范围。无限时间范围内、无有限制的趋异，这个概念确是威尔斯的思想中不曾有的。

让我们略做回顾，看看此前两个世纪里我们已了解到哪些东西。在17、18世纪，对于一定范围内的变异，人们已经有了相当的了解。大自然里的斗争，从本质上被认为是某种修剪机制，其作用是促进更为强大、更具活力的品种之出现。如此，重看威尔斯，则他的论点似乎也并没有乍看起来那么不同凡响了。他的观察分析，诚然敏锐精确，但并没有明确表述过，有机体的改变能够突破物种的屏障。也就是说，他的观察，并没有像通常认为的那样能别开生面，成一家言。

为了重申已从拉马克和其他人那里得到的结论——尽管泽克尔对自然选择早期历史的研究已经将其确证了[6]——我们不妨注意下约瑟夫·汤生这个名字。[7] 汤生的论文也是预见了马尔萨斯 123 的问题，并清楚认识到生存斗争与适者生存的原理。他讲了胡安·费尔南德斯群岛上狗和山羊的故事，以说明他的原理，并描

---

6 上引书。

7 《论穷人法，出自对于人类的祝愿》*A Dissertatioin on the Poor Laws, By a Well-Wisher to Mankind*, London, 1786.

述了恶劣条件是如何淘汰弱者而最强壮者（the fittest，最强壮者，最适者——译者）则生存无恙的。与 18 世纪大多数作者一样，没有证据表明汤生认识到了，自我完善原理（perfecting principle）能够使一个品系突破正常的变异范围。他的文章中，此类论述皆零星散见，这是那一时代大多数作者的通病，而威尔斯的文章中，尽管简短，但相关原理的论述却是经清楚分析得出的。这也是威尔斯吸引现代学者注意的原因。尽管如此，本质上来说，他的论文仍然缺乏无限趋异原理（principle of endless deviation）的清楚表达，而这一原理正是进化哲学的核心。因此，威尔斯的论点听来虽有不拘常规、打破旧说的新奇感，但实际却未臻于此。说实话，我强烈疑心：这就是威尔斯之论未能引发同时人关注的原因，尽管可能这并非唯一原因。[8] 总的来说，由于缺少了时间因素，威尔斯的观点既非超凡脱俗，又不耸人视听。威尔斯确实已经将达尔文主义的三个可能要素当中的两个一并提出了。然而，百五十年后的今天，我们再读他的论文，说那就是达尔文主义的完整预期，是不能成立的。

另一方面，这篇引人瞩目的小论文从侧面说明了，进化的真知灼见，曾经历多么迂回曲折如迷宫般难以揣测的路径，才终于为世所见。它就像滑溜狡黠的小鱼，不易捉摸，总是从摸索的手边轻易避开逃过。约翰·赫歇尔爵士的著作《自然哲学研究刍论》（A *Preliminary Discourse on the Study of Natural Philosophy*,

---

8　Shryock 对此有补充材料和极精当讨论，可参。

伦敦，1833 年），是 19 世纪上半叶最著名的科学方法论著作之一。就我们所知，达尔文曾用功研究过这本书。在这本书里，威尔斯医生的《论露水》被称为归纳法科学逻辑（inductive scientific logic）的漂亮范本。鉴于此后发生的事情，这话有了讽刺意味。赫歇尔认真地向自然哲学专业的学生推荐了这部作品，称其"范式可法"。[9]这本薄薄小册子的 1818 年版附有威尔斯那篇关于自然选择原理的案例研究（即那篇论黑人妇女皮肤的论文——译者）。没有证据表明达尔文听从了赫歇尔的建议。

然而，这篇神秘莫测的文章注定要划过那片属于达尔文的地平线，而且是以一种如此令人惊讶的方式。这一回，达尔文正被休·福尔科纳提名，即将荣膺 1864 年王家学会的科普利奖章（Copley Medal）。福尔科纳是一位杰出的古生物学家，与达尔文恰好同庚，可惜他将提名信呈交王家学会以后，不久就去世了。信中他列举了达尔文的一系列科学成就，其中包括对珊瑚礁的研究。"这篇论文（指达尔文的珊瑚礁研究——译者），"福尔科纳称，"其独创性可与威尔斯医生的《论露水》相提并论，既有详密的第一手观察资料，又有宏阔而重要的概括总结。"[10]

一位杰出学者，就是这样称赞达尔文的"巨著"《物种起源》而兼及其他作品的。可尽管福尔科纳熟知威尔斯的著作，他却似乎从未读过那篇论黑斑女人的，那一论文本是《论露水》一书的

9　上引书，p. 163.

10　MLD, Vol. 1, p. 254.

附篇。如果他曾读过，想来当不至于认不出其中与其好友观点的关联之深，这位朋友他可是要提名授予科普利奖章的。此外，约翰·赫歇尔爵士本人，作为莱伊尔与达尔文的朋友，常年与二氏通信，他对威尔斯的敏锐科学逻辑也推崇备至，但居然连他也没有意识到——至少并没有表达过——达尔文的理论在某位英国科学界熟悉的学者作品中，已经有过预言了。[11] 达尔文稍有不同，他是到 1860 年，才从某不为人知的美国作者那里获得那一信息。

　　从某种意义上说，威廉·威尔斯的获奖论文《论露水》，也许正是他失败的原因所在。这篇论文被视为科学方法的典范，吸引了太多的关注，以致他对自然选择说过于简短的论述竟被所有人忽视了。如施锐尤科教授所观察到的那样，威尔斯本人似也并未意识到自己所做工作的重要性，这可能就表明，进化论的第三个重要因素，时间，也许从未得到他认真的关注思考。不管怎么说，这位孤独而痛苦的美籍保王党人，距离时代最伟大的发现，仅有毫厘之隔。无尽的思想之潮，正在所谓"社会的头脑"中，等待着成熟结晶的一刻。至于威尔斯本人，他甚至手中连一份海盗宝图的片段都没有——其时掌握这份秘录的，是身在巴斯的威廉·史密斯。威尔斯是喜欢散步的人，他最爱在潮湿的夜露中逛逛郊区公园，在满月下徜徉漫步，思考问题。他在月光下看见了难以捉摸的阴影，但并不清楚那究竟意味着什么，于是他像一个流浪者，慢慢走出了我们的视野。

11　应当注意，《论露水》一书有好几个版本，多数版本没有收录这篇关于进化的论文。

3　帕特里克·马修和罗伯特·钱伯斯

1831 年，有位名不见经传的苏格兰植物学家，名叫帕特里克·马修的，出版了《论海军用木材与树木栽培》(*On Naval Timber and Arboriculture*)。尽管这位马修先生跟达尔文同处一个时代，但关于他的生平，生卒日期，我们一无所知。* 这对我们的研究是不幸的，因他是进步主义者当中，第一个清楚完整地预见了达尔文式进化论的人。他的书如今已极为罕见，又是另一重不幸。这就导致了，我们在这一问题上所知道的，只有达尔文在《物种起源》序言中所说的话，后人便免不了在这一论题上亦步亦趋，照本宣科了。而据这一时代其他学者所言，达尔文对 126 这一领域的历史所知甚少，且吝于论述。另外，我们也不能强求达尔文能用我们今天的视角来审视他的研究课题。

无论从哪方面看，帕特里克·马修都不是一个特别圆滑乖巧的人。《物种起源》一书出版后，他因自己未能得到世界的承认而怒发冲冠。他印了一款名片，上面自称是自然选择说的开创者。这一点让达尔文颇为光火，以至于在知道了威尔斯的论文后，很高兴地宣布马修已经丧失了对这一发现的优先权。当然，事实上这并不成立。马修从没失掉自己的优先权。因我们已经知晓，威尔斯并没有提出那个最关键的一点，那就是与时俱增的无限变异，因此理论上他并未表述过完整的自然选择说，无论他

---

* 上述文字，Sir Gavin de Beer 已确定其写作时间为 1790 年至 1864 年。

是否私下里想过这一问题。[12] 另一方面，马修在这一点上的观点是明确的，尽管他的论述只在他关于树木生长的论文附录中有简短的表述，但也足够清楚，不容许发生任何混淆。诚然，达尔文在《物种起源》历史概述部分勾勒了一份简单的历史素描，但正如他自己所说，其中有些篇什他本人并不完全理解，且马修"将许多影响归因于生活条件的直接作用"。

无论如何，达尔文不得不承认马修的发现乃在他和华莱士之前。在 1861 年给德·国利伐的信中说，马修"极其明确地预言了我的观点"。[13] 1860 年他给华莱士写了类似的一封信，信中他用斜体专门标示出："他**极其清楚**但非常简略地给出了……你我对自然选择的看法。这是一例完全的预言性发现。"[14] 华莱士曾专门致信塞缪尔·巴特勒，后者曾探讨过这一课题，并在自己的《新旧进化论》（*Evolution, Old and New*）一书中引用了马修的一系列论证。华莱士说："就我而言，您对帕特里克·马修先生的引文乃是全书的点睛之笔，因他几乎完全预见了《物种起源》一书的主旨。"[15]

如今，重要的是，如果我们要明了马修的历史地位，请记

---

12 威尔斯是个医生，当然熟知《生物法则》。

13 MLD, Vol. 1, p. 187.

14 James Marchant，《华莱士：书信和回忆录》*Alfred Russel Wallace: Letters and Reminiscences*, New York, 1916, p. 118.

15 A. R. Wallace，《我的一生：关于一些事件和意见的记录》*My Life: A Record of Events and Opinions*, New York, 1905, Vol. 2, p. 84.

住，他的书是 1831 年出版的，当时地质学的灾变说正处于鼎盛时期。这与我先前的观点相符，即灾变论与其伴生的生物学翻版，进步主义，其所形成的知识环境有利于进化思想的发展。而欲将进步主义转变为进化思想，此时所面临的唯一阻碍，不过是其设想的不同生物世界间的物理隔断。如此，则我们看到马修，一个地质学灾变论者，是如何成功规避了这一困难的，于是就有了莫大的意味。

达尔文，以及他后来的门徒和传播者们——华莱士，赫胥黎，胡克还有莱伊尔，都是均变论者，坚持地质作用的持续性，只是在后期才将某种改良的生物学进步主义引入了他们的哲学。相反，帕特里克·马修，则坚持地质学灾变论，然后将某种有渐变论意味的连续性引入他的生物学体系。二者都证明，这两个学派的某种妥协，乃是真正进化哲学出现的必要条件。

马修的体系之所以最终消亡，不仅是因为它是由一名不见经传者默默无闻地发表，亦因莱伊尔手中的渐变论地质学即将削弱并推翻灾变说。拉马克以后进化论者的著作一再清楚表明，为了使真正的进化哲学出现，有必要在两个对立地质学派的两极之间进行折衷。 128

帕特里克·马修似乎是从英国灾变论学派中产生的唯一一位真正的进化论者。遗憾的是，除了他的作品本身，我们在公开的出版物中再也找不到有关他的其他信息，对他的生平和学术生涯都无从揣测，无法更多了解这位易怒而感性的学者。

"由于自然在生命的所有改变（modifications）中都具有使

之增长的力量，"马修写道，"除了提供所需以补充因自然衰老死亡者以外，那些没有必要的力量、敏捷、坚韧或狡猾者，过早地消逝而无法繁衍——要么成为其天敌的猎物，要么因疾病而夭亡。它们的位置被更完善、攫取了更多生存手段的同类所占据。"[16]

至此，我们已清楚完整地记述了18世纪的所见所闻。布鲁克纳曾指出，如果没有生存斗争，则"生物的泛滥将不可避免"。[17]此时，我们距威尔斯的发现已仅有20年之遥了。

如前所述，威尔斯的脚步到这就停住了，没有更进一步表明进化的立场，但马修则不然。此时，马修直接转向了地质学，我们也因此得见一个灾变论者如何处理地层中展示的进化之承续。

"地质学家，"他坚持认为，"在每一时代的沉积岩层中发现了具有同一性的生物化石，但同时也发现，不同时代地层的化石，又带有几乎完全不同的物种印记或生命印记。于是，我们不得不认为，要么，神秘的创生是反复做的；要么就承认，在活的有机物质中，或简直可以说在低等生命的物质集聚中，本就存在一种改变的力量，在环境变化的条件下，似乎能形成较高等的生命。而由人为干预引起的环境变化所导致的有机体组织变乱和改变（derangements and changes），为我们提供了高等生命可塑本

16　上引书，p. 365.

17　Brückner，上引书，p. 149（见本书 p. 38 所引）.

质的证明，也证明了，很有可能，在不同的地质时代，尽管每个时期都是稳定的，但彼此的情形有极大不同。如此推论，则大大提高了第二种情况理论上的可能性。"[18]

简而言之，马修观察到，在人工选择的干预下，物种和变种"界限模糊了"。[19]他将此作为生命"可塑性"的证明，而他所谓"有机体适应环境的力量"，也就是我们所说的适应性（adaptability）。他在书中指出了几种生态适应的类型，并进一步观察到，当环境变化时，生存斗争可能加剧。在这种情况下，具有较高适应能力和"更大占有能力"的个体会淘汰适应性较差的。所有这些都是达尔文式的；实际上，这就是纯粹的达尔文主义。

作为灾变论者，马修的观点是，尽管各个时期内平安无事，但地质时代更迭之际，地球表面便遭遇强烈的震荡和灾变。为适应灾变论的主旨，他的进化论做出相应调整，要点如下：

（1）他似乎相信在历次灾变中出现了大规模动物群灭绝，但每次总有一小部分低等生物逃过劫难，如此则生命的链条不至断绝。

（2）每次灾变的间隔，由于生命之灭绝过程过于剧烈，新的走廊——或者用现代术语表达——新的适应带，被开发利用起来。生命重新辐射和进化，将世界再次填满，但新的生命形

18　Matthew，上引书，pp. 381-382.

19　同上，p. 381.

式永远与旧的有所区别。结果是，岩石中的遗留每一纪都不一样，尽管所有大时期低等生物始终持续一致。因此，马修主张的是，在每一平静的地质时期内，生物相对稳定，世界为生命所充满；而当地质灾变发生，地球表面生物数量急剧减少，此时通过自然选择原理，进化的速度将显著提高。马修的这一思想实际是居维叶式"新动物区系"的翻版，在后者看来，所谓新动物区系，不过是其他地区的动物区系迁移，替换了原先毁灭了的。只是在马修的理论中，旧的动物区系会演化，而且他还暗示，自发产生（spontaneous generation）是存在的，只不过他从没有深论过这一点。

如果马修继续将灾变说进化论发扬光大，那么他就得解释这样一个问题，即：在一单个地质时期内，迅速进化为高等生命形态的能力是如何获得的。他很可能曾被要求回答类似的问题，比如为什么不同地质年代的进化结果，差异会如此之大。实际上，马修确曾准备了上述两个问题的答案，尽管其解释仅具雏形。我在此要给出这两个答案，因为从这里能清楚看到，马修和达尔文的思想在有一点上令人惊讶地平行发展，罕有交集。关于那一点，达尔文在他的历史概述里说起过，认为马修的思想在众人中与他相距最远。

与达尔文后来想的一样，马修认为，自然选择的机制，乃"作用于轻微但持续的自然倾向之上，最终显示于其后代的"。[20]

---

20 上引书，p. 385.

与通常的进步主义者不同，他似乎并没有特别以人为中心，尽管他在讨论人类时，似乎仅由于礼貌而敷衍地将其当作例外。他写道，除人以外，"似乎没有任何种族若何霸气凌人，而是各物种占有能力（powers of occupancy）间存在相当公平的平衡，或者说，每一物种都各依其性，自然变化，而与环境的奇妙变化平行相应，**好像环境和物种共同成长一样**"。[21] 换句话说，马修的意思是，生命处于动态的平衡当中，这种平衡在不同地质时期绝不重复，因生命网络之形成既受制于偶然——所谓偶然，乃体现为偶然的变异——同时又遵循自然法则，体现为适者生存的选择。从这一点看来，生命是没有方向、基于偶然的，在每次重大灾变之后，在地球上将永远不会出现两次相同的生命发展历程。因此，马修没理会进步主义的超自然形而上学，也就是那些地质预言和一系列天启事件，那些事件逐步地、定向地引导着人类的出现。从所有这些方面来看，马修似乎和达尔文一样抱有纯粹的自然主义观点（naturalistic outlook）。

"但是，"达尔文说，"他似乎将大部分影响归因于生活条件的直接作用。"这一拉马克提出的因素，在《物种起源》的第一版中被淡化了，尽管在随后的某章中我们将有机会看到，达尔文由于遭到严厉批评，且他的理论所需要的地质时间被严重缩短，在这一问题上被迫退向拉马克。如我们所见，马修的理论发展，于此面临一个重要问题。与达尔文的渐变论不同，马修的立场要

131

21　上引书，p. 387.（斜体是笔者加的——L. E.）

求他解释的，不是同一世界里生命的进化，而是前后相继的一系列不同世界的情形。我之所以这样说，是因为在这种情况下，如果必须解释地球历史上每一次大灾变之后新的动植物区系几乎全体的进化，那么实际上，这就是在解释一系列几乎互不相关的世界中的生命的进化。换句话说，马修的体系中，连续性降低到了最小限度，即每次只保留原始生命形态。因此，他的系统要求有机体具有很高的可塑性和适应性，而相反，该理论有关选择的部分则强调微小但连续的变异。

尽管马修并未想到为自己辩护——如果他写的是一件大部头的著作，那就不好说了——但显然，他对时间与其自然选择132 理论的关系感到担忧。简单说，他需要一个辅助原则，该原则可以加快机体变异的进程。因此，我们发现马修"并不排除意志或感官可能对生物的身体构型产生影响"。[22] 至此，我们再次回到了伊拉斯谟·达尔文和让·拉马克。这一情形，立刻危及他的理论的另一面——它让无预设方向的偶然进化于逻辑上言之不再可能。至于达尔文，则虽然早期阶段在这条路线上脱离了马修的思想，但后来仍被迫回到老路上来，出于基本相同的原因——为进化所留出的时间受到了人为的限制。

一个有趣的观察：马修常用的某些措辞，如"几百万个年头"，还有他对"意志和感官"的强调，都让我们看到了伊拉斯谟·达尔文的影子。就"后天性状可以遗传"这个观念而言，似

22　上引书，p. 385.

　　　　　　　　　　　　　　达尔文的世纪

乎确实存在着某种学派传承。当然，帕特里克·马修的思想具有真正的独创性，这是毫无疑问的。他的观点之并未全部公开，实在是个巨大的不幸，因为既然他仅用几段文字就能为自己大肆攻城略地，他本该能用更加宏大的篇章来表达自己的意见。从现有文献看，马修和威尔斯都称不上推动了这一课题的发展。他们的言论，更像是黑暗中的萤火，表明在正统学说的背后，某种学术风暴正在发酵酝酿。[23] 更加重大的事情，的确也是时候出现了。

1844 年，这一时刻终于来临——《创世的自然史遗迹》（*The Vestiges of the Natural History of Creation*）出版了。这本书是由一名科学爱好者撰写，并出于谨慎的考虑而匿名出版。批评者指 133 责该书非道德而薄上帝。公众迅速为之震惊。7 个月内这本书再版 4 次，到 1860 年，已经售出 24 000 余册。[24] 第一版的 200 册分送给了当时的著名学者，以期尽快引起注意。这一举动带来的优异战果引起科学史家的极大兴趣。

罗伯特·钱伯斯便是这位匿名作者。他曾希望为此书举办科学听证会，但立即被叫停了。后来成为达尔文主要支持者的托马斯·赫胥黎，此时对该书进行了堪称野蛮的攻击。诸如"愚蠢的幻想""自欺欺人的胡话""幻想小说""平庸自然观"等措辞从他的笔尖纷纷滚落。赫胥黎对达尔文反对者的批评，没有一次

23　达尔文最早的传记作者之一，Grant Allen，在 1892 年写道："达氏发表划时代意义的巨作之前很久，对于物种起源和有机体进化的思索就已经成熟。"《半月评论》*Fortnightly Review*，1892，Vol. 58，p. 799.

24　A. R. Wallace，《大好世纪》*The Wonderfull Century*，New York，1898，p. 138.

像对《遗迹》一书这样猛烈残酷。颇为讽刺的是，这些批评为欧文和薛知微之流做了辩护，此辈后来却大肆攻击达尔文。钱伯斯因书中每一处微小的错误而受到激烈的批评，不幸的是，这样的小错在书中比比皆是，数不胜数。

珀西弗·弗雷泽后来评论道："《遗迹》这样一部匿名出版的作品……像赫胥黎这样的大家者流，居然很少在意和提及（如果不是完全忘掉了）它的正面影响，这实在令人不胜讶异。"[25] 实际上，每一个读过赫胥黎对《遗迹》第十版的评论的人，都会得出一个印象：赫胥黎先生后来巴不得这本书被人遗忘。

无论科学家还是神学家，对此书的非难都做过了头。他们所引起的激烈争议和忿忿之风把进化论变成了公众财产。正如德雷珀在多年后所说的，"很高兴这一主题变得如此引人瞩目，从此它再也不会默默无闻了"。[26] 其时，工人阶级中识字率的增长正促使人们对科学的新观念产生广泛的兴趣。因此，不止批评家陷于狂热，连钱伯斯本未指望的大众读者，也怀着迫切和热情读起他的书来。如同弗兰西斯·达尔文多年后所写的那样，"我父亲手上的《遗迹》一书，显然曾被反复阅读，书里夹了一张清单，满满开列着一些加标记的段落，用别针固定在书后"。弗兰西斯·达尔文另外指出，其父查尔斯看到了钱伯斯解释物种进化谱

---

25 "发展理论果真受到《创世的自然史遗迹》一书的影响吗？"《美国地质学家》The American Geologist, 1902, Vol. 30, p. 262.

26 John W. Draper, "Evolution: Its Origin, Progress and Consequences 进化论：起源，进程与影响"，《科普月刊》Pupular Science Monthly, 1877, Vol. 12, p. 181.

系的困难，并写道："我不会触及任何物种谱系的问题——现有条件下，此题未足深论。"[27]

达尔文的传记作者们，一讲到当初《起源》初版所引起的反响，还有赫胥黎在牛津大学与威尔伯福斯主教的成功论战，就兴奋不已。实际上，在此之前，罗伯特·钱伯斯已经吸引了第一排最凶猛的火力，而经此一役，受过教育的公众也心智渐开，准备好迎来进化论更科学圆满的解释。时到 1860 年，发生了一些奇异的阵营重组，奇中之奇的一桩便是：正是罗伯特·钱伯斯鼓动了赫胥黎去会见威尔伯福斯，而赫氏本人，原本无意去听主教唠叨，并明确对送上门去遭受"主教大人的打压"表示反感。对此钱伯斯表示，赫胥黎不应在进化论者需要他的时候临阵脱逃，力促他前往会面，于是赫胥黎便硬着头皮去了。[28]

因此，若不是钱伯斯督促，赫胥黎作为公众演说家和进化 135 论捍卫者，最能彰显其决心和力量的一幕，大概便不会上演了。罗伯特·钱伯斯的不计前嫌，应该说表现出罕有的思想品质，而他的一番慷慨大义，休说没有得到大众应有的回报，就连当年受他施援之惠的那几票，也无不将他置诸脑后。于是，为了厘清他在这一时代的巨大争议中所处的地位，对《遗迹》一书的主旨做一回顾，就成为必要。在此之前，我们需要牢记，他本人是一家

27　LLD, Vol. 1, p. 333.

28　E. B. Poulton, "A Hundred Years of Evolution 进化论百年",《英国科学促进会报告》*Report of the British Association for the Advancement of Science*, 1931, pp. 72-73.

成功出版社的股东，因此从生意角度考虑，他不得不匿名写作，这是为了保护他本人以及他兄弟威廉的商业利益。在 19 世纪前半之顷，要想打破一些根深蒂固的思想观点，需要担多大风险，于此也可见几分了。[29]

罗伯特·钱伯斯（1802—1871）并非受过训练的科学家，而是一位富有哲学头脑的记者。他对整个宇宙和生命世界的进化都深信不疑——这再次说明了进化思想之发源与地质学有深切关系。钱伯斯汲取了许多不同学派的思想，他书中的许多错误，正是源于其过于兼容并蓄而思想源头太多。他的思想要点大致如下：①他接受了进步主义哲学的要旨，认为从沉积岩层的深处向上追索生命足迹，随着时间推移，生命的复杂性向前发展；②他接受赫顿学派地质学家的观点，否认地层中存在完全的断裂，认为某些生命形式，可能从一个地质时期延续到下一个。他相信世界年岁古老，对整个地表曾处于水下的说法不以为然。

136 "时间，以及一系列既呈阶进又互相联系的形式，成为有机创生思想的元素。必须看到，"他接下去说，"这整个现象跟参与有机体个体发生的诸要素极有可比性。"

平心而论，上述思想，除开拉夫乔伊教授所观察到的以

29　对钱伯斯特别有兴趣的读者，我强烈推荐 Milton Millhauser 所著的未刊博士论文，题为 "Robert Chambers, Evolution, and the Early Victorian Mind 罗伯特·钱伯斯，进化论和维多利亚朝早期思想（1951）"，该论文对钱氏论述甚称详备，且极能设身处地理解之。Columbia University Library 有复印本在档。The Library of the American Philosophical Society in Philadelphia 有缩微本。

外，[30] 几乎全都说不上是罗伯特·钱伯斯本人的独创。事情就是如此：他实际上是把赫顿，居维叶，还有史密斯手上的遗失宝图拼了起来，从而产生了这一新的思想——生命的进化，宇宙的进化，都是真实存在的。

钱伯斯作品的出版时间，以及他不过是一位博览的业余爱好者，这两件事证明了我的论断：时代发展至此，思想的积累已然齐备，实在不必非得搞一次环球航行才能发展出完善的进化理论。以前的航海家已经提供了必要的信息。因此，进化论的提出所欠缺的，更多是一种思维框架的打破，这一思想枷锁便是以人为中心看待世界的方式。钱伯斯常因其不加批判地接受某些想法而饱受批评，比如他天真地认为，有些实际颇为复杂的生命，如植物和昆虫，竟会自发地产生。公平地说，尽管当时的科学著作支持这一假说，但他本人已然看到，自发的创生对进化论而言并非必不可少。他因自发创生而受到"无神"的指责，而事实上，他也确实从未摆脱进步论中所含的宗教意味。他采纳了残留构造（rudimentary structures）说，但只是以法国和德国先验解剖学家的立场，将其作为统一设计蓝图的证据，以证明"神圣造物主所喜爱的工作方式"。

另一方面，他像拉马克一样，认为原始的生命冲动有助于 137 生物改变自身或适应特定的环境条件。换句话说，他意识到上升

30　A. O. Lovejoy, "The Argument for Organic Evolution Before the Origin of Species《物种起源》发表前的有机进化论据"，《科普月刊》Pulular Science Monthly, 1909, Vol. 75, pp. 499-514; 537-549.

之门内可能存在许多歧途。至于随着组织复杂性的显著上升，出现了更高等的生物如脊椎动物，钱伯斯以为（我们在今天也没有异议），这在无以度量的时间长河中是小概率事件。

同时，钱伯斯相信，在荒野状态下，变种和物种的分化是持续发生的。他为此所举的植物学例证，看起来很像是德弗里斯的宏观变异论（macro-mutations），下一章我们将细论之。如他以前的许多人一样，钱伯斯熟知自然界的生存斗争，但他似乎保留了18世纪的目的论观点，认为这是使生命形式保持适当平衡的一种途径。食肉动物像是某种必要的管辖机构，"否则弱者的生殖力将导致完全的无政府状态"。像拉马克一样，在他看来有两个原理在起作用：一个"内孕的 gestative"或内在的发展原理，根据神圣蓝图带来有机组织的更大进步；第二个是"与意志相关的变异力量……起次要作用"。《遗迹》一书还保留了地质预言的元素。钱伯斯说道："在人类存在以前，也许已经可以看到，一种非凡的创造物就要来到地球上了。"

现在可以看出，《遗迹》一书是经拉马克与赫顿的理论修正后的进步主义。赫胥黎也是拿它当作进步主义而施行其抨击的，而赫胥黎在归顺达尔文阵营以前，曾是莱伊尔非进步主义的拥趸。《遗迹》的弱点，在于作者未能在形上的终极因以外，给出
进化的真正原因。对于新生命形式出现的具体途径，他在细节上有时是难以确定、含混不清的。无论如何，正如米尔豪瑟和拉夫乔伊都观察到的那样，他为进化的真实性提出了令人印象深刻的论证，至于进化过程具体是怎样的性质，则又当别论。他认识到

结构的统一性，明白化石记录的重要及其真正的连续性。他敏锐地，甚至有些夸张地意识到变异的存在。可悲的是，他的这一认识乃来自个人原因。他跟他的兄弟威廉，两个人都是"全六指"人，即是说双手双脚全都有六个指头。

回头看来，科学界对《遗迹》一书的攻击，似乎颇欠诚恳。他们仅仅痛击细枝末节和一些外行的小错误，仿佛潜意识里已经认识到其核心是无懈可击的。这种态度在一位教育家给威廉·休厄尔的信中便有所表露。那是在 1846 年，当时这位英国校长是这么说的："想必您已经读过了，我指的是《遗迹》的续篇。[31]……幸而他（钱伯斯）当初写作时多是出于无知与推测，倘若他现在才写，那只会带来更大的危害。"[32]

这位校长只有一点错了。这部作品命中注定，那时写作，只会比现在危害更大，而不是相反。随着它的出版和热销，惯于跟风的世界发现了进化论。职业科学界和神学界的有限力量，再也压不住也吓不住公众对于此事的思考。作者的匿名，也是众议沸腾的部分原因。公众的好奇心被激发起来。对作者真实身份的猜测铺天盖地，成为一时之谈资。这种情况下，自然而然地，作者的真实身份被猜得愈见其高，最终风传竟是阿尔伯特亲王所为，这位维多利亚女王的配偶，众所周知，恰好是位科学迷。 139

那些本不会去读这本书的人，这回也读过了，一时间伦敦

---

31 《解释：遗迹续编》*Explanations: A Sequel to the Vestiges*, London, 1846.

32 《科普月刊》*Popular Science Monthly*, 1874, Vol. 5, p. 247.

纸贵。正如英国杰出史学家 G. M. 扬所称，"《创世遗迹》一书，其特意隐秘发行，又经大胆猜测出于亲王之手，于是便耸动了举国朝野的感情。丁尼生将其译为金句，一时间'进化'几成国民之信条"。[33]

如我们所见，达尔文仔细阅读了这本书。华莱士和他的收藏家朋友贝茨在出发前往亚马孙之前也认真研究了它。许多不思悔改的生物学家，也不得不临阵磨枪，匆忙浏览他的文章，撮其大意，以应付那些外行且不大恭敬的读者所提出的尖锐问题。一时间闹得甚嚣尘上，半被遗忘的史实和化石，也给捣腾出来，掸掉尘封，重新审察。

到了 1859 年，《物种起源》出版之时，热切而急迫的读者早已做好准备，只待达尔文发表启事了。引起争议的业余爱好者也好，杰出卓越的职业科学家也好，都应为我们所铭记，因是他们一起赢得了公众对进化的关注。像这样机缘巧合下促成的美谈，在整个思想史上亦不多见。

那些不愿将钱伯斯之名写入进化思想史的人，大约是因为他并非专业生物学研究者，又在一个惑乱的年代抱持诸多谬误。这些人，该记住钱伯斯对自己作品的评价："有一天将会证明，这一体系是真实无疑的，哪怕它的第一位绍介者所给出的例证有一半是错误的。"[34] 便是达尔文本人也不会要求更多了。"我只是踏

33　《维多利亚朝初期的英伦》*Early Victorian England*, Oxford University Press, 1934, Vol. 2, p. 477.

34　转引自 Millhauser, 上引书，p. 246.

出一条小路，"达氏有一回谦虚地自称，"为的是别人有朝一日能
走上康庄大道。"在英国，罗伯特·钱伯斯第一个将自己置身舆 140
论的雷电中，他比大多数人都更值得我们后辈的宽容和敬重。就
连赫胥黎，在生前也为了曾经浮躁蛮横地批评他而表示了歉意。

第六章
贝格尔号的航行

印象的力量通常取决于先入之见。

——查尔斯·达尔文

1　巨人的时代

1851 年，当年轻的托马斯·赫胥黎雄心勃勃、意气风发之时，环顾海内，发现英国博物界有两个人卓异杰出，堪领袖群伦。这二位便是理查德·欧文与爱德华·福布斯。赫胥黎曾对友人说，此二子学识过人，奇思不断，尤善于把握头脑中灵光之一现。至于达尔文这未来的大师，他在多年后回想起来，亦不吝赞美："倘健康允许，他必无可限量。"[1]

当年的一时之快语，今天看来堪称讽刺之幽默。不出三年，

1　《托马斯·赫胥黎生平和通信》*Life and Letters of Thomas Huxley*, ed. by Leonard Huxley, London, 1913, Vol. 1, p. 137.

福布斯溘然辞世，而阴沉狡狯的欧文则成为赫胥黎和达尔文的一生死敌。"我没什么亏欠要弥补的。"1892 年，赫胥黎在欧文去世之际谈起当年的争执，这样说道。"如果时光倒流，事情重来一遍，我还会一切照旧。"说完这话，他就做了件很赫胥黎的事

情——为欧文纪念碑提供了资助。他语气生硬地说，"他确实做了些扎实的工作，配得上建个雕像。公众只需要关心这些就好了。"²

话音落下，他也拉下了巨人时代的帷幕。此时，达尔文和莱伊尔都已不在了，赫胥黎在世之日也所剩无多。只有一点上他说错了——还是在谈到欧文时说的，"最令我震动的是，我和他，我们所为之争斗的一切，居然都已经属于古老的过去了。在今天，实在不好再拿这些上一时代的陈词滥调来打扰公众的视听"。³这样贬低自己在赫胥黎是绝不应当的。他，还有他伟大的同伴达尔文，早已是自己时代的传奇。一小撮真正的精英，通过共同努力，将世界思想之潮引向新的河道，这一幕简直可称具神话色彩，如传说中的圆桌骑士般令人神往。只要科学的传承尚未断绝，他们的故事将永远为人铭记。伟大的功业需要伟大的阻碍，因此，作为他们的论敌，同样将因这共同的传奇而不朽——在传说里，敌人是否比现实生活中还要可怕，正未可知。

2　上引书，Vol. 3, p. 273.

3　同上，p. 321.

犹豫不决的摸索时期，耐心积累信息的阶段，到 1859 年《物种起源》出版，终于可以宣告结束了。博采众长、海纳百川的大成之作终究得以问世。但走笔至此，历史学家仍需谨慎前行。《物种起源》一书和它的作者，一道默默历经隐秘的 20 余年，在这 20 年里遍历了疾病，孤独，徒劳的努力和消磨意志的怀疑。如此长期持续的勤勉奋力，其精神动力到底源自何处，我们实在难以明了，而达尔文本人又不太可能在埋头著述时，将生活的方方面面、点点滴滴，一一形诸笔墨，于是，后世史家困难倍增。

尽管我们拥有达尔文大量的往来信件，因终其一生他都被视为真正的天才，但是，他本人所保存的学界同行之间的通 143信——包括胡克，莱伊尔，欧文等许多重要人物给他的信件——严重地缺失了。这些失踪的信件，有一些显然非常重要，因我们能够从达尔文给他们的回信当中对内容揣测一二，但毕竟我们所知不多，无从多加猜测。尽管与许多世界级人物相比，关于达尔文的日常生活已经得到了精心的记录保存，但私人信件方面的巨大缺口仍令人恼火。而且，还有更多材料显然并未保存下来，这些来自达尔文的部分同事与伙伴，以及他们家庭的线索，在维多利亚时期就中断了，而这些人所保留的达尔文通信也早已损毁或散失殆尽。

达尔文及其时代的研究者们，都渴望了解，达尔文智力活动的起始带给他怎样的知识背景和思想底蕴，他又是怎样接受并开始这一伟大任务的；而在遭受神学家与同时代科学家的双重痛击之后，他的假说又做了怎样的改进。进化的假说，我们今日称之为"达尔文主义"者，并非一日之功，而达尔文本人正是其主义的首席狂热信徒。这体系的形成过程，便不可避免地存在一定的妥协退让，长期不断的犹疑，乃至一度退回到拉马克的立场。像每一个打开了新世界广阔思维视野的思想家一样，达尔文也不可能亲自探索发现之门背后的所有道路。于是，进化论成为一个对外开源的思想体系，其自身仍在不断修正改进，革故鼎新，因其首创者本意便是如此。我们的目的，仅仅是检视这一假说的形成之途径。为此，我们必须从如今自己已熟悉的观念中再次回到19 世纪初期。在这里，年轻的达尔文开始了他的研究工作，并144 将以此改变19 世纪的整个世界观。我们还知道，科学的创新者并非无中生有，降生在真空里。因此，我们需要了解更多关于达尔文的家庭背景，他的求学经历以及那个时代的科学思想状况。所谓那个时代，我指的是1831 年，彼时年轻的查尔斯·达尔文做出了一个令人难忘的决定：接受了英国王家海军贝格尔号的随舰博物家的职位，将要环球航行5 年。这个故事的大部分已是常识，但即使到今天，其中仍存在一些有趣的谜题。

2　伊拉斯谟·达尔文的影响

达尔文自青年时代就逐渐熟知了彼时进化的一般观点，这得益于两个不同渠道。他晚年在儿女的督促下所写的小传，尽管没有详细说明这一问题，但毕竟为我们确认了两条渠道之一。另外一个途径，尽管达尔文本人从未深谈，但无疑是一个可以确定的信息来源。

那个较为确定的渠道，便是其祖父伊拉斯谟·达尔文的诗和散文，这些文学作品在世界上享有盛誉。可以肯定，伊拉斯谟的思想必定会在家庭圈子中有所讨论。此外，一个自诩对莎士比亚情有独钟的小男生，理所当然不会放过在自家祖父的作品里一尝诗歌滋味的机会。实际上，达尔文亲口承认，他读过爷爷的散文作品《生物法则》（*Zoonomia*），尽管他否认这一作品对他产生了影响——有趣的是，他在写作《物种起源》前第一次试笔，论文的题目便是《生物法则》。甚而，他有一番无意中的言谈对我们也颇有启发：就在他刚刚否认受到该作的影响之后——他说，"我那时对［爷爷的］《生物法则》特别仰慕。"[4]

我们无须去质疑青年达尔文到底是怎么想的——那时他还 145 年轻，兴许还认不清自己。但目前所知已经足以说明，他在很早的时候就已汲取了类似思想，使其成为自己头脑里熟悉的回响了。对外行而言，进化说通常所带来的震惊和离经叛道之感，在达尔文身上早就不存在了。

有一次，达尔文略带勉强地承认，"毕竟从小耳濡目染，所见所闻都是这些观点的好处，如果说我早已接受了进化说——当然，具体看肯定跟我在《物种起源》里表达的不太一样——这种情况按理是可能的"。信不信由你，达尔文自幼成长的家庭环

---

4 LLD, Vol. 1, p. 38.

境，本就不那么因循守旧，颇有思想自由的传统。众所周知，他对大自然充满热烈的喜爱，而对当时的传统古典教育则报以同等程度的厌烦。最后，他被带到爱丁堡，家里希望他能接父祖的班，从事医学事业。对科学而言幸运的是，敏感的年轻人无法忍受医疗实践中较可怕的一面，因此他在爱丁堡的逗留时间很短。然而，在那短暂的时间内，他结识了罗伯特·格兰特医生（1793—1874）。他们的交往，初时融洽愉快，但随后却关系转冷，直到两人步入晚景，也没有和好如初。* 在当时的苏格兰，格兰特可算得一位奇人。他在巴黎接触到拉马克的进化说，对其表现出极大的热情。有一天，他跟达尔文一起散步，滔滔不绝地讲起拉马克的哲学。又一回，年轻的达尔文"暗自惊讶地"听着，他如是说，而且回头还是声称自己并没有受其一丁点影响。但是，他听了，而且将这一幕印入脑海，到久后的晚年依然记得。当时他只有 16 岁；距贝格尔号航行尚有 6 年之久。

146　　同样令人感兴趣的是，当达尔文在爱丁堡与罗伯特·格兰特一起享受动物学观察之乐的时候，《爱丁堡新哲学杂志》刊出了一篇值得注意的论文。这本科学杂志由达尔文的一些教授撰稿，其中一位担当编辑。无疑达尔文在其创刊之初就知之甚稔了。他直到晚年还广泛使用这本刊物。

上面提到的这篇值得注意的文章，其独特之处在于它支持

---

　　* P. H. Jesperson, "Charles Darwin and Dr. Grant 查尔斯·达尔文和格兰特医生"，《里希诺》丛刊 *Lychnos*, 1948—1949, Vol. 1, pp. 159–167.

进化假说，要知道，这可是 1826 年。[5] 毫无疑问，这位不具名的作者深知其观点离经叛道，在当时不啻异端邪说。人们难免疑心，他跟刊物的编辑必是很熟，才得以让该文匿名发表。我们恰好知道，当时的爱丁堡确有这么一个人：罗伯特·格兰特。令人奇怪的是，也许是由于其误导性的不痛不痒的标题，此文久为科学史家所忽视。作者在文中并未提出独创主张，而是阐述并支持拉马克的观点。

"化石学说，即使目前尚不完善，也为我们提供了支持拉马克先生假说的解释。实际上，我们只能在较新的岩层中找到较完美的动物种类，而在最近的岩层中找到最完美的动物种类，与我们相近；在它们下面是食谷动物，在食肉动物之前。仅在冲积土层，石灰质凝灰岩和石灰石砾岩中发现了人类遗体。"[6]

这位进化论先驱将拉马克称为"当今最睿智的博物家之一"。他继续说，"物种之别无疑是博物学的基础之一，其特性是繁生相似的形态。但是，这些形态是否像某些杰出博物家所坚持的那样，永恒不变？我们的家畜，以及我们的栽培作物岂不是相反的证据？如果这些物种通过环境、气候、营养以及对它们起作用的其他情况的变化而改变了它们之间的关系，那么很可能，许多今天找不到现存者的化石生物也许并没有灭绝，而只是变成了其他

5　无名氏，"Observations on the Nature and Importance of Geology 关于地质学本质和重要性的一些观察"，《爱丁堡新哲学杂志》*Edinburgh New Philosophical Journal*，1826，Vol. 1，pp. 293–302.

6　同上，pp. 297–298.

的物种。"[7] 显然，在这一早期英国科学文献当中——比莱伊尔将拉马克理论介绍给英国公众还要早——驯化动物的可变性（changeability）已经公开发表了。日后，这一命题将在达尔文的一系列作品中再次出现。

考虑到这篇文章是灾变论鼎盛时期撰写的，也许其最令人惊讶之处，就是它拒绝了那一观点。"无数动物遗体，"我们的作者说道，"但罕有现存的物种，而这些仅存在于最晚近的岩层构造中……* 这种破灭是否可归因于通常所认为的意外天灾和地球毁灭性灾变，**还是仅仅表明着由于湮没久远而尚未发现的伟大自然法则？**"[8]

这位匿名作者肯定，"石化 the petrifactions"包含着有机界的历史，并且，这一学科及关于动植物分布的研究（他称之为"有机地理 organic geography"）将揭示古生物种群（ancient populations）是否受制于与今日相同的种群分布原理。论文笔锋克制，但论说合理。日后达尔文一直对生物分布问题表示密切的关注。有趣的是，达尔文恰在爱丁堡开始其科研生涯，与这篇匿名论文的问世又恰在同年。毫无疑问，他熟悉刚刚发行的《爱丁堡杂志》。他的传记作家韦斯特虽然并未留意到这一刊物，但清楚意识到，进化论的话题萦绕在爱丁堡的学术空气里。韦斯特坚

148

---

7 上引书，p. 298.

* 在《物种起源》一书倒数第二段里，能找到措辞和思想都与此相似的评论，这实在有趣得很。

8 同上，p. 298.（斜体是笔者加的——L. E.）

信，正是在爱丁堡，达尔文意识到进化论乃是"潜在的可信而有生命力的学说"，[9]这一点，我们上述所引的文字或可佐证一二。

然而，这段愉快的日子未能长久。由于对学医感到厌倦，达尔文前往剑桥，想要转到该校，但他仍未放弃博物学的爱好，并开始涉足地质学研究。他父亲不满他终日游猎而荒废学业，怒火渐炽，达尔文对其也愈发惧怕起来。有一件事在这里起到至关重要的作用：这小男生甚得贵人长者的喜爱。似乎他们能看到他尚未显现的内在潜质。通过植物学家亨斯洛的妥为斡旋，还有他舅舅约西亚·魏之武为他出面与其父力争，他终于获准以随舰博物家的身份参与贝格尔号的航行。1831 年，贝格尔号起航了。

3 达尔文的知识背景

从某种意义上说，人们大可以将贝格尔号航行当作仅是段浪漫的插曲。有人会指出，达尔文后来提出的每一个想法，在他此次航行前都已在英国酝酿成熟了。甚至可以证明，已经积累了足够的数据，以使具远见卓识者能够推演进化的事实和自然选择的理论，所需的无非是一所资料齐备的图书馆。所有这些说法无疑都是对的。但最重要的是，将自然选择说从无到有发展起来的

9　Geoffrey West，《查尔斯·达尔文肖像》*Charles Darwin，A Portrait*，Yale University Press，1938，p. 66. 亦见 J. H. Ashworth，"Charles Darwin as a student in Edinburgh 1825—1827 查尔斯·达尔文在爱丁堡做学生：1825—1827."《爱丁堡王家学会论文集》*Proceedings of the Royal Society of Edinburgh*，1935，Vol. 55，pp. 97-113. Professor Ashworth 提供的资料完全可以印证前述观点。

这两个人，查尔斯·达尔文还有阿尔弗雷德·华莱士，确实都做了地球上最遥远的旅行，都亲眼去看并感受到深深的震撼，也都在漫长的海上航行中进行了长久深沉的思考。当然，还有一点是不可否认的：两人都特别善于从已有文献中得到助益。

由于这两位的伟大发现所带来的惊世影响，人们自然而然地认为——尤其是达尔文，人们会以为，写进《物种起源》里的所有思想和实验，全都是达尔文一人之所思所做。我丝毫无意有损达尔文的伟大，但此时，且让我们继续检视一番1831年之顷，欧洲思想界是怎样一个状况。

多年以后，达尔文有时会谈起他在剑桥所受的教育，意思里颇不以为然。尽管达尔文对学校的科班课业深恶痛绝，但是他本不该忘记，正是在那样的环境下，他才得以接触到当时最精妙的科学思想，更不消说，没有植物学家亨斯洛的帮助，他的贝格尔号航海将无法成行。[10] 其时他的师长当中，还有一位亚当·薛知微先生，在1830年伦敦地质学会上曾发表令人印象深刻的重要演讲，达尔文曾陪他做实地地质考察。这位薛知微先生一辈子都不赞同进化假说，但令人惊讶的是，他却预言渐变论和生物进化将取得最终的胜利。他的这些言论，想来当不至于为他的年轻学生所忽视，而且不久后，这位学生就成了莱伊尔的门徒。

10　并不是说，达尔文不感恩这些人。他只是没有意识到，这些人是由一个伟大的大学遴选募集而来的，而他们未必就同意当时的课程设置。

看看下面的话吧:"当我们试图追踪地球历史的不同时期及其各自的巨大变化时,生物化石的重要性就与日俱增。这些晶莹的石头在每一时期的地层均有发现;其出现有一定的结合规律,在某一时期如果与某种矿物形态相结合,则另一时期也会如此……因此,地质学家通过玄想也好,独创也罢,在接续相叠的各期矿物出产之间竖立起来的巨大壁垒,如今已经倒掉了。"[11]

150

在这里薛知微承认,早些年里学界曾主张的,不同地层的实际矿物成分必因各处于不同久远"世界"而彼此相异,这一说法如今已站不住脚了。相反,要想准确辨识过去之造物的性质,就不得不倚仗地层中的生物化石。在这一点上,薛知微不止一次走到进化论的边缘,但最终都退缩了。他写道:"当我们检视一系列相互接触的地质构造时,发现其彼此之间是相互渗透的。**而当我们将这一系列地层中所伴生的化石,按其时间顺序叠相放置,则这种相互之间的渗透将更为惊人。**我并非想要论证物种的嬗变,因这一问题上所有可信的事实都站在相反的一面……**我只想陈述一个观察到的普遍事实。**"(斜体是笔者加的——L. E.)

起初的矿物未能在不同时代间做出区分,将过去的不同世界加以区别。此时薛知微暗示说,化石本身所代表的,也许只是转折(transitions),而不是通常所认为的时代记录的断裂。到这里他再次退缩了,但迫于科学精神,他只好冒昧坦言:"我只想陈述一个观察到的普遍事实。"

---

11 《哲学杂志》*The Philosophical Magazine*, 1830, Series 2, Vol. 7, pp. 306–307.

这一观察到的事实，薛知微和其同时代人绝大多数都无法直面。它直接导致一个唯一的可能解释：这就是地质学和生物学上的均变说，认识到过去以为前后相继的一系列不同世界，其实151 乃是同一个连续的世界，这个世界从时间的原初便已处于变化和演化之中。由此，达尔文在不知不觉中，以某种形式将史密斯、居维叶、赫顿三人的藏宝秘图都带上了贝格尔号。特别是，他所带的三份秘图其实便藏于莱伊尔的一本书中：那就是《地质学原理》(The Principles of Geology)。该书的第二卷，包含动物习性和拉马克理论的部分内容，将在他抵达南美洲后送到他的手上。

还有件事发生在达尔文动身之前。一位博学的匿名者在1831 年 6 月（达尔文秋天才离开），给《爱丁堡评论》就约翰·理查森爵士的《北美动物志》(Fauna Boreali Americani) 写了一篇颇长的评论，题目是《动物地理学》(The Geography of Animal Life)。[12] 文中简要总结了远方大洋岛屿上所有已知的生命之谜。《爱丁堡评论》是辉格党的喉舌，而达尔文家族则是辉格党的拥护者。几乎可以肯定，达尔文读过这篇文章。另外，《评论》一刊也是托马斯·马尔萨斯的有力鼓吹者，这一点并不出人意料。同时，达尔文曾深入研究的《自然神学》(Natural Theology) 一书的作者威廉·佩利，也皈依了马尔萨斯主义。这一点相当重要——后面我们还要细论，目前则知其大概已经足够——且让我们先把注意力放到刚刚提过的有关动物分布的论

12　1831, Vol. 53, pp. 328–360.

文上来。

尽管这位显然很内行的匿名作者，对这一学科的探索前景持谨慎态度，声称动物分布之模式"很可能永不会为人类知识所把握"，但他还是忍不住鼓励学者做长远规划，以打破见知的屏障。他敦促人们沉下心来收集资料，并指出这一工作的重中之重，是确认"自然赋予动物之特定性状的变化极限"。他问道，是什么原因，导致某种鸟类的特有变种只能在马德拉岛（the island of Madeira）上见到，这事实背后又有何种意义？他又问，152 "新世界潘帕斯草原上栖居的四足兽类，又因何与鞑靼平原（plains of Tartary）的物种全然不同"？

带着某种痴迷，作者回到岛屿的谜题上："世界上这些广大水域中的星点之地"，究竟是如何接纳了物种丰富的动植物区系呢？他以马斯克林群岛（Mascarene archipelago）为例，这些岛屿是火山岛，比离其最近的大陆年轻得多，尽管如此，其物种仍称丰富多彩。他探讨了植物种子通过海洋或鸟类传播的可能性——这些题目达尔文后来都写到了。最后，他对困惑的读者抛出一个巨大谜题："最后，那只非同寻常的怪鸟，渡渡鸟——这个岛上的原产物种，并曾使最初的定居者大为震惊——不可能是从别的地方带到这里的吧，因显然此前它从未在别地出现，此后也从未有人在任何地方看到或听说过。"

这个谜题只有一个答案：孤立环境下的进化。接下来的几年中，达尔文着迷地研究他所到过的每个岛屿。在加拉帕戈斯群岛，他会发现一个类似的稀见动物区系。他将在那里获得其理论发展所必不可少的资料。可以说，这篇评论文章相当清楚地摆明了在达尔文贝格尔号航行开始之时生物学上所提出的问题。已经发现的偏远岛屿上，有些生存着在大陆上都无法得见的种甚至属，而从地质学上判断，这些岛屿源起年代远较各大陆为晚近。"最近，"我们的匿名作者又说道，"部分思想者因此主张，必须承认较为晚近的动植物创生有其可能性。"可以观察到，英国思想仍然较多地停留在创生而非变化上。比如，渡渡鸟，仍未被普遍视为演化较为奇特的鸠鸽科（pigeon family）的一员。但是，无论如何，正是这一类性质的问题，才不可避免地引向一个关于 153 进化的假说。

在年轻的达尔文心里，对其影响较大者还有几位，其中便有亚历山大·洪堡。洪堡是最后一批伟大的航海家之一。正如阿克尔克内希特最近指出的那样，洪堡对他的同时代人来说不仅仅是一个科学家而已，他直接"乃是科学的'化身'"。[13] 他是一个涉猎广泛的智者，一台出色的合音器（synthesizer），在可以称之为"科学教 religion of science"的思想之潮发轫的过程中发挥了主要作用，这一思潮在接下来的时代里主导了 19 世纪的学术界和思想界。如阿克尔克内希特所说，"在如此普及化的科学运动中，洪堡创造了一种积极有力的氛围，使其后像达尔文主义这样的大

13　Erwin H. Ackerknecht, "George Forster, Alexander von Humboldt and Ethnology 乔治·福斯特，亚历山大·冯·洪堡与人种之学"，《伊希斯》Isis, 1955, Vol. 46, pp. 83-95.

众科学运动得以蓬勃开展"。[14] 达尔文对洪堡的《见闻随笔》（*Personal Narrative*）印象深刻，以至于早在贝格尔号航行的机会尚未出现时，他就已经探讨过远航特内里费岛（Teneriffe）的可能性了。

除了大量注意入微的观察结果，洪堡的著作还向读者提供了一系列来源广泛但系统关联的事实。他说："最奇怪的地质现象经常在大陆表面重复上演……基于相同原因偶然同时并发的事件，必然在各地产生相同的效果；大自然丰富多彩，从无机物的排布中所观察到的结构和形式，在动植物的内部组织中亦可见可作类比者。"

后来，"撕裂的海岸 rents on coasts""蜿蜒的山谷 the sinuosities of valleys"和"成岭成峰 aspects of mountains"等等，亦成为达尔文在南美洲的头等大事。他谈到墨西哥湾流"将属于美洲热带地区的树木果实"沉积在爱尔兰和挪威的西海岸；"在上述海岸上发现的各种龟类，在安得列斯群岛的水域中亦时有所见"。对于人类活动在大地面貌改变中所起的作用，洪堡亦有清楚认识："若未能意识到人类国族交流对星球表面的改变，博物家纵有一得，必有千失。我们知道，人若去往异国，则必然想要让一切一切都改变国籍。如此则其人便携带植物与小型兽类远渡重洋，昆虫之属亦在其中；他的产业在大洋彼岸蓬勃兴旺，连建造产业的石头都许是从遥远家乡采来的呐。"再一次，我们发现

154

14　上引书, p. 92.

达尔文在他的《航海日志》(*Journal*) 中，发现潘帕斯草原上来自旧世界的蓟类惊人地蔓延怒生，以及在欧洲人接触的影响下当地动植物发生的变化。

洪堡还提请注意这一事实，即对于他那一时代的科学，"航海家为大量观察事实的积累做出了巨大贡献"。"但是，"洪堡补充说，"[我们]*不得不感到遗憾的是，迄今为止，博物家极少懂得利用他们的航海志；而从新检视它们，可能会产生意想不到的结果。*"（斜体是笔者加的——L. E.）在为写作《物种起源》积累事实材料时，达尔文花了很多时间和精力，梳理了早期航海家对动植物传播的记录和岛屿上奇特动物区系的描述。因此，年轻的达尔文所钦慕的一本书中竟包含这样绝妙的建议，个中或许有重要意义在焉。

洪堡的随笔，可以说是《贝格尔号航海日志》一书所遵循的榜样。这一点我们从达尔文巴伊亚之行享受热带风光的欢愉时所记的日记中或能管窥一二："我现在，简直不读洪堡就浑身不自在；他就像另一个太阳，照耀着我所见的一切。"[15] 说来有趣，正如阿克尔克内希特所言，洪堡之"世界的宏伟群像……只把一样忽略掉了，那就是人"。对于其科学后继者达尔文，后人也不免同样的微词。一位达尔文的批评者如是说道："他的世界里满是昆虫、鸽子和猿猴，还有奇怪的植物，但人，万物之灵的存在，

155

---

15 《达尔文贝格尔号航海日志》*Charles Darwin's Diary of the Voyage of H.M.S. "Beagle"*, ed. by Nora Barlow, Cambridge University Press, 1933, p. 39.

却没有任何位置。"诚然，达尔文对人这一存在确乎仅从物质角度进行研究，因那就是进化论对人的态度，但尽管如此，说他是个蹩脚的人类学家，这似乎也并非有失公允。达尔文与洪堡在这一点上的类似或一致，是否仅出于偶然，那是无从知晓的了。我们至多像阿克尔克内希特一样畅想一下，若洪堡这一19世纪的科学巨擘，果真对人类福祉曾表达过更多一点的兴趣，那他的影响所及之下，人类学的历史还不知会得到怎样的发展呢。

我们回顾这些著作，只是为了再次强调在前面各节中所说的一点，即科学综合的伟大举动从不是在真空里进行的。就心智品位的塑造而言，我们年轻天才所受的影响，身边的书和人，始终都是极其重要的。达尔文对生物学的影响注定是深远的，以至于他从别人那里吸收的很多东西，都被完全铭记为他自己的成就。这并不是他的错；之所以出现这种情形，只是因为《物种起源》之前的许多生物学著作都是老式的，不再有人阅读了。

达尔文从纯粹的实地观察中得出了他所有的思想和发现，这一看法仍被广泛接受，部分原因也许是由于达尔文本人对他所研究的思想之渊源表现得漠不关心。但实际上，他除了是一位优秀的野外观察者，同时也是一位贪婪而追根问底的读者，[16] 正是这二者的结合造成了他伟大的综合能力。一个完全了解进化假说的年轻人，无论他初登贝格尔号时个人观点如何，我们都有充分 156

16　达尔文在1858年致赫胥黎的一封信中承认道："我一次次申请阅读那些老会刊老游记等等，所以，我在不列颠博物馆用功的时候，极其遗憾不能接触全部藏书。"MLD, Vol. 1, p. 111.

理由相信，他的思想和知识背景已经武装了他，让他一开始便能够将所有机会利用到极致。他的嫡亲祖父的进化论遗产激励着他，而拉马克于海峡对岸更为广泛的思考，他至少也当有所耳闻。除此而外，他还接受了伟大航海家洪堡的魔咒，这位施咒者强调观察和对相关事实的综合，竭尽可能把它们做成宏大的归纳总结。

读过《物种起源》的初版，人们很容易得到这样的印象，好像达尔文只是到南美洲实地考察了一番，就构想出了进化论的理论体系。我们可以认为，先前他只是马马虎虎感觉到进化假说或许不假，而实地考察只是加强了这一信念。诚然情形很可能如此。但无论如何不能否认如下事实：达尔文登上贝格尔号时已然知晓进化假说的存在，而现在他终于有机会实地进行验证了。他的天才在于，他愿意去做这种实地的验证；没有先入为主的情绪会阻碍他；没有对任何现成进化学说的偏爱来阻止他发展出更为令人满意的进化机制来解释其造成的影响。弄清这一背景之后，我们现在总算可以对航海事件本身做一番回顾了。

4 航海之旅

自然选择说的提出，一般笼统地以 1859 年《物种起源》的出版为起始。然而实际上，其酝酿应远早于这一时间。由于达尔文很早以前就与身边的人经常讨论这一观点，而学术圈也早已知晓他在研究"物种问题"，因此，《物种起源》出版前，他的影响之范围就已经无从评估了。《航海日志》一书中对此已暗示了一些线索，某个有心人，很可能早已对这些线索做了深长的思考。就说华莱士，他不止读过《航海日志》，而且跟达尔文本人关系密切，应当早就知道他已有某种独创的想法了。实际上，越是深究华莱士与达尔文的私人关系，越是容易感到，没有达尔文的影响，也许就没有华莱士，同样，没有华莱士，达尔文大约也不会最终将他的巨著正式付梓。相较克罗伯所谓的"灵感扩散 stimulus diffusion"，这一事件似乎更少些独立发现的意味。毋庸置疑，华莱士的确独立提出了自然选择说，但据说他已敏锐地感觉到，达尔文也在构想一个新的理论——实际上，达尔文就是这么跟他说的——于是他想要提出自己的理论这一愿望愈发强烈了。此外，跟达尔文类似的是，华莱士的作品里，查尔斯·莱伊尔爵士的影响同样清晰可见。

由于达尔文与其朋友之间的这种联系网络，加之我们面前大量文献中的诸多矛盾，想对所有事件给出一个简单直接的陈述，并不总是那么容易。这件事情的另一复杂之处在于，由于达尔文在华莱士竞争的压力下想要赶完写作，至少在他本人看来，《物种起源》本应只是一部篇幅更长的作品之钩玄提要，那部更宏大的作品应包括名物索引、文献出处和思想渊源，而这些，限于时间和篇幅，他都未能囊括于《物种起源》书中。结果，由于"真正的"《物种起源》仍然只是一个梦想，按现代标准，其"摘要"（即已出版的《物种起源》）确有脚注不足之病。

许多情况下，我们并不知道达尔文从何处得到了他的那些

158 想法，但明显的是，有时他确实可以借助一些手头可利用的资源。比如，达尔文从不吝于表达对诸如莱伊尔等人的感激，但这种情况多是在出版物的鸣谢题辞或是私人书信中出现，从中不易看到他运用了其中的哪些具体想法。所以，我们必须从他的航海日志出发，努力探究一番，对于他身边的世界对他施加的影响，他具体到底记下了什么。但在做此种探究之时，我们仍需谨记，此时的博物观察家达尔文，乃刚刚从学校毕业，学生时代地质学和生物学领域的重大争议记忆犹新。换句话说，他并非像哈德森或梭罗那样，是一个孤独默思的文学天才。尽管他愤怒的父亲曾把他唤作"拿耗子的"，但这年轻人已经大得诸如薛知微和亨斯洛这样有分量的教授的青睐；而他本人的头脑已经泡在了注定搅动当时社会的思想大潮之中。只是，与生俱来的孤傲，也许会使他从未意识到爱丁堡和剑桥的教育背景对他的助益和影响。

一谈到他的日记和自传，我们几乎马上就会看出，上述文献中的一些表述，与 1877 年他与友人通信中所言有大相径庭之处。他在致此人的信中写道："我在登上贝格尔号的时候，仍然相信物种的持久性，但能记得，偶尔模糊的疑虑也会出现在我的脑海。"现在，让我们记住这一说法，开始研究达尔文的自传、日记与笔记，这些文献提供了全然不同的记载。此外，值得一提的是，贝格尔号的费茨罗伊船长有一回说到，他经常对达尔文表示抗议，因后者常对创世记第一章表示怀疑。

那么，让我们首先从日记里逐日的记录中着手梳理。有关
159 进化的直接言论是不需要费心寻找的。因类似表述会惹恼费船

长，而达尔文的日志属于贝格尔号航海冒险的官方记录，作为船长，费有权阅览。但即便如此，我们发现，其中有些言论也是极易引发争议的。另外，当我们重新审视达尔文的言论，脑中需要明确，他的记录应分成两类：**搜寻进化证据的，以及实地探求生物异变机理的。**这两种记述的混淆，可能是造成多年后达尔文相关言论产生矛盾的主因。显然，对达尔文来说，自然选择说的发现等同于证实了他的进化论信念。但实际上，航海日记和相关笔记，以及他自传当中的部分言论，都表明他最初只是将进化作为可能的假设，而随着实地观察研究的开展，他对进化论愈发肯定，直到最终发现了自然选择原理以及随之而来的趋异律（law of divergence）。

早在 1832 年，达尔文日记中的观察记录就已经清楚表明，他的关注重点无一不是对于进化论者最为重要的事实。他发现一种蛇，有着原始的后肢，认为这是"大自然将蜥蜴和蛇连接的通道"。[17] 一个月后，他发现另一种蛇的尾巴"以椭圆硬点为端止"，"而像那种大名鼎鼎、尾端发声器官更为完美的物种一样振动"。[18] 又一次，他很快注意到"有三种鸟的翅膀，不止用作飞行：'汽船'（Steamer，一种鸭子）将翅当作桨叶，企鹅以翅为鳍，鸵鸟和美洲鸵在奔跑时张开翅膀和羽毛，将其当作风帆"。[19] 同样

---

17 D, p. 83.

18 同上，p. 106.

19 同上，p. 126.

的器官，经过一番适应，便在不同种类动物身上起到全然不同的作用，这样的亲历观察让他痴迷而警悚。

160　　毫无疑问，达尔文受莱伊尔影响至深，他接受莱伊尔的均变说地质理论，特别是 1832 年 11 月，他在蒙特维迪亚拿到了莱伊尔主要处理生物学问题的《地质学原理》第二卷之后，莱伊尔的学说和工作对他的思想发展产生了极大的作用和影响。实际上，正如我们此前所看到的，莱伊尔的想法有时与进化论观点如此接近（包括自然选择说），让人不禁为他未能早点建立这一理论联系而扼腕叹息。也难怪达尔文多年后表示，他同意贾德的看法：若没有《地质学原理》，《物种起源》就不会写成。[20]

随着航行展开，达尔文眼前所见，都是书中所载种种的活的图解，此外更有各种前所未见、无从思议的奇观，进一步激发了他的想象。无论是在贝格尔号上值夜班，还是在安第斯高地稀薄空气中的旅行，他无时不在思考。正如他自己告诉我们的："心中所思便是我所有的乐趣所在。"[21] 五年独自在外的生活，身边不是目不识丁者就是对新思想持有偏见之人，而这些人，无论是贝格尔号的船员还是潘帕斯草原上的高乔人，全都以我们博物家的神秘举动为怪诞可笑。所有这些，都注定只能锤炼达尔文的耐性，同时也使他养成一些毕生保持的习惯，塑造了他孤傲高冷

20　John W. Judd,《进化论的到来》 *The Coming of Evolution*, Cambridge University Press, 1912, p. 73.

21　H. E. Litchfield,《百年家书》 *A Century of Family Letters*, 2 vols., Cambridge University Press, 1904, Vol. 1, p. 438.

的性格。多少年后，他的儿子弗朗西斯谈及乃父在肯特郡冬日晨起散步的习惯，说他散步时起得如此之早，回家时常会遇到黎明时分一路小跑回窝的狐狸。

考虑到达尔文的教育背景和身为博物家应受的训练，从他留给我们的文献当中，我们已然有可能解读出他的思想在进化假说发展过程中不同阶段的变化。如我们此前所说，这一问题包含两个方面：“进化过程在时间中发生”的证据，以及进化这一现象 161
背后起作用的自然机制。经过此番航海，第一个问题，达尔文已经成功解决了，也就是说，生物进化的可能性已然得到了证实。当然，我们很快就要看到，在即将到来的加拉帕戈斯群岛，达尔文也撞见了进化机制的关键。

5 南美之行

随着贝格尔号从巴西向南行驶，达尔文频繁登陆南美，且不止一次深入内陆做长途旅行。眼前的景象使他深为震撼。在自传里他告诉我们，“许多亲缘关系相近的不同动物，在一路向南的旅途中相继出现”。[22] 用现代术语来说，他发现了动物在同一时间水平上些微然而分明的变种级差异，仅仅依地理位置而不同。这种分别有力地表明了，这乃是**一单个物种的地域适调**（modification），而不是源于另起炉灶创造了一种新的生命形式，

---

22 LLD, Vol. 1, p. 82.

只不过在一定程度上或在一些次要特征上与原先观察到的北方种类区别开来。不久后，当达尔文考察加拉帕戈斯群岛的动物区系时，这一印象愈发强烈了。

待到开始探索潘帕斯草原，达尔文又震惊于潘帕斯地质构造中发现的巨大贫齿目（Edentates）动物化石，其所具有的皮质甲胄与当地现存的犰狳极为相似。[23] 然后，在解剖学方面，这些动物也跟它们的现代亲戚又有许多神秘的类似。稍晚在欧文鉴定出其种类之后，达尔文又发现，这一定律亦适用于他在巴塔哥尼亚发现的某种已灭绝美洲驼（llama）的遗骸。在《航海日志》的第一版中，达尔文指出，"这一发现之最重要结果，是证实了现存动物与已灭绝物种在形态上存在近密联系这一规律"。[24]

达尔文在《日志》一书中称此现象为"类型承续律"（law of the succession of types），并故秘其辞地说道，"凡有哲学头脑的博物家，都应对此感到最强烈的兴趣。"[25] 他评论说，此类承续现

23 将近 100 年前，托马斯·福尔科纳（Thomas Falkner）为我们留下了以下关于雕齿兽（Glyptodont）的描述："我亲自发现一头动物的躯壳，由小小的六角形骨片组成，每一片直径不少于一英寸；那段躯壳三码多长。若不看其大小，那么，那东西在任何方面都是一只犰狳的皮；可于今的犰狳，没有超过一拃宽的。同行者中有几位，还在普拉那河边发现了一具完整的巨大鳄鱼骨骼。……对这些骨骼做了些解剖学考察后，我很确定，[骨骼尺寸的] 这种不平凡的增大并非来自外部事件；因为我发现，骨纤维随骨头的增大而成比例增粗……这些事情，当地住民是全都熟悉的；如其不然，我是不敢凭空写下这些文字。"坊间一向认为达尔文第一个发现了这些动物。Thomas Falkner，《巴塔哥尼亚及南美洲邻近地区描述》Description of Patagonia and the adjoining Parts of South America，Hereford，Eng.，1774，p. 55.

24 《航海日志》Journal of Researches（1839），第一版传真复印本，Hafner Publishing Co.，New York，1952，p. 209.

25 同上，p. 210.

象首见于澳大利亚。这番评论无疑说明，此一概念汲取自查尔斯·莱伊尔爵士，因莱伊尔当年在澳大利亚洞穴中发现已灭绝有袋类动物之后，便兴致勃勃地表示，这一发现证明，"这一构成现存有袋类动物特点的奇特身体组织类型，自远古时期就在澳大利亚普遍风行"。[26] 这一想法最初源自威廉·克里夫特，后来得到莱伊尔和达尔文的承认。[27] 这一点曾在一定程度上引起了困惑，因华莱士在 1855 年某篇论进化的专文中相当倚重这一概念，认 163 为它指出了进化中的各种联系。结果是，类型承续这一概念的提出，有时便被人归到华莱士名下。

《伦敦-爱丁堡哲学杂志》（*London and Edinburgh Philosophical Magazine*）这一刊物中保存有达尔文刚从贝格尔号航行回来后，向地质学会提交的论文之摘要。[28] 摘要中说："作者［C.D.］最后指出，尽管过去曾繁盛于南美的几种巨大陆生动物已经灭绝，但今日其乡野所特有的数种动物足为其代表；而这些现存的同类型物种，则在解剖学上与其远古巨大原型极似，具体而微。"这一陈述后尚有一脚注："布雷利先生……首先注意到了此数种灭绝动物与美洲今日现存者之关系，见于氏关于埃施朔尔茨湾（Eschscholtz

---

26 PG, Vol. 3, p. 421.

27 MLD, Vol. 1, p. 133. 然而，克里夫特很有可能是从 John Hunter 那儿获得这一想法的。见后者所著的《文章和观察报告集》*Essays and Observations*, Richard Owen 编, London, 1861, Vol. 1, pp. 290-291. 所提及的论文发表于 1794 年。

28 "A Sketch of the Deposits Containing Extinct Mammalia in the Neighbourhood of La Plata 拉普拉塔附近含有灭绝哺乳动物的沉积物情况简述", 1837, Vol. 2, pp. 206-208.

Bay）出土之脊椎动物化石之论文中，所论当涉及大地獭
（Megatherium）之一种。"

布雷利乃克里夫特同时代人，此人对同一地区动物区系的
接续颇有兴趣。他提出这样一个问题："大地獭究竟是与灭绝象
类在新旧世界皆有共同范围，还是跟其同类，比如树懒和食蚁兽
一样，仅限于新大陆上？虽然目前看来，只有新大陆上发现了大
地獭的遗骨。"[29] 达尔文在 1859 年写给莱伊尔的信中，抗议欧文
将承续律的提出据为己有，[30] 此时他显然忘记了当年自己论文中
164 提到的布雷利先生。我们不能说后者明确表述了这一原则，但无
疑在时间上有布雷利的文章在先。考虑到美洲古生物学资料的匮
乏，布雷利确实提出了一个合理而重要的问题。

克里夫特曾收到别人从澳大利亚给他寄去以求鉴定的洞穴
化石遗骸，一番检视之后，他做出了明确的判断。他写道，"新
荷兰（澳大利亚）在某一过去时期便因一些动物的身体组织之特
异与世界各地迥然不同，而此种不同今天仍令人震惊。"[31] 此外，

---

29 E. W. Brayley, "On the Odour Exhaled from Certain Organic Remains In the Diluvium of the
Arctic Circle, As Confirmatory of Dr. Buckland's Opinion of A Sudden Change of Climate at the
Period of Destruction of the Animals to which they Belonged, etc. etc. 关于北极圈洪积层中某些有机
物残留物所散发出的气味，这证实了巴克兰德医生的观点，即残留物所属的动物被毁灭时气
候曾发生突然变化，等等"，《哲学杂志》The Philosophical Magazine, 1831, Vol. 9, p. 418.

30 MLD, Vol. 1, p. 133.

31 William Clift, "Report by Mr. Clift of the College of surgeons, London, in Regard to the Fossil
Bones Found in the Caves and Bone Breccia of New Holland 伦敦外科学院的克利夫特先生关于在
新荷兰的洞穴和含骨角砾岩中发现的化石骨头的报告"，《爱丁堡新哲学杂志》Edinburgh New
Philosophical Journal, 1831, Vol. 10, pp. 394-396.

克里夫特还指出，他所收到的有袋类动物远较今存者体型为大。不久后，达尔文在南美也观察到类似现象。

我们已然看到，达尔文在他的《航海日志》（1839）中隐秘地暗示，一给定地区动物区系的亲缘承续现象具有极大重要性。他当时便已意识到其在进化上的重大意义，只是局于时代，选择缄口不言而已。1855 年，距《物种起源》的初版和华莱士提出自然选择说尚有 4 年，这一年华莱士发表了他的"沙捞越律"（《论制约新物种发生的规律》On the Law Which Has Regulated the Introduction of New Species）。[32] 这是那一原理到那时为止——直到今天仍然是——最详尽的论述。华莱士说，每个物种都可证明"在空间和时间上与一个先前存在的近密物种相吻合"。尽管华莱士表述谨慎，但也没有丝毫含糊，他指出，根据这一原则，辅以考虑如残留器官等其他现象，新的生命形式乃是**逐渐**出现的，而不是通过各别创造。这篇论文，尽管并不像某些学者认为的那样，宣示华莱士对"承续律"的独创，但却一早指明了华莱士思想发展的方向。此外，在利用动植物分布的恰当数据以及揭示海洋岛屿对于地质史的重要性方面，它已经展示了华莱士赖以成为首席动物分布研究者的特质。

欲一窥承续律的完整历史，我们不得不就 1855 年以前的情形有所猜测。抵达南美的达尔文早已知晓现存动物与史前已灭绝

165

---

32 此文最初刊于《自然史年鉴杂志》*The Annals and Magazine of Natural History*。今天最容易查到它的地方是 A. R. Wallace 所著的《自然选择与热带环境》*Natural Selection and Tropical Nature*, Macmillan, London, 1895.

先祖的相似性。1842 年，当他写作《物种起源》出版前的第一篇试水之作（未刊）时，在论文中便提出了这一问题。[33] "尽管神创论者可以借助地质学做出很多解释，但他如何解释同一地区过去和现在动物间的明显关系呢？"达尔文抓住了现存与灭绝动物之间关系这一要害，这可追溯至 1837 年，因他在最早的未刊笔记中写道："繁衍继承（propagation）解释了现代物种与已灭绝者的相似，这几可证明为定理。"[34]

随着世界范围内研究的开展，已经证明，各大陆灭绝动物区系彼此不同，而与同一大陆上现存住民间则有明显联系，而这一问题的重要性也日益为人所知。布雷利在研究美洲动物时便提出了这一假设。克里夫特则根据托马斯·米切尔少校所提供的洞穴发现，证明在澳大利亚这一情况属实。

1844 年，达尔文在《物种起源》出版前写的第二篇论文中，非常清楚地阐明了这一原理的进化意义："在世界三个主要区域内，现存与最近灭绝的哺乳动物彼此相关；这种关系，与同一大陆上子区域内不同物种间彼此相关，乃完全是同一种事实。由于我们通常将某一地质时期的系列生物完全灭绝，而由下一时期的系列生物起而代之这件事，与物质世界的剧变联系起来，因此，发现地球的同一区域内现存与灭绝生物种族间存在这样一种联系，远比同一子区域内现存生物间的类似联系更为让人震惊。然

166

---

33 FO, p. 33, fn, 1.

34 LLD, Vol. 2, p. 5.

而，我们没有任何理由认为，在上述两种情况下，存在某种未知的条件变化，比现存不同物种所处的温带与热带、高原与盆地间差别更大。最后，我们清楚看到，在世界主要区域内，生物住民在时间与空间两方面同样都互有联系。"[35]

南美洲的经历，使达尔文无论从地理差异还是从古生物序列的案例中，只看到通过有机变化而形成调适改变（modification）的可能性，而没有看到由超自然手段带来的戏剧性的个别创生。变化的证据已经是清楚明白的了，但其背后的机制尚不明确；关于这一点，加拉帕戈斯群岛的见闻将给达尔文带来更微妙的提醒。

6　加拉帕戈斯群岛

绕过合恩角后，贝格尔号沿南美西海岸悠闲地北上航行。旅途中费船长继续奉海军本部之命进行制图等活动，达尔文则继续他的地质和生物观察。他探访了近海岛屿，短暂进入安第斯山中。在科皮亚波峡谷（valley of Copiapo）采集贝壳时，他说，"听人谈论贝类化石的性质，颇感有趣。他们的问题是这些贝类是否'自然天成'（born by nature），此语真与百年前欧人所用一模一样。"[36]

167

35　FO, p. 176.

36　JR, p. 435.

他注意到，巨大的科迪勒拉山系之安第斯段堪为生命之屏障，预计其山脉两侧动植物区系当有显著之不同。在《日志》出版时，他在一脚注中隐晦提示，"此二区域物种之别，当为长时间内环境不同之功"，意思是假如一个人不存"物种不变"的先见的话，当能得此结论。[37]

1835 年 9 月，贝格尔号到达了距南美海岸 600 英里（1 英里 = 1.609 344 千米）的加拉帕戈斯群岛，位置正当赤道之下。这里，烧焦烟囱似的火山，色泽焦黑宛如铁铸，给达尔文留下了深刻印象。他的行程安排殆如天授，可说没有比现在更合适的时机使他将此刻的所见所闻铭刻在心了。在这里，他亲历了一系列地质学和生物学的奇观，这些见闻对于他的理论形成是必不可少的。

达尔文晚年多次在私人通信和自传中，强调这名不见经传的群岛上的见闻，称其对他有重要的意义。1859 年他给合作者华莱士写道："南美洲现存生物和灭绝生物的地质学关系及地理分布，最早将我引向这一课题，尤以在加拉帕戈斯群岛所见者为著。"[38] 1876 年，他对莫里茨·瓦格纳重申："如果说我忽视了孤立系统的重要性，那可真是太奇怪了，因正是加拉帕戈斯群岛的案例，引领我开始了物种起源的研究。"[39]

168

---

37   上引书，p. 400.

38   MLD, Vol. 1, pp. 118-119.

39   LLD, Vol. 3, p. 159.

如果我们把自己置于 1835 年我们年轻博物家的位置上，设想自己是第一次看到加拉帕戈斯群岛的独特动物区系，那么，达尔文在自传中所说的话就更有分量了。在他上岛以前，身负甲胄的灭绝雕齿兽（glyptodont）及其与现存亲属犰狳的关系，已经让他深为震惊。沿着南美洲的长长海岸，穿越安第斯山那道伟大屏障，他已然看到相关物种的缓慢变异。他得到一种印象：不同生物，无论来自远古的，还是来自不同条件下的，都令人吃惊地显示出相似的组织结构——之所以说令人吃惊，便是因为这相似的关联，要知道在正统理论看来，这些物种本应全然不同，彼此并无关联。他看到企鹅的翅膀，意识到通过一定的适调，鸟的翅膀不止可以扇动空气，同样也可以用来划水。这些针对不同环境的巧妙安排，难道能说是无中生有的吗？这些令人难忘的结构设计，难道不是构建自基本相同的设计蓝图吗？那么这些设计的蓝图，能不能这样那样做些改变，修改，重构，使之适应艰难的环境呢？如果确实可以，那究竟是何种影响在起作用？难道说，生命会以某种方式回应其所处环境吗？动物所处的环境和气候，是否以某种方式侵入了它的原生质（protoplasm），方使其身体结构逐渐发生了这些调适呢？越想越是奇妙。说到气候，人们那么轻率地谈论着，它怎么能让动物发生变化，能把啄木鸟修理得会爬树，把蜂鸟锻炼得适合采蜜呢？

非常幸运的是，我们有两封信，是达尔文即将抵达加拉帕戈斯时从南美西海岸寄出的。在航行进入最后一段伟大智慧之旅的前夜，这两封信能帮助我们一窥彼时达尔文是何种心态。其中一封是写给他妹妹苏珊的，时间是 1835 年 4 月下旬，从瓦尔帕莱索寄出，讲述在安第斯山中的部分经历，比如，在海拔 12 000 英尺（1 英尺 = 0.3048 米）的地方采集贝类化石。达尔文相信，这些化石标本"能帮助评估这些山脉相对于欧陆地层的年岁"。此外，他深信安第斯山脉在世界范围内是较年轻的。"若结果证实确是如此，"他继续说道，并未全部掩饰语气中的热切，"则对于地球形成的理论便是至为重要的事实。因如果证明在较晚近的时代，地壳中仍有这样奇妙的运动，那么，假设过去地质时期的剧烈灾变就是不必要的了。"[40] 从这里我们看出，达尔文已经完全摒弃了灾变论学说，而彼时那一理论在英国地质学界仍据正统。要证明达尔文作为观察家的博学多才，没有比他在安第斯山脉的地质工作更好的证据了。

2 个月后，他又写信给他的朋友和表兄福克斯牧师，说自己"在读到莱伊尔先生的大作之后，成了他的观点最狂热的信徒"。然后，仿佛仅仅承认自己在地质学上接受均变说尚嫌不够，他又神秘地表示，"我不禁要给'部分'以比他所给的更高的地位"。[41] 这一隐秘的表述之令人着迷，乃在于信中仅隔了一两句后，我们第一次发现达尔文的兴趣似乎不止于纯粹地质学领域。"我记了大量的笔记，但是呢，"他说，"对我来说，它们是否值当我为其所花的时间，或者，**是否研究动物具有更确定的价值，这一直是**

40　LLD, Vol. 1, p. 261.

41　同上，p. 263.（斜体是笔者加的——L. E.）

让我困惑的问题。"[42]

7月里在利马的这一天，查尔斯·达尔文站在了学术生涯的十字路口。忽然间，他似乎如有神助地察觉到什么："我对加拉帕戈斯的期待和兴趣远超远航的其他部分。"[43] 显而易见，他完全了解莱伊尔的观点，而莱伊尔的体系中只有一点，也是最重要的一点，使莱伊尔未能迈出达尔文那一步，那就是用自然力量解释生命的进化。如达尔文所自述："**我要给'部分'以比他所给的更高的地位。**"在这封信的同一段里，他又表达了将兴趣转往动物学的倾向，自度是否应该将精力完全集中到这一领域。这是他所有述说中唯一的一次，表现出要将毕生之力从地质学移往别处。这几句久被忽视的言语所暗含之未说出口的兴奋，即使过去了一个多世纪，也让人感到还在达尔文的笔端跳动。

1835年9月17日，达尔文登上了加拉帕戈斯群岛的查塔姆岛。他对此次探险的热切期盼，很大程度上乃是由于近来在南美受到古生物遗迹的深深震撼，希望在岛上能找到第三纪的化石床。这一期望很快就破灭了。

黑色的熔岩被烤得像火炉一样。"这片乡野，"达尔文如是说，"简直就是我们想象里地狱的焦土。"[44] 此外，岛上到处都是各种各样的爬行动物。第一次看到加拉帕戈斯陆龟，他观察到"它

42　LLD, Vol. 1.（斜体是笔者加的——L. E.）

43　同上。

44　D, p. 334.

们如此之重，我几乎无法将其搬起。周围到处是黑色熔岩，无叶的灌木和巨型仙人掌。这里的动物看起来与众不同，让人觉得要么就是最古老时代的遗物，要么就是来自其他星球"。[45]

在这个陌生的小小隔离世界里，达尔文立即着手收集他能找到的所有动物，植物，昆虫和爬行类。他登陆了好几个岛屿，每一个都大肆搜罗一番。这一搜集过程中他犯了个严重的错误：直到将近离开，他才意识到应该把每一个岛屿所采集的样本单独标记。

之所以出现这种情况，原因很明显：尽管南美洲所见的动植物进化迹象让他感触颇深，但他仍未意识到，在邻近的几个岛上，时间与空间极为接近的情况下，来自同一祖先的相关物种竟有采取不同发展路径的可能。换句话说，达尔文仍在寻找给定区域里外部环境、气候、自然条件等因素，其中哪些是进化的关键。他万万没想到，当下所观察的这片聚集一处的数十个岛屿，总面积不足 2 800 平方英里（1 平方英里 = 2.58 999 平方千米），居然在很大程度上产生了区域差异。此处的动物区系，人们当会期待与相邻大陆上的动物区系或有所区别，但如此之小的海洋区域内，在完全相同的气候条件下，物种差异竟如此明显，这实在是匪夷所思。

慢慢地，当达尔文开始与当地居民交谈，一种异于往常的奇怪印象开始在他心里生发——等他回到遥远的家中，开始对

45　D, p. 335.

　　　　　　　　　　　　　　　达尔文的世纪

标本精心检视，这一印象必然将更加确定并得到加深。在1835年的一本笔记中，他记下这样一个事实，说西班牙人能区分一只陆龟原先生活在哪个岛上。同一本笔记中他写道，"视线所及的几个岛……被鸟类占据……这些鸟在身体结构上只有些许不同。"[46] 从这时起，他思维开阔的头脑，便将全部精力都投入这一群岛。他终于逐渐意识到，像上述所见的这些事实，将"削弱物种的稳定性"。[47]

172

在《日志》初版中，达尔文谈到加拉帕戈斯群岛的时候，就能欣然抛出几样进化的证据了。"有一种老鼠，"他写道，"沃特豪斯先生说与英国的种类不同，但据我所见，大约那本是同一种，只是在新的国度特殊环境下产生了歧变。"[48] 雀鸟之属（finches）尤使他着迷。这些小鸟的喙，结构各有不同。有的喙较小，像是莺鸟（warbler）的，还有的喙则又粗又大。最后达尔文遗憾地写道，尽管他曾经疑心到，这许多雀类，其中有些分明不同的个体仅生活在特定小岛上，但"直到收集接近完成，我才意识到这一事实"。[49] "此前我从未意识到，"他解释说，"物理条件

46　《达尔文与贝格尔号的远航》*Charles Darwin and the Voyage of the "Beagle"*, ed. by Nora Barlow, 《哲学文库》*Philosophical Library*, New York, 1946, p. 246.

47　N, p. 247. 亦见 Nora Barlow, "Charles Darwin and the Galapagos Islands 达尔文与加拉帕戈斯群岛", 《自然》杂志 *Nature*, 1935, Vol. 136, p. 391.

48　JR, p. 460.

49　同上，p. 474.

一样，相距仅数英里以外的岛上，出产竟会显著不同。[50] 于是我从未想到要根据不同的岛屿将采样做成系列标本。"

这一论断是极具启发性的。正如我们之前所暗示的那样，到目前为止，达尔文一直在关注的是在过去长久时间跨度下的变化，或者在广阔的地理区域内遥远距离上的变化。这种情况下，人们倾向于将气候变化作为涉及进化的主要机制。而此时此地，在加拉帕戈斯群岛上，达尔文被一系列新的事实震撼到了：在孤立状态下，完全相同的物理环境中产生了生命形态变化。正如达尔文本人后来所说的，"你怎么能想到，从这样一个鸟类稀缺的群岛上所采集的同一种鸟的标本，竟然也因依不同目的而发生适应改变"。[51] 终于，达尔文直面了最大的进化之谜：如果在相同气候条件下，一个群岛的不同岛屿上生命形态发生了变异，那么，造成这种变异的，究竟会是什么呢？

达尔文并没有灵光一闪就深刻洞见了背后的原因。不，这不是他的方式。在《日志》的较晚版本中，他告诉我们，群岛的副总督劳森先生是英国人，是他首先提醒达尔文注意这一不同岛屿间歧异的谜团。"可惜我很长时间里都没有对这一提醒报以足够的重视，"达尔文如是坦承。结果，一直到绝大部分标本都已收集齐备，达尔文整装待发时，他才意识到这一问题的严重性。

50　上引书。（斜体是笔者加的——L. E.）

51　Charles Darwin，《贝格尔号航海日志》*A Naturalist's Voyage Around the World*，2nd ed., London: John Murray，1889，p. 380. 1839 年版的《日志》*Journal* 没有收入如此直接的表述，尽管其中的涵义也很明显（p. 462）。

他在《日志》里抱怨说，"这真是旅行者的宿命：总是要到离开时，才会意识到旅途中最重要的遗憾是什么。"[52]

为避免因现代生物学的先入之见而轻视达尔文的反应，在此且让我们引用一段约瑟夫·胡克爵士的话，以便读者自行评判，那一时代对所谓"物种"者，究竟了解到什么程度。胡克爵士是当时英国一位杰出的植物学家，1843 年，他看过达尔文所搜集的植物后，就写信给他说："我很愿意看到你在《日志》一书中提到的，不同岛屿上植物的显著区别。**这真是最令人惊讶的奇怪事实，它也许会颠覆我们对'物种中心辐射论'**（species radiating from a centre）**原先所抱的所有想法。**"[53]

正是由于这一令人惊讶的奇怪事实，达尔文从贝格尔号远航归来后，才专注沉思，苦想了 20 年。他在《物种起源》的第一版中写道："人们会问，这是怎么发生的呢？这几个岛屿离得很近，彼此相望，地质条件相同，海拔、气候等等因素全都一样，然而，其上的许多移民竟然会发生不同的适调变化，尽管变化的程度不算很大。**长期以来，这对我来说一直是个巨大的困难，但这主要是由于人们深深地陷入一个错误，即认为一片乡野的自然条件对其住民而言是最重要的……**"[54]

加拉帕戈斯之于达尔文的重要意义，再也没有比这说得更

174

52　JR, p. 474.

53　Leonard Huxley,《约瑟夫·胡克爵士生平和通信》*Life and Letters of Sir Joseph Hooker*, 2 vols., London, 1918, Vol. 1, pp. 438-37.（斜体是笔者加的——L. E.）

54　O, p. 339.（斜体是笔者加的——L. E.）

清楚了。他承认，这个问题"魔住了我"。在这梦魇般的困扰之下，达尔文环游了世界，直到 1837 年他回到英国，再次打开他记下此问题的第一本笔记。他早已超越了布封和早期进化论者的唯环境论；但岛上的谜团，鸟的喙，龟的壳，这"巨大的困难"仍使他困惑。"我严格遵循培根原则（Baconian principles），"他告诉我们，"不做任何理论假设，尽可能多地采集所有标本。"[55] 这些努力的结果便是《物种起源》的诞生，我们接下来就要谈论这部巨著。贝格尔号的远航使一个快乐无忧、略显懈怠的年轻人变成大人。它给了这个具有超凡洞察力的人一个机会，使他的思想能及于犰狳和雕齿兽，安第斯的山洪中滚落不已的石头，乌龟，火山和鸟喙。在英格兰的家中，他会将这所有一切拼接起来，成为一个新的综合体系，从此以后，世界的想法便再不会跟以前一样了。而之所以会如此，是因为他曾挖掘到贫齿兽的甲壳，看到地震里安第斯山把自己隆得更高，还不小心读了莱伊尔和洪堡。他的思想源头跟他最后拼凑的难题碎片一样来源广泛。一切都几乎注定如此。

---

55 LLD, Vol. 1, p. 83.

第七章
《物种起源》是怎样写成的

哪怕得不偿失，我也甘愿把此生献给我的工作。

——达尔文

1 《布里奇沃特论纲》

当年，达尔文的舅舅约西亚·魏之武，游说罗伯特·达尔文，促成了查尔斯参加贝格尔号的航行，他的说辞是："研究博物学，尽管不养家，却也是牧师的本分。"[1]这句话清楚表明了19世纪初，自然神学在英格兰所受到的尊崇。魏之武并非生物学家，他只是一个富裕而聪明的工厂主，他想做的，也不过给喜爱的外甥帮一个忙。但他的这句话，却证明了自然神学在有教养的上流社会所具有的影响和力量。自约翰·雷和吉尔伯特·怀特以降，对自然和生命的观察已成传统，是属英国神职人员的正务。

---

1 LLD, Vol. 1, p. 198.

因此，虔诚的菲茨罗伊最终带上贝格尔号的是一位博物家，而不是地质学者，也就在情理之中了。

176　　神学设计论，将有机体依不同环境而做出的调整适应，视为上帝对地上事务直接干预的证据，这一观点经由神学博物家的大力鼓吹，从约翰·雷和威廉·德勒姆，一直传到威廉·佩利手中。这一理念，尽管其最初形式略显幼稚，但却直接导致了对动物与植物的更多细致观察。而显微镜的发明，加深了人们对上帝作品的惊奇赞叹，并坚定了人们对神意的信心。

　　以下文句摘自佩利的《自然神学》（*Natural Theology*）一书，很好地表达了这一时代盛行的观点。此书虽像雷以后大多数此类作品一样，多袭旧说，但在其同类中亦属佳作，在 19 世纪初叶极具影响。佩利如是写道："吾人实在不应该担忧处境之不安稳。须知，自然全体和它的每一部分，其每一处细节，哪怕最细微的所在，也能看出主的眷顾。蟛蜞的体侧那一环一环的链接，其触角精致的关节，都显出经过了精雕细琢，好像造物主再也不用费心润色了。品物虽繁，我们也看不到征象，有任何一种为主所忽视，或者因分心而照顾不周。因此之故，**我们没有理由忧愁，主必不会抛弃世人，将我们轻看，甚或遗忘。**"[2]

　　斜体是我加的。这些语句说明，博物学研究在当时乃是维持基督教信仰和安抚未亡人的一种手段。普遍的观念是，上帝是位手艺高超的大匠，世间所有生命，哪怕最微小者也是出于他亲

2　William Paley,《自然神学》*Natural Theology*, London edition of 1836, Vol. 2, p. 201.

身监造。然而，自 17 世纪中叶以还，由于科学的发展，对自然界的研究更加深入。同时，人们认为，观察我们身边上帝所做的 工，可启发宗教上的洞见，于是，自然神学方面的作品一时泛滥。望远镜和显微镜扩展了人的理解和想象。小到原生动物，大到宇宙星河，令人惊叹不已的新世界展示人前，成为上帝设计最有力的证据。对自然界各种现象的设计论求证，其风渐近狂热，时人眼中，一切的一切，似乎都是上帝造来为人服务的。于是，各种神学应运而生：雷电神学（Bronto-theologies），昆虫神学（Insecto-theologies），天文神学（Astro-theologies），植物神学（Phyto-theologies），鱼类神学（Ichthyo-theologies），物理神学（Physico-theologies），简直是无学不神、无神不学了。小到昆虫，大到恒星，无不纳入人类的视线，万物既有象征意义，同时又看山是山，看水是水。人居于万物的中心，整个宇宙，都是为他而创造的，都是为使他获得启示与指引：山的摆置是供他游乐，兽有四足是为更好地驮载，植物开花布叶是为了给他观赏。

这一本质属于自我中心论的观点，在《布里奇沃特论纲》中达到顶峰。这一赫赫有名的作品以论辩精致著称。1829 年，布里奇沃特伯爵八世，弗朗西斯·亨利·埃格顿去世，遗嘱中留下 8 000 镑遗产，用于写成一部著作或丛书，"以昭示上帝在创世中所展现出的全知、全能与至善"。于是，查默斯，巴克兰，休厄尔和卡比等一时之学者，多人联手，致力于斯，在

1833 到 1836 年间，有八部著作完成行世。[3] 如此前的同类作品一样，这些著作证明，我们这一世界的设计者乃是独具匠心，极富妙手巧思的。有关设计的论证已成为当时神学的标配。上帝之存在，人之地位，圣经之为真理，都必须通过对我们周围自然世界的考察来"证明"。由于进化的演变尚未发现，动植物的每一物种，都被视为各别创造，来自上帝有意的作为，因此，自然神学便承担了不可能完成的重任，即昭示"造物主所造之每一形态的**终极目的**"。[4]

因此，神学家便陷入尴尬境地：它必须合理地解释，造物主何以设计出令人不快的寄生虫，来折磨他的子民。此外，设计论本质上是静态的，因此无法满意地解释退化器官的存在。再者，其理论体系完全依赖偏见理论的支撑，而后者为弥补自身固有缺陷，迅速变得臃肿冗杂。最终，达尔文出来，利用设计论假设，使其为另外的目的服务。但在贝格尔号航行之时，设计论仍然是生物学的教条，在教堂里和教室里得到虔诚的宣讲。达尔文曾勤勉研究过佩利的《自然神学》，但他对佩利精挑细选的设计论证据做了些什么，只有遵循《物种起源》一书的思想脉络细细探寻，方能有所管见。

---

3 E. C. Massner, *Bishop Butler and the Age of Reason*, Macmillan, New York, 1936, p. 203. 亦见 D. W. Gundry, "The Bridgewater Treatises and Their Authors 布里奇沃特论纲及其作者们," *History*, 1946, Vol. 31, pp. 140−152, 和 George Ensor,《自然神学：佩利和布鲁厄姆的论据，以及布里奇沃特论纲的有关论据审视》*Natural Theology: the Arguments of Paley, Brougham, and the Bridgewater Treatises on this Examined*, London, 1836.

4 L. E. Hicks,《设计论批判》*A Critique of Design Arguments*, New York, 1883, p. 42.

2 达尔文与马尔萨斯

1836 年，达尔文完成航行，回到家中。他的当务之急，是处置自己的标本，准备航行的报告。1837 年，他写信给福克斯说："我要准备第三卷，并打算写成一本博物学散记……动物的习性将占很大一部分，其他如地质的大概，异国的地貌，人情风物，个人经历的详细等等，所有这些，虽有庞杂之形，却也有完璧之实了。然后，我将详细描述地质情况，并草拟一些动物学的论文。"[5] 他把伦敦称为"烟雾弥漫的肮脏之地"。[6] 显然，此时他已 179经准备好要退归乡下，但仍然欣喜地记录下自己如何在地质学会上宣讲论文，并"收获了评界大佬的好评，这给了我许多信心"。[7]

完婚之前，他在伦敦待了一段时日，收获颇多，不仅与查尔斯·莱伊尔爵士建立起亲密友谊，还接触到许多这一时代最为杰出的科学头脑。他自己说，回到英国后，忙于应酬，直到第八个月时才打开了他的航海笔记，研究物种之变，并与商业育种家交谈以获取资料。[8] 在 1838 年 9 月 13 日给莱伊尔的一封信中，他这样写道："仅以地质学而论，近日来关注殊少，懒怠实

5　LLD, Vol. 1, pp. 279-280.

6　同上，p. 282.

7　同上，p. 280.

8　Francis Darwin 在 LLD Vol. 2 里做了几条摘录。

增，思之不胜惶窘；然此实为考校笔记中动物学资料，投入太过之故。盖因其中所记每每发人思省，新思奇想时如泉涌，偶有所得便不觉忘形；尤以涉及动物分类、亲缘归属，以及动物本能者居多——类皆关乎物种问题者也。然遍察笔记，此类资料虽云庞杂，然若以次级定律（sub-laws）归纳之，则条理自明焉。"[9]

信中所言引人关注，原因有二：首先，它表明达尔文对在南美曾向妹妹苏珊表达过的对动物学的兴致仍在继续；其次，更重要的是，这封信是在达尔文读到托马斯·马尔萨斯（这大约在1838年10月份[10]）大约一个月之前写的，但其中已经说到，以"次级定律"可做归纳条理。即便这番话语焉不详，但读此总不由想到，达尔文在读到马氏人口论以前，或许就已经在探寻自然选择这一原理了。无论事实如何，达尔文在自传中谈及马尔萨斯时，他是这么说的："基于长时间对动植物习性的观察，我已经隐约意识到无所不在的生存竞争，因此一读此书，便即想到，在这样的情况下，有益的变异将会保留，无益者则遭淘汰，结果便是新物种的形成。"[11]

这一表述，按理说已足够直截了当地说明问题了，但在笔者看来，达尔文关于自然选择原理的灵感，究竟是来自马尔萨

9　LLD, Vol. 1, p. 298.

10　同上，p. 83.

11　LLD, Vol. 1, p. 83.

斯，还是得自南美洲的观察所见，始终存疑难定。要知道，这一观点在佩利的书中早已有明确表述，更不必说莱伊尔，而这二位的著作达尔文都曾精心研读。且举一例。莱伊尔说，"每一物种，凡起先局处一隅，而后散布到广大地区者……必依靠成功斗争、侵凌其他动物或植物而保有其领地。"[12] 不止如此，莱伊尔又多次重申，"在普遍的生存斗争中，最强者的权利终将伸张；而一个物种的强大与持久，则主要依赖于它的头口繁多……"[13]

实际上，正如我们早已看到的那样，莱伊尔在达尔文以前便认识到了生存斗争和头口压力所带来的生态改变，只不过，他没能把握这一作用的创造性方面，将其视为促成有机体无限变异的手段。达尔文的儿子弗朗西斯曾表示，他父亲居然将自己之提出自然选择说归因于马尔萨斯的启发，实在令人讶异。他指出，1837 年笔记中的一段讨论，便完整表述了这一原理，尽管措辞 181 还稍欠明晰。"不难看出，多种鸵鸟或因未能适应环境而消亡；而另外一些……适应较好的，则存活下来，生养众多。这便揭示了一个原理：有选择的饲育和环境的改变，所产生的永久性机体变异，是持续发生的，也是由于环境的适应而造成的。因此，物种的消亡……是环境不适应的结果。"[14]

12　P.G., Vol. 3, p. 67.

13　同上，Vol. 2, p. 391. 欲知我对于莱伊尔爵士的意见之详，请看拙文 "Charles Lyell 查尔斯·莱伊尔"，载《科学美国人》Scientific American, 1959, Vol. 201, pp. 98–101.

14　FO, p. xvi. 贝格尔日记中有一条 (p. 212) 说到火地人为生存手段原因而开战。这番言论 (1834) 清楚表明达氏对于生存斗争的集中关注。

如果以上表述中，"环境的适应"改为我们常见的"适应环境"，无疑这一观点将更为清晰明了。不过，凡是熟悉达尔文的读者，了解其笔记中时有措辞不当或下笔仓促之处，便不会轻视这一段话的意义。此外，1837年笔记当中还有一处表述，也颇为难解："视世代之凝结，为最高组织原则之考验……"这一略显神秘的晦涩表述，在弗朗西斯·达尔文看来大约是这样的意思："每一世代之精华，凝结为少数组织最为良好的个体。"如果真做此解，那么这便是达尔文在读到马尔萨斯前就掌握了自然选择说基本原理的又一证据。还有一例出现在同一段落：当达尔文提及"适应"的时候，他加了一注，在括号内写上拉马克的解释，"亲体之愿望"，然后又打上两个问号。显然，在彼时达尔文的头脑中，这一解释已经要落伍了，但同时也证明，拉马克在达尔文早期思想中，确曾占据一席之地。[15]

182 很可能是这样的：达尔文有些想法原先已具雏形，读了马尔萨斯又增加了很多信心。马尔萨斯的生命几何级数增长说让达尔文非常赞赏，并可能使他的想法更多聚焦在生存斗争上。达尔文1842年的论文可以证明，他对马尔萨斯的数学方法大感兴趣。对此，他留下了提醒式的备注，说要"研究马尔萨斯，计算（各个物种的）增长率"。[16]

---

15 LLD, Vol. 2, p. 8. 新近由 Sir Gavin de Beer 出版的达氏完整笔记，更加清楚地显示出其对拉马克的兴趣。

16 FO, p. 8.

另外，马尔萨斯在当时颇受学界推重，可以成为强大的潜在盟友。众所周知，达尔文曾钦佩地称他是"伟大的哲学家"。也许，在达尔文最终将思想凝结于笔下的过程中，马尔萨斯起到了某种催化剂的作用。有意思的是，达尔文和阿尔弗雷德·华莱士两人都将生存斗争论归功于马尔萨斯，尽管二者都是莱伊尔《地质学原理》最深入的研究者。也许，是马尔萨斯的数学方法大获人心。它生动简捷，能抓住公众的想象，因此，日后达尔文主义的传播多得其用。[17]

3　趋异律

达尔文遐想自己周围自然界运行之力，渐觉于自然选择之原理以外，允有其他因素或附加法则（accessory law），方能造就日渐增进之生物多样性。这便是说，由最初的原生质（protoplasm）所衍生而来的外形与结构各异的种种生命形态，不仅由于所处气候环境或栖息媒介——如陆生或水生——的不同，而各各发生调适，而且在同一地域也达成了适应性的差异。因此，达尔文后来对阿萨·格雷表示："同一片区域，如果被非常多的生命形式所占据，则其所能承载的生命总量必将加多……

183

---

17 多说一句。我猜想，对达尔文和华莱士而言，不将此想法归于莱伊尔，也许还有这样一层考虑：莱伊尔毕竟是公开反对进化演变的，因此不好拿他的想法来支持他所反对的理论。相比之下，马尔萨斯活跃在另一领域，且广受欢迎。另外，既然 19 世纪大多数生存斗争思想的讨论都将马尔萨斯作为源头，那么在作品中将马尔萨斯当作"权威"就是再自然不过的了，即便很多人实际上是通过二手渠道才得以消化这一思想。

准此……则每种生物之歧异后代将尽力（只少数能成功）在大自然的经济（economy of nature，即现在说的生态——译者）中占据更为多数而多样的地域。"[18] 由于达尔文将这一称之为"趋异律"的原理视为进化论的至高原则，因此，现在我愿再次审视一番，看达尔文最爱的作者们是否曾初步意识到这一原理。

洪堡在描述南美洲的热带雨林时，显然并未表述过进化方面的原理，但他所描摹的生命情景，正是当时达尔文关注的焦点："可以说，大地已经全部为植物所占领，这一点地方甚至不够这些植物把自己展开。树木的主干，全都覆盖在翠绿的挂毯之下；如果我们将那些兰花、胡椒或石柑移植他处，则能占满一大片空地。**通过这样的独特组合，森林，以及磊磊岩壁与层层山岭，便扩大了有机自然的领地。**"[19]

再说佩利。这一位的作品，达尔文可以背诵如流。实际上，佩利已经接近对趋异律做出完整表述，只是他并未直接认识到演进变化的可能性——但是，他曾用过一个隐晦的词句，暗示了某些二类力量（secondary forces）在起作用。这些话，我在下引的段落中用斜体标示。"于世间繁复多样的生命形式，上帝赐予了，**或者，由其本身生发出来**，相应之多样的食谱。究其根本原因，其实不难寻绎。试想若所有动物皆需求同样的水土、食物和

184

18　LLD, Vol. 2, pp. 124–125.

19　A. von Humboldt，《见闻随笔》 *Personal Narrative of Travels*, 3 Vols., Bohn, ed., London, 1852, Vol. 1, p. 216.（斜体是笔者加的——L.E.）

栖息之地，显然，这种情况下自然所能提供的给养和容身之所将远为减少。只有像现在这样，多种生物和谐共存，才能得到更多的生存资料。"[20]

无疑，这一表述包含了趋异律的精华或本质，在达尔文赋予其生命之后，将不可避免地发展至这一原理。用现代术语来讲，这就是我们所谓的辐射性适应（adaptive radiation）。佩利甚至这样说："[超生殖力 Superfecundity] 容许对数种动物之间的比例做不同的调整，或因不同目的之要求，或因不同情形可为其提供空间和食物。"[21] 这一陈述，以及莱伊尔在《地质学原理》中的相应论述，表示他们二位真正把握到，当一给定物种个体数量在生存斗争中发生变化时，其生态如何发生动态平衡。

这些早期学者所未能清楚意识到的是，随着时间推进，不仅给定环境中不同动物和植物间数量比例会随之变化，而且它们的实际身体形态也会缓慢改变。威廉·西塞顿-戴尔爵士在1908 年为纪念达尔文和华莱士而举办的活动上发言表示："每个时代的思想都是接下来后世思想的基础。达尔文敬仰佩利，两人同为本会（伦敦林奈学会——译者）会员。即便如此，他完全颠覆了佩利的目的论体系，只是因为反对他用超自然力对生命进行

---

20 W. Paley,《自然神学》*Natural Theology*, London ed. of 1822, p. 229. 实际上，赫胥黎曾说，Paley 承认第二因，是预先接受了进化假说。LLD, Vol. 2, p. 202.

21 同上，p. 317.

解释。"[22] 随后的几节里，我们将集中探讨正统思想领域中发生的这一巨大逆转，把个中的来龙去脉理理清楚。

4 初试笔锋

达尔文在自传中告诉我们，回到英国后，他立即着手收集"在驯化和自然条件下动植物变异的实例"。[23] 他早已经观察到，筛选是创造新的家养品系的关键，并进而通过与实际饲育者的交流，欲图发现自然界中生物变异产生的秘密。据他所说，他曾一连花上几个小时与养鸽爱好者在小酒馆里交谈，或者埋首于园艺杂志的书堆。甚至在读到马尔萨斯之后，他也从未满足于书斋中的冥思长考，而是继续自己的饲育实验，尤其是对家鸽的。直到1849年，他还在给朋友，植物学家约瑟夫·胡克的一封信中说道，"上回你问，家养的观赏鸟类跟藤壶有何关系呢？我告诉你吧——别自作聪明了，你以为我会一直揪着藤壶不放，到死都弄不明白，至于在物种这问题上当个糊涂鬼好被你笑话吗？可从观赏性家禽入手，问题不就好解决了？而且养鸟多好玩啊……"[24]

达尔文从未说起过，究竟为什么他会觉得家养动物跟他所

---

22 《1908 年 7 月 1 日星期四，伦敦林奈学会举办的达尔文－华莱士纪念会》*The Darwin-Wallace Celebration Held on Thursday, July 1, 1908, by the Linnean Society of London*, London, 1908, p. 37.

23 LLD, Vol. 1, pp. 82−83.

24 同上，p. 376.

追寻的奥秘密切相关，但我们所知道的是，18 世纪末叶，牛羊等牲畜品种经人工选育而得以改良，优选之法正大行其道。实际上，许多我们所熟知的现代品种，正是定型于这一时期。[25] 再者，有生之物变异之谜历来就是博物家的心思所系。[26] 美洲殖民地所 186 产出的新物种之鉴别与分类，在林奈的引导和激发下，使公众对这一方面的兴趣激增，并最终使林奈本人举世闻名。无论如何，达尔文的青年时代正是在这样的环境中度过。我们还知道，他在潘帕斯草原上，观察到一种别致的牛种，并加以思考。18 世纪和 19 世纪早期的博物家，已然心怀戒惧地意识到，人已经成功改变了有生之物。从他们那里，达尔文已经认定了进化的真实存在，并很快想到，可控变异下这些小的改变，长远看来乃有无尽的潜能。最后，也许对达尔文来说也是最重要的一点：指出这条道路的，不是别人，正是他所仰慕的查尔斯·莱伊尔爵士。在《地质学原理》中，莱伊尔是这样说的："要探明物种变异之程度范围究竟若何，最好的例证当在家养动物与栽培植物中找寻。"[27] 及至 1844 年，达尔文在论文里已经愿意明确表示："绝大部分作者，都设想自然界有机体变异有一限度；**我却找不到任何证据来**

25　C. F. A. Pantin, "Darwin's Theory and the Cause of its Acceptance 达尔文的学说及其为人所接受的原因",《中小学科学评论》*The School of Science Review*, June, 1951.

26　J. G. Ewart, "The Experimental Study of Variation 变异的实证研究,"《不列颠科学促进会报告》*Report of the British Association for the Advancement of Science*, Glasgow, 1901, p. 666.

27　PG, Vol. 2, p. 354.

证明这点。"[28]

这一观点，比达尔文两年前所写的另一篇论文更为大胆。《物种起源》以前，达尔文仅写过这两篇试笔之作，均未在他生前出版，因此，有理由期待，重新审视这两篇文章，能帮助我们近窥他的思想进程。这两篇文章能得以保存和出版，全亏了达尔文的长子弗朗西斯。两篇文章，一篇写于1842年，另一篇写于1844年。1842年这一篇，是直到1896年，达尔文家从唐恩老屋搬离之时，才从壁橱里找出来的，此前无人知晓。

187　　第一篇试作，完成于《物种起源》出版前十七年，其写作简略仓促，因只为试笔，从未起付梓之念。尽管如此，这篇论文，可谓尽显达尔文思想发展的本质精华。多年以后，赫胥黎这样写道："变异性，生存斗争，环境适应，这些事实早已是举世皆知，尽够多了；但我们没有一个人想到，其中有一条路径，直通到物种问题的核心，直到达尔文和华莱士两人出来，驱散了黑暗。"[29]在1842年论文里，赫胥黎所指出的这几项内容，全都已经明确，而将在《物种起源》一书中起到各自的作用。

这篇文章首先探讨了家养动物的变异。1844年论文沿用这一路数，《物种起源》一书仍旧贯，开卷第一章就是家养动物。也许有人会说，从第一篇试论到《物种起源》成书，只是一篇文章，不过从篇幅、思想范围和论述精确度等方面步步扩展了而

28　FO, p. 109.（斜体是笔者加的——L. E.）

29　LLD, Vol. 2, p. 197.

已。然而仔细研究这两篇早期论文，读者将不得不承认，其中达尔文的大部分思想都带有过渡的性质——所谓过渡，指的是从拉马克的简单代际继承到尚未形成的遗传学的过渡。

尽管达尔文本人惯于矢口否认他从拉马克著作中得过任何助益，但是，我们早已知晓，他从少年时就已经对拉马克的英译本颇为熟稔了。1845 年，在一封写给莱伊尔的未刊信件中，他提到"我的许多卷拉马克"。[30] 他对这位杰出前驱的傲慢否认略带一丝尖酸意味，但其背后原因究竟为何，时至今日，我们已无从揣测了。尽管达尔文在《物种起源》一书后出的几个版本中添加了一个篇幅寒酸且含混不清到不必要程度的历史简介，实际上仍将这一学科的先行者们当作毫不相干。针对这一点，欧文在对《物种起源》初版的评论中做了严厉抨击，[31] 而达氏则无疑对欧文的苛评耿耿于怀。 ₁₈₈

然而，当我们研读达氏早期论文时，很明显，尽管去除了主观意愿导致变异的观点，其理论仍不缺少拉马克主义的要素。达尔文一直坚持——这一点他是正确的——他看不到气候（布封）或动物的个体努力（拉马克）如何能够完成诸如啄木鸟这样奇特的机体适应。相应的，达尔文引入偶发变异（fortuitous variation）原理，同时保留诸如环境、气候、驯化等**刺激因素，**

---

30 现存于位于宾夕法尼亚州费城的美国哲学会。

31 Richard Owen, "Darwin on the Origin of Species 达尔文论物种起源,"《爱丁堡评论》 *Edinburgh Review*, 1860, Vol. 3, pp. 487–532.

认为可能是这些外部因素引起变异，然后再由生存斗争施其选择。[32] 此外，对于动物个体在其一生中所获得的性状变异能够遗传这一观点，他同样保留了拉马克原先的看法。这一看法尽管在《物种起源》初版中有所削弱，但后期由于在数学家和物理学家的攻击之下，达尔文主义的一些观点渐难支撑，因此在以后的版本里反而又变本加厉了。关于这一点，我们且留到第九章再来讨论。上述这些问题，达尔文究竟作何想法，这里不妨先提几句。

在《航海日志》（1839）中有这样的话，通过《航海日记》中的线索追踪，可知当记于 1833 年末："大自然，通过使习惯成为万能，而使其结果能够遗传，已经使火地人适应了此地的气候，也适应了他的悲惨乡野所提供的微薄出产。（237 页）"这一表述中的拉马克主义风格如此强烈，再次揭示了达尔文在航海早期阶段，其知识背景渊源所自。而在 1842 年论文的第一页里，他是这么说的："生活习惯发展了某些身体部分……这些微小变异，大部分可由后代继承。"[33] 他又说道："当生物体在新的或改变的环境下繁衍数代之后，变异的量将更大，质（类）上将再无限制。"然后，他谨慎表示说，这些变化不是外部因素所直接引起的，而是由这些因素影响了生殖能力，进而引发突变。

1844 年论文中，基本同样的观点再次提出，只是表达更加

32　他在 1856 年明白告诉 Hooker 说："我的结论是，外部条件作用极小，至多引起纯粹的变异性。"LLD, Vol. 2, p. 87. 这番话的意思，等同于 Maupertuis 的信念。

33　FO, p. 1.

清晰，更多定性的成分。同时，我们观察到某种理论倾向，而正是这种倾向开启了对他的批评之门，后来达尔文的诤友华莱士也针对此点提出了忠告。这里所指的达尔文的败笔，乃是他未能恰当估量自然界野生个体之变异的程度，尽管他在加拉帕戈斯群岛上已经栽过跟头。这一点上他的观点如此保守，显然有这样两个原因：其一，他生性谨慎，不愿提出他尚不能引经据典加以坐实、亲眼观察加以证实的东西；其二，他对家养动植物关注已久，而这些动植物的变异更便于观察，表面上看比自然界中的野生物种更易于说明问题。

结果就是，他把明显变异跟家养物种联系起来，而认为"自然状态下，变异的量是极小的……大部分案例中……可能相当阙如……"[34] 他认为，驯化和与之俱来的变异倾向，似乎"成了一种'让物种脱离其自然条件'的改变"。然后，假如这样能促进变异的趋势，那么，"自然状态下的有机体必是在长久的世代中**时不时地**（occasionally）暴露于类似的影响之下"。他将这些"影响"归因于气候和其他一些难以说清的外部原因，而这些原因，加之 190 地理上的孤立，便会促进发展演化。

从这些观察中可以明显看出，达尔文对自然界野生物种变异机制的探索，让他去寻求环境因素而不是内因。他坚信，自然界的机体变异在某种程度上是偶然的迁徙或气候变化"时不时的"产物，这直接导致他需要大量时间以使生命世界得到发展。

34　上引书，p. 83.

由于不愿接受内因为主要异变因素，而源于外因的改变，则有待于外部世界可能要经历的漫长而零散的时间间隔，达尔文的学说要旨——经由自然选择的偶然改进——不知不觉中背上了沉重的负担。尽管在撰写《物种起源》一书时，达尔文已经相当重视自然界野生物种的易变性（variability）上，没有再像1844年论文第二章那样对此感到悲观，但这种思维框架的残余使他仍未逃脱评论家的批评。他仍然认为自然界中有机体变异程度较弱，并满足于以口舌代观察了：既然有机体在驯养条件下能积累有益变异，那么"**在延续数千世代的复杂生存斗争中……有时也总能发生某种对各自有用的其他改变吧**"。我用斜体标示的部分，揭示了达尔文对待自然条件下变异问题的态度何其胆怯和谨慎。显然这为批评者敞开了大门，他们指出，如果此类有益变化发生得如此鲜少，那么过往和现存生物体那错综复杂的器官与习性，将有赖于长得难以想象的时间方能有望出现和传播。更有甚者，这种191 变异的产生，将因一些不确定因素而变得更加滞缓，比如说，很有可能，在物种需要变异的时候，变异未必会适时出现。

生性大胆的华莱士，意识到这一踌躇不决的推理路线隐含危险，因此在1866年7月写信给达尔文，督促他放弃上述引文中对其本身严重不利的论证方式。华莱士谆谆恳求道："这些论述给对手以可击之懈，他们会认为**有益变异**是**罕见的意外**，很长时期内竟完全不会发生，而这种攻讦在很多人看来将相当有力。我以为尽量不要用此类修饰语，而是要坚持主张（我当然相信这是事实），所有物种的所有器官都是持续发生所有种类变异的，因此当需要的时候变异**总会随时发生**。我敢肯定，你手头有大量资料来证明这点，而且我相信一个宏大事实：对外部条件的改进与适调总是可能的。如果是我，我会把举证之责抛给对手，叫他们证明，任一物种，哪怕在一代之内，其所有个体的任何器官、结构和官能都**没有异变**；并展示究竟依何**方式**或**模式**，某一器官，等等，不发生异变。"[35] 从这一忠告可以看出，华莱士对拉马克的思想影响远不及老大那么有瘾，他的看法与现代观点更加接近。值得注意的是，达尔文接受了他的忠告。在其后版本里，《物种起源》第五章原先说的"在延续数千世代的复杂生存斗争中"积累的有益变异，悄悄改成了"在连续几代内"。

有趣的是，达尔文去世数年后，胡克在一封给赫胥黎的信中写道："记不得达氏在任何地方解释过变异的动因……我猜想他并不相信，在任何科学意义上，外部条件真的指引或限制变异 192 的产生……"[36]

这一看法目前已被广泛接受。但回看达尔文 1862 年给胡克的一封信，其中却写道："你居然会说，是一种独立于外部物理条件的内在趋势造成的变异！那倒是一种简单的处理方式……但依我之见，有两大类事实说明，所有易变性（variability）都是由生命所处的条件产生的：首先，在不自然的人工饲养条件下，易

35　James Marchant，《华莱士：通信和回忆录》*Alfred Russel Wallace: Letters and Reminiscences*, New York, 1916, pp. 142–143.

36　《约瑟夫·胡克爵士生平和通信》*Life and Letters of Sir Joseph Hooker*, Vol. 2, p. 304.

变性和怪异性（monstrosities）都比自然状况下更强……其次，生殖器官受环境改变的影响更大。"[37]

年岁日增，达尔文在某些观点上越发举棋不定，遣词造句时有修改，在给诸如胡克与赫胥黎等友人的信中，说法亦见反复无常。但是，没有证据表明他已经完全放弃了前篇论文中的信念。他对格雷发起围攻，批评他居然说新归化的植物很好地说明了变异性，但又在至少一处表示了惊讶，说那种植物怎么就不能被视为变异的。尽管如此，他还是坚持自己的观点。他仅存的朋友们在渐渐步入晚景时，似乎不愿在更为挑剔的一代新人面前多谈老大这一逐渐淡出的论辩。针对这一点，人们已经写了太多。即便在达尔文本人手中，答案都一向无从捉摸，于是它最后无疾而终。但无论如何，那种广为相信的，认为达尔文完全放弃了这一观点的看法，是错误的。他确实有踌躇；吾人至少得容许他踌躇。跟他年轻的同僚华莱士与锐意进取的赫胥黎相比，他远未完全摆脱拉马克的影子。多年以前，在爱丁堡以及贝格尔号上从莱伊尔书中读到的拉马克，始终纠缠着他。

5 达尔文与设计论

尽管拉马克在英国被诋为"法国无神论者"，而他的作品也

---

37 MLD, Vol. 1, p. 198.

因英国保守势力对法国大革命和拿破仑上台的反动而遭池鱼之殃，但实际上，达尔文公开表示的神学观点，与拉马克无甚分别。二者都承认造物主，承认神圣天主创造万物，但又都认为地上生命的出现，以及随之而来的宏大趋异辐射致使生物多样性产生，乃是二类原理的产物；而这原理本身，与天文学家在星空中所发现的规律同样万古不移。换句话说，上帝并未亲自监督所有物种的创生，不管是蚊蚋，鼹鼠，还是蛐蛐。相反，具体运作，都是由那些注入了自然力的高度复杂有机物，我们称作蛋白质的东西，以及这种东西与周围环境互动来完成的。达尔文在1842年论文中写道："说那位创造了无数世界系统的祂，又亲手造作了千奇百怪黏糊糊的寄生虫和扭来扭去的蠕虫的每一种，让它们生生世世日复一日在这一个地球上挤作一团……这只能是一种贬损。"[38]"具体生命形式的产生和消亡，"达尔文继续说道，"是二类手段的作用。"只有后来在谈到同源相似性的时候，他才说过，"我不相信……有无数次创生行为"。[39]在他写给莱伊尔的信中说，物种的形成"至今都被认为超乎自然法则之上，但实际上，只是这一学科尚嫌稚嫩，在大多数人看来仍处于神学阶段罢了"。[40]"无论如何，"达尔文坚称，"我看不出有什么精巧结构是不能通过自然选择造就出来的，**只要这结构是渐次发展生成的。我** 194

38　FO, p. 51.

39　MLD, Vol. 1, p. 173.

40　Ibid., p. 194.

从经验得知，要指明任何结构不是经由已知梯次所达成，是困难的。"[41]

细看这些言论，再加上其他类似表述，你会发现，由莱伊尔爵士在反对地质灾变论时坚持的自然界的连续性，已经由达尔文扩展到了生命世界。不变的自然法则，最初发现于星空，扩展到以慢工塑形大陆的水风之力，最终，经过漫长的更番侵蚀和对海床不断的搅动，终于得以隐约看到，生命本身如影幻现，蜉蝣般掠过自然的面前。这一幻象同样不能与人这个"伟大主题"相分离——就连达尔文也这么说的。如果鳍、翼、蹄是沿着脊椎动物的路径回溯，通往某个古老统一体的步骤，那么人的手与猿的手，便可以等而视之。此时，即使科学家想要临崖勒马，他们也无法在人类的边界上止步不前。旧的世界，那个千百年来维系人心于不堕的梦幻世界，终将离我们远去。那就是设计论的世界。

"看来，"一位伤感的哲学家如是说，"达尔文终于使得极端唯物主义者有能力对设计论发起进攻，来打破这一迄今为止最牢不可摧，也是最后的一道用以保护自然神学的堡垒了。"[42] 哥伦比亚大学校长巴纳德在 1873 年声称，如果有机进化论为真，那么上帝的存在就不可能。"如果说，"他痛心疾首地宣称，"现代科学各种夸夸其谈的新发现，最终的结果是告诉我们，人类本身不

41　LLD, Vol. 2, pp. 303–304.

42　William Graham,《科学的信条》The Creed of Science, London, 1881, p. 319.

过是幻影，比湖面上掠过的飞燕照影更加易逝……我便要祈祷，再不要给我科学了。我宁可像我的祖辈一样，无知无识、简单浑沦地生活下去……"[43]

一次又一次，在美国与欧洲的知识界涌起了暴怒的攻击浪潮。起先，人们凝望夜空，曾经因时空之无限而哀吾身所处行星之渺小；如今，得知自家祖先不过是一些树栖灵长类动物，在第三纪的漫长途程中下到地面，只在摆弄石头方面显得更为灵巧，则让他们更加恐惧而恼怒。万物之灵的伟大成就瞬间消失了，而人的可怜自尊受到了巨大的损伤。堕落的亚当凝视着自然的镜子，只在里面看到猿猴的一脸坏笑。弗里德里希·恩格斯乐滋滋地看着《布里奇沃特论纲》的哲学体系解体，他评论道："在达尔文之前，他的现任信徒强调的都是有机自然的和谐合作，植物王国如何为动物提供营养和氧气，动物如何向植物提供肥料、氨和碳酸。达尔文很难得到承认，除非这同一些人，在在看到的只有斗争。"[44] 报纸和论文急如星火，群起反驳和谴责《物种起源》，但那一套的时代早已过去了。进化论所积累的证据资料，如砥柱中流。批评的浪潮绕过它，漫过它，然而，潮水往矣，而砥柱始终屹立。

从哲学角度看，达尔文做成了好几件事。无论他对进化进

43　Sidney Ratner, "Evolution and the Rise of the Scientific Spirit in America 进化论与美国科学精神的兴起，"《科学哲学》*Philosophy of Science*, 1936, Vol. 3, p. 115.

44　R. L. Meek,《马克思、恩格斯论马尔萨斯》*Marx and Engels on Malthus*, Lawrence and Wishart, London, 1953, p. 186.

程的解释，方方面面是否都正确无误——这方面，达尔文比他
196 的追随者保留了更多基本怀疑——他无疑摧毁了进步论者以人
为中心的浪漫进步主义。他的工作实际上夺去了人类身披的神话
和超自然的戏服，使之沦为第二类力量所产出的无数生灵之一
员。牧师－博物家的整个传统被他推翻。物理原因替代了佩利的
钟表和钟表匠。从各别设计论来论证神性已不再可能。如果这些
都是真的，则吾人可以说：曾经困扰达尔文的，寄生虫和疾病从
何而来这样的问题，也不复再有。于今，这些恼人的存在亦不过
是进化着的生命之网的一部分，而不再代表注定的邪恶。而人，
可以从它们由之而来的第二类原理中，学会如何控制它们。

19 世纪学界气候的丕变，始于认识到了适应性，也就是生
物体适调自身以匹配环境这一事实。拉马克和其他数人已经初窥
这一事实，但大部分博物家依然为基于各别创造说的自然神学传
统所蔽，对此浑然不察。自有达尔文，我们便得以看到一个全然
不同的世界——他在 1842 年论文中就已经在调弄这个世界。如
拉马克一样，他关注无用的器官——退化器官，所谓过去的回
声，诸如消失肢体的痕迹，动不了的翅鞘，掩藏不见的牙
齿——所有这些无用器官，像一堆破烂，存放在百年无人的阁
楼里。"想到这些，无人能不为之震惊"，达尔文思忖着。"翅膀
用来飞行，牙齿用以咬嚼，这是再明白无疑的了，然而我们发
现……在一些情况中这些器官却无法使用。"[45]

45　FO, p. 45.

即使居维叶也无法对此做出解说。唯一合理的诠释，在于每种生物的进化过程。"幽幽"岁月长河中，动物从一种环境滑入另外一种，其形态与面目也在随波逐流中慢慢改变。时过境 ¹⁹⁷迁，但过往的痕迹仍在，于是，我们带着各种各样奇异牌桌在我们身上留下的擦痕，来到现在，在这些牌桌前，我们的祖先曾尽力玩好自己的生命游戏。简而言之，我们的世界是一个受过伤的世界，一个不完美的世界，一个从未完全调整好的世界——原因简单，因为它从来就不是静止的。游戏仍在进行，用亚瑟·基思爵士的话来说，我们所有人都带着进化的伤痕。我们腰椎疼痛，我们有不能动的肌肉，有不起作用的毛发。所有这些都表明有另一个世界，另一场游戏，那场游戏我们早已不再玩了。我们当真是"变异之遗传"的产物。

然而，当我们深入《物种起源》文本，再遍览由其带来的庞杂评论，有一件事渐形明显：达尔文从不曾粉碎设计论。他所摧毁的，仅仅是钟表和钟表匠。"在我衷心祝贺达尔文为目的论所做的杰出贡献时，"1863年阿萨·格雷给德康多勒的信中如是说，"我心中其实尚有一点小小的怨念：因为我很清楚，他拒不接受设计论，尽管他一直在为设计论描绘着最惟妙惟肖的插图。"[46] 达尔文身边的同伴当中，只有格雷一人倾向有神论立场。我们无须寻索他立场的来路，而只需注意他很早就意识到的这一点：达尔文只淘汰了**某种**设计论，也就是终极设计论。我们知

46　Jane Gray,《阿萨·格雷通信集》 Letters of Asa Gray, Boston, 1894, Vol. 2, p. 498.

道，各别创造说设计论是这样的：每一种动物或植物，都是为了唯一的目的创造的，一旦造成，永远不变；这就是所谓终极设计，也就是早期博物家眼中的设计论，在佩利作品和《布里奇沃特论纲》中萦绕着它最后的回响。然而，"最终"一词，给神学家带来了过分的负担，"这迫使他，"如刘易斯·希克斯所指出的，"把自己摆在这样的位置：他所必须昭示证明的，不是创造有目的，而是有**那一个**目的，那个唯一的，终极的，排他的目的，代表造物主对其所创造的每一构造的**最终**意图。"[47]显然，鉴于生物改变自己的形态和功能（古人说的"体"和"用"——译者），希克斯的评论更加切题。设计论的爱好者们曾以为自己参透了钟表匠的意图，到头来却发现，他们的参透只是自作多情：那位大匠本无所谓什么终极目的；非止此也，就连钟表本身也变了样，通过对自己内部结构所做的某种自主重组，它变得越看越像一架指南针了。

这样的类比是明白的。进化论者呢，发现自然"所造作之物又能自我造作"，于是成功地把制表大师的角色给取消了。这一成绩使他们欢欣鼓舞，只顾了兴奋，没顾得上再问一句：自然为什么要让万物自我造作呢？显然，对于这样的问题，科学只能沉思，无法回答。科学可以回溯追踪生命组织直到那最初的细胞；也许有一天，伴随生物物理学和化学的发展，它可以造出简单的生命；但对于其背后终极的为什么，它依然无力回答。因为

47　L. E. Hicks，《设计论批判》*A Critique of Design Arguments*, New York, 1883, p. 42.

那就意味着科学已经离开其得以成功的第二类原因领域，直面那些本元的、无法回答的问题了。

对于前述简单、简单到天真的设计论，达尔文给了致命一击；但正如赫胥黎后来意识到的，生命过程的指向性（directivity）仍然是可以论证的，哪怕这种指向性并不带有关乎人类的终极性。一种宏大而论证复杂的目的论随之兴起，在其后许多年里对有机哲学的发展也许起到了相当的作用。居维叶对生物机体整体功能的把握远强于达尔文。前者对机体功能的出色稳定性感到震惊；后者则着迷于"变"的原理。达尔文汲汲追寻变异理论背后的机制，却忘记或者有意忽略了机体的内部组织能力和令人惊奇的自我调整能力，对此他只用"相关性 correlations"和"复杂律 complex laws"这样的字眼，轻描淡写一带而过了。直到今天，人们也没能满意地解释究竟是什么力量控制着无数生命活动的；不要说动物机体了，哪怕一个活细胞，它到底是怎么样组装自己，激活自己内部的各种必要化学成分以保证生存，依然是一个谜。

《物种起源》发表后，人们对外部斗争的关注转移了生物学家的注意力，使他们在接下来数十年中忽略了生物组织最神秘的一面——生物体是如何微妙地控制和调节其细密精巧的内部系统的。居维叶与达尔文的不同之处在于，他始终关注构成纲和门的宏大器官系统。作为比较动物形态学家，居维叶致力于研究生物多样而稳定的系统；而达尔文则专注于适应性和变化。二人皆深具真知灼见，如果能把他们合而为一，则许久后的一场思想混乱也许就能够避免了。然而，人生短暂。一个强大的头脑，靠着自己的趣味，引领一班臭味相投的追随者，沿一条岔道一走就是多年。居维叶的确对拉马克视若无睹；而达尔文以某种更为微妙的方式忽视了居维叶思想的有机体（organismic）方面，这同样也是真的。

6　达尔文与拉马克

为总结我们关于《物种起源》一书思想成分的哲学讨论，将达尔文主义的主旨与拉马克主义自然观做一简短比较，将不无益处。需要强调的是，我们此处考察的是达尔文和拉马克的著作本身，不包括后来者对两套体系进行的修饰或改动。为对拉马克公平起见，我们还应记住，拉马克比达尔文要早上半个世纪，而他那时代所积累的知识比达尔文时要少得多。

两人都意识到——在这一方面，拉马克远胜他的同时代人——有机体改变过程所需的时间尺度是极大的。两人都意识到，改变的过程是持续而非跃进的。二氏都清楚看到，与个体发育相比，进化的速率是极慢的，因此造成了"整个有机界稳定"的假象。二氏都看到分化而来的多样之生命，配入多样之栖息之所，程度不一地适应了各自的生态环境。

然而正是在这里，二氏有不同之处，从中可以看出拉马克与 18 世纪思想联系更为紧密。这不同便是，拉马克坚持认为，对生态环境的适应和调整是必要的；这将扰乱原本梯次完美的存在之链，从而引发机体内部机制，让自己以别种方式趋于完美。换句话说，正是环境与生物机体内部适调力量的协同作用，引发了动物身体结构的改变。因此，有一理想形态有待于演化达成，但这一理想形态，还因有机体奋力求存并适应环境的努力而永在调整修正。这一由个体的切身需要和自身努力造成的适调形态，将保持稳定而不变，除非环境改变。尽管达尔文拒绝接受拉马克的"内在完美原理暨出于自身需要和环境压力作出的适调"说，但人们仍然发现他与拉马克思想藕断丝连。生存斗争，有机体的斗争意愿，这是一个达尔文从未试图解释过的事实。它至少部分地可以与拉马克的生命力或曰自我完善原理等量齐观，尽管前者略少一些目的论的意味。

此外，如前所述，1844 年的达尔文论文，以及其后口径略 ²⁰¹ 作调整的其他言论，都低估了野生物种的变异。他差一点就同意拉马克所说的，因适应环境而改变的形态将不会进一步改变。他们俩也都相信，只有外在环境中有什么东西妨害到生物机体，才会引发进一步的变化。区别在于，拉马克将自我调整的内在需要作为改变的力量，而对达尔文来说，环境改变会导致生殖细胞受外因影响而产生变化，然后，新的性状将在改变后的环境中由生存斗争决定去取。这可以说是修正的拉马克主义，其相似之处耐人寻味。当然，二氏都相信后天性状的实在性。达尔文在后来的作品中详细讨论了后天性状的承传，他这样做的原因，我们且待在后续章节里再做讨论。

我们曾注意到，生存斗争的概念，有时被误认为是达尔文对于一般生物学理论的一大贡献。实际上，达尔文不过是借鉴了马尔萨斯对人口问题的处理，而将此概念应用于整个有机界罢了。再次提醒诸君，自然界的生存斗争，在拉马克、佩利和莱伊尔等人的著作中均可得见。至19世纪初，此概念早已稀松平常。

但是，对拉马克而言，"自然战争"不过是一种修剪工具，用以维持生命秩序，限制自然无限的增殖力。物种的转变用不到它，因对他来说，尚有另一机制可用。结果是，拉马克忽略了生存斗争在保留变异时可能带来的筛选效果。相比之下，达尔文乃意识到其在积累有益变异中可能发挥的作用——哪怕这变异仅仅出于纯粹的偶然。这里我们遇到一个非常有趣但常被忽视的问题：**究竟是什么东西使达尔文相信，新的性状会随机出现呢？** 这是他对拉马克最主要的突破，其意义远比他对生存斗争的认识更加重要。只有在人们相信"随机变异出现后会被继承"之后，生存斗争才有了新意。在意识到这一点后，且只有在这之后，稀松平常尽人皆知的"斗争"，才成了具有真正创造力的手段。

我们记忆所及，并没有一个确切时间节点，能看出达尔文清楚意识到了个中的区别；但人们可能会想到，分析加拉帕戈斯群岛动物区系之时，相似气候下毗邻岛屿所产多有不同，这件事当起过一定的作用。在这里，拉马克意义上的"需求"，当也会产生同样的结果；但若人们抱持这样的观点：认为新的环境只会激发偶然的变异，然后还要由生存斗争来做筛选——那有人将通过一种新的方式，用拉马克的套路来解释进化。显然，达尔文就是这么做的。同样，家养动物饲育的一些例子中，人工选择保留了一些奇特，怪异，毫无用处乃至有害的性状，达尔文对此也有浓厚的兴趣。由于很难对机体之产生这些性状用目的论加以解释，达尔文便据此反对动物形态的预先决定（predetermination）一说。然而，为推行变异论，他再次求助于"驯化能**激发**变异性"这一观点。

如果在拉马克思想的框架内考虑过这一问题，你会不由得感到奇怪，为什么达尔文必须从马尔萨斯那里获取灵感，或者为什么他会在久后写信给莱伊尔的时候，非得说拉马克的作品是一本"什么破书……我从中一无所获，而且清楚记得自己的惊讶"。你会觉得，感到惊讶的实在不该是达尔文，而应该是后世的历史学家，当他们发现，这两个人，达尔文和拉马克，对家养动物的重要性看法相似，对家鸽、格力犬和斗牛犬等都有类似的广泛观察，对退化器官都有一样的解释，甚至对用进废退及其对个体器官的影响，也都持有同样的见解。两人对人与灵长类动物的关系也有相同看法，只是处于达尔文的时代，他能更清楚地看到人类与已灭绝类人动物在古生物学上的关系。两人都清楚认识到，变种和真种都是嬗变、模糊、界限不明的。尽管拉马克在完全灭绝这一问题上迟疑不决，但他和达尔文却都相信，形态的相似性说明血胤的延续。平心而论，两人对自发产生（spontaneous generation）看法有所不同，拉马克赞同之，而达尔文则避免了由此必然带来的进步色彩。然而，在《物种起源》的最后一页，达尔文不知为何，又将此前对这种想法的反感忘在了九霄云外，他写道："所有肉体与精神的禀赋都朝着完美之境前进。"如此一

203

来，则他再甭指望摆脱他的各位前辈，正如拉马克无法摆脱那条存在之链。

拉马克在他最后的篇章里分享了自己的观察所得，那可真是智者之见。他说，"发现并证明一个有用的真理是不够的……必得将它传播开来，得人承认。"在这一点上，我们已然看到，拉马克太老，太笨，太穷，太过超前于他的时代了。人们通常以为达尔文亦是如此，说他驾着脆弱易碎的舢板，在躁动不安的时代思想激流中披波冲浪。但有一点不同。拉马克历经艰辛学来的智慧，达尔文从圆熟世故的地质学家莱伊尔那里一下子弄到了。他的著书大业并不是独力启动的。

艾德蒙·戈斯在他的自传性学术著作《父与子》一书中，无意中揭示了《物种起源》这部伟大著作降临于世的方式："这都是莱伊尔的主意——他本人也是个伟大的推手——自然选择信条问世，必然激起诅咒的声浪，因此必须有人保驾护航。为此，一些学问过硬、经验丰富的博物家，精于描述物种的专家，应当私下里提前与闻其中的要义。这些预先找下、打了招呼的人当中，就有家父。先是胡克，后来是达尔文本人，来给家父吹风……这是 1857 年夏天的事。"[48] 正如拉马克早先预言的那样，一个伟大思想于焉再次发力。曾几何时，达尔文和赫胥黎还在汹汹然谴责同时代的科学家为出人头地，如何钻营倾轧，奔走呼号，有人可能会希望，当此时也，这两位大佬，本应当对这位尸

48　Gosse 此处记忆有误。当时最有可能是 1858 年夏天。

骨黳撒闲抛于巴黎千百万穷人墓地中的老人多一点善意温情。或许，被人如何对待，究竟也没什么要紧吧。但讽刺的是，这位曾经提出如此之多真知灼见的学者，为人所记得的，毕竟只是他曾经坚持了一个错误，而这一错误，他的学术子孙查尔斯·达尔文，也未能幸免，那就是：获得的性状可以遗传。

第八章
手握进化钥匙的神父

科学上的伟大革命者，

多难见到成功的那天。

——威廉·斯文森，1834

1 格雷戈尔·孟德尔

"那是二月里一个清冷的夜晚"，传记作家这样写道。他没有明白写出的是，1865 年的这个冬夜所发生的事情，有比天气更清冷者。"神父格雷戈·孟德尔在布隆自然科学会（the Brunn Society for the Study of Natural Science）宣读了他的论文《植物杂交试验》（*Experiments in Plant Hybridization*）。"[1] 讲座地点是教会学校的一间校舍，听众只有寥寥 40 人。他们不是无知无识的白丁。在场的人，有几个植物学家，一个化学家，一个天文学家，还有

---

[1] Hugo Iltis,《孟德尔传》*Life of Mendel*, New York, 1932.

一个地质学家。1 个月后，孟德尔又对同一帮人详细讲解了他关于遗传本质的新理论。这些人耐着性子听了。蓝眼睛的神父一腔热血呈献着自己的研究，讲到末后，根据保存至今的会议记录：没有讨论。

听众们不声不响听完，正如之前他们不声不响前来，之后又在月光下沿布隆清冷的街巷不声不响散去。没人提问，没人动容。这间小小的校舍里，19 世纪最伟大的科学发现之一，由一职业教师有理有据，谆谆阐明。没有一个人懂他。

35 年过去，科学界终于理解了这一伟大时刻，而伟大的发现者墓木已拱。当年的听众中还在世的，被再三要求追忆。但实在没人记得什么。

19 世纪之末，科学史家约翰·莫茨写成一部四卷本洋洋巨著，记载一百年里大大小小的科学发现，格雷戈尔·孟德尔的名字仅在脚注里提了一笔。然而今天，他乃在 19 世纪生物学的伟人榜上，与拉马克和查尔斯·达尔文鼎足而三。那是一个大好世纪，完成了两大发现：时间和变化。兴许，非常之时代，固当成就非常之人生吧：三个人的生平所遇大相径庭，又都带有一丝象征的意味。被时人遗忘的拉马克死于贫苦，墓碑上刻着独生女不甘的呐喊："未来会记得你，我的父亲。"查尔斯·达尔文运气较好，得到了盖世的荣名，举世的阿好，但《物种起源》出版不过 10 年，他却迟疑着倒退了，回到一个削弱了他一生功绩的理论；而如果他能够知道，1865 年布隆那个冬夜讲席上说的什么，他当觉得，自己的劳作竟是多余。

重新发现孟德尔后，达尔文主义便迎来翻天覆地之巨变。原先的理论有一半被孟德尔的第一批追随者所摒弃，然后，又由一系列新的发现而得到加强、丰富、补缀，获得新生。而那些发现，皆导源于我们这位籍籍无名的神父所做的工作。他读过《物 207 种起源》，不知怎么用豌豆做起了怪怪的实验，还亲切地把它们称作自己的儿女。利用豌豆——高秆的，矮秆的，侏儒的，皱粒的，黄粒的——他发现了遗传的定律，那些定律让现代遗传学成了生物学中最精密的学科体系。他没用显微镜就深入了细胞的奥秘。他用的是无尽的耐心，在修道院菜园的孤独寂寞中。

尽管他的观察报告已经向世界发表，但没有人读。"我会有那一天的。"有一次他这样跟朋友尼斯尔说道，可惜这话连他自己都未必相信。1884 年他去世的时候，已经升到了院长的职位，因职务的琐事而心力交瘁。那时候他的实验早就搁止了。他的实验观察从未引起公众的注意；他求助于唯一认识的植物学家却得到错误的建议，到最后，孤独、彷徨之下，连他自己都开始怀疑这一发现的价值。他当选院长后，过了几年，一位访客想要看一看他在修道院的植物实验。访客报告说，"我发现自己来晚了"。属于格雷戈·孟德尔的荣誉亦是如此。

科学史上再也没有比这更奇怪的故事了：这个孤独的人去世 16 年之后，布隆小校舍演讲的 35 年之后，孟德尔成了国际闻人。这是一个值得所有学者深思的故事，不仅因为孟德尔所取得的成就，还因为在这一事件中，交流的全然失败在很大程度上也成了职业科学的失败。这是一个巨大的教训，尽管 1865 年至今，世界已经有了很大的变化。凡是热爱知识的人，谁也不想看到这一幕重演。

有些科学家辩称，孟德尔发表的那本杂志寂寂无名，但他的悲剧比这远为深刻。他向那一时代最好的植物学家之一求教过，但其人却辜负了他，虽然不是有意使坏——可以这么宽谅地说——却是出于傲慢的不屑一顾。孟德尔本人不过是业余爱好者，而他所钦佩并前去诚心求教的那个职业科学家，却只把他当作帮自己做科研的一个工具。诚然，彼时的学术气候加剧了孟德尔的困境，但事实是，孟德尔这样一个善良乐观的人，命里却没有朋友的慰藉——他所需要的，不过是一个——就一个——诚恳而懂行的朋友，能会心地听他讲讲他的实验。

从头到尾，孟德尔在每一件事上都走的背运，只除了一件事上：他选择了香豌豆作为实验用的植物。可即便是这种幸而具有简单的遗传结构的植物，最终也被弃而不用——又是专家的科学建议起的作用。

说了半天，有人也许会问：孟德尔本人是否意识到自己发现的重要性呢？这么想的人，大约不清楚修道院里有馆藏丰富的图书馆，其中包括达尔文的注解本。此外，我们知道孟德尔还对拉马克的原理做过验证。他一个人在修道院的园圃里，跟有机进化的两个主要理论较量比试；但达尔文和拉马克所惊叹称奇的是变化，让孟德尔着迷的却是稳定。他并没有像达尔文那样，想要弄明白，成年机体如何把性状特征转移或压缩到微小的生殖细胞里，而是要弄明白，生殖细胞怎么就会包容着成体动物那些性状，并将其传递给下一代。

换句话说，孟德尔从直觉上把握住了那一时代尚无人理解的关键要点：除非我们对于维系有机体延续性（organic persistence）的机制有些了解，则无从理解究竟是什么东西产生了进化改变。毕竟，生物形态在时间上的延续性是我们经验中的第一个事实。相比之下，有机变异的现象则远为微妙，其发现——这一问题我们已经探讨过了——有赖于对极长时间跨度里，动植物缓慢持久的形态改变有深入了解。正是由于这一原因，长久以来，进化的事实都未被发现，大家都相信那个"每一物种都出于各别创造"的假说，没几个人质疑其中的逻辑。

孟德尔的长处在于，他比此前任何人都更专注于精确量定，在一次具体的配对中，已有性状如何在后代中出现，或不出现。仔细研究他不幸生涯的那些详细，我们可以更加明了，为什么达尔文在 1871 年《人类的由来》一书中，明确放弃了原先的大胆主张，不再坚持自然选择是进化变异的主要因素。与 1859 年的自信笃定截然不同，达尔文在新书里写道："我现在承认……在《物种起源》的早先版本里，我可能过多地将进化归因于自然选择的作用或适者生存。"[2]

大师的谨慎退步是有原因的。讽刺的是，就在孟德尔将达尔文问题的可能答案记录在案的两年之后，一位博学广识的苏格

2　C. Darwin,《人类的由来》 *Descent of Man*, 1871, Modern Library ed., p. 441.

第八章　手握进化钥匙的神父　　　　　　　　　　　　　　　237

兰工程师（弗莱明·詹金）在《北不列颠评论》[3] 上对达尔文主义提出一个巨大挑战。这一挑战，只有孟德尔遗传学才能解答，而孟德尔本人却幽闭于修道院中，挑战者和被挑战者均不知晓。

达尔文从未对詹金做出直接回应——他一向避免与人公开冲突——但从一些书信中可以明显看出，詹金的批评确实对他产生了影响。"弗莱明·詹金给我带来很大的麻烦……"[4] 他在1869 年 1 月里给胡克的信中如是说。到了 2 月，他又向华莱士吐露："詹金在《北不列颠评论》上论称单个变异不能延续，这说服了我……"最后，到了《物种起源》的第六版，他公开承认："不过，直到在《北不列颠评论》（1867）上读到一篇颇有功力、颇有价值的文章，我才意识到，单个变异，无论明显还是微小，都是难以延续的……这评论之公正，我以为，是无可置疑的。"[5]

读者诸君要想一想，上述几段话意味着什么。实际上，弗莱明·詹金几乎摧毁了达尔文最初设想的偶然性状变异。他提出这样一个事实：一个或少数几个仅有的突变个体所拥有的新性状，将通过在大群中与不具有上述性状的个体回交（backcrossing）而迅速消失。只有在该物种的大多数个体同时出现相同的性状时，这新的性状才有望延续。

3　Fleeming Jenkin, "The Origin of Species 物种的起源,"《北不列颠评论》*North British Review*, 1867, Vol. 46, pp. 149 – 171.

4　LLD, Vol. 2, p. 379.

5　Modern Library ed., p. 71.

然而，承认大量动植物个体沿同一方向做同时的突变，将大大减弱自然选择的重要意义。这说明，要么该物种的个体成员受到某种内在定向驱动（orthogenetic drive）的作用，要么则整个种群的生殖细胞种质（germ plasm）受到拉马克式外部环境作用的直接影响。无论何种解释，"偶发的个体波动性变异"说都将被放弃，而自然选择的重要性也随之而大势去矣。[6]詹金运用数学方法提出的攻击是强大的，强大到在当时混合遗传（blending inheritance）风行学界的气候下，达尔文几无还手之力。唯一的办法是退回到拉马克的有关理论，而围绕这些理论编造自己的泛生论（pangenesis）。直到达尔文去世，这一问题仍悬而未决，他 211 的晚年一直受其困扰。但实际上，对于弗莱明·詹金问题的解答，自 1865 年便摆在图书馆的书架上了：就在《布隆自然科学会论文集》（*The Proceedings of the Brunn Society for the Study of Natural Science*）里。詹金是一位头脑清晰、作风务实的工程师，在他面前，温文尔雅、热爱幻想的博物家不战而退，但他两位都没能见到问题的答案——那几页杂志被人掸落封尘，孟德尔被人重新发现之时，这两位都已不在人世了。

　　孟德尔是历史的诡异幽灵。他的同志，他的追随者，全都出现在 20 世纪，彼时他的影响才会开始。但如果我们想要理解他，理解他何以能解救达尔文主义于沉溺，就必须溯本寻源，回

6　J. C. Willis,《进化之路》*The Course of Evolution*, Cambridge University Press, 1940, pp. 5, 165-166. 亦见 H. J. Muller, "The Views of Haeckel in the Light of Genetics 从遗传学看海克尔的观点,"《科学哲学》*Philosophy of Science*, 1934, Vol. 1, p. 318.

到摩拉维亚的布隆，看看寂静园圃里那些青青的香豌豆。格雷戈·孟德尔命运奇特：他注定要在布隆度过痛苦的、肉身的一生，然后在 20 世纪再来，在曾经梦想过的心智生涯中得到永生。他说过的话，做过的计算，在很久以后，突然从幽墓般的古卷中跳了出来，被写在千百所大学的黑板上，在无以计数的聪明头脑中盘旋。不过，为理解他的重要性，我们还得先来考察一番达尔文写作《物种起源》时，所谓遗传学是何种大概情况，掂量下詹金的论文究竟给达尔文造成了怎样的威胁。[7]

2 前孟德尔遗传学

有关人类的遗传学，其早期历史是迷信谬误与蒙昧观察的惊人混合。婴儿畸变被认为是人畜配合的产物。直到 18 世纪，
212 此类报道仍能登在出版物上。如我此前所述，很大程度上，基督教的物种不变概念，直到林奈的科学分类法与基督教神创论结合以后，方才最终确立。[8] 人与熊等动物的怪诞杂交，在今天凡有点知识的人绝不会接受，但直到德麦莱的时代，仍然被人认真地谈论着——顺便说一句，也是因为世风如此，所以，当彼时的学者们反复谈论此类现象，只是要说明自己时代世俗大众都信些什

7　It can also be found in his《文学、科学和其他杂文集》 *Papers, Literary, Scientific, Etc.*, ed. by Sidney Colvin and J. A. Ewing, London, 1887, Vol. 1.

8　E. B. Poulton 在《进化论文集》(*Essays on Evolution*, Oxford, 1908, p. 56) 中暗示说其中有 17 世纪清教的影响。

么的时候，一般大众却并不认其为蒙昧野蛮或者是浪漫的胡扯而一笑置之。[9] 至于植物会改变其类别这样的流行信念——《遗迹》一书中尚可见类似的看法——则无疑源于真正的植物杂交突变的偶然案例。把道听途说和荒诞轶闻当作遗传学的通用资料，这种情况一直延续到 18 世纪下半叶的很多年中。此时，随着职业育种的兴起，有价值的食用和药用植物开始大量引进，受控实验逐渐得到重视。在英格兰，以人工选择进行牲畜育种的想法起于工业革命早期，蓬勃发展的城镇化带来肉类和奶制品的大量需求。牲畜的改良，实际上源于由自给自足的本土农作转变为向新兴工业城镇提供所需食物和羊毛的商业活动。所有这些纯属经济的因素，却极大促进了商业育种者的科研活动。生于乡村的达尔文，很早就显示出将理论与实践相结合的精明本能，开始大量阅览园艺和畜牧业的种种期刊。

想要弄清楚达尔文时代的遗传学与 [19] 世纪末开始冒头的 ²¹³ 那些问题有着怎样的区别，我们一定要记得，所有关于细胞机制的那些细胞学研究伟大成果，达尔文和孟德尔都不及见。他们的观察仅限于直接的繁育实验，以及从别人那里听来的资讯。如前所述，孟德尔以完全不同于达尔文的方式尝试解决这一问题，并证明自己是更好的实验家。也许他是幸运的，因为他不是什么名人，不必考虑要坚持什么理论体系，可以不带先人之见地设计

---

9 Conway Zirkle 在《植物杂交实验的早期阶段》(*The Beginnings of Plant Hybridization*, Philadelphia, 1935) 一书中，对想象的杂合动物有详尽的历史概述。

实验。

达尔文信念的大概性质，我们已经有所了解。现在我们重点关注他后来与华莱士，以及再后来，乃至身后，与孟德尔学派的不同之处。我们已经觉得很难从他所积累的繁杂资料中单独分离出他的进化思想的精准轮廓，谈到他的遗传思想，我们也遇到同样的困难。人们通常会说，达尔文相信混合遗传，而孟德尔证明颗粒遗传（particulate inheritance）为真。在我看来，这是对复杂情况的温和简化。有时这会带来严重的混淆，比如，在重新发现孟德尔的数年以前，罗马尼斯论及达尔文的遗传思想，还将其归类为颗粒遗传论。[10]

实际情况大概是这样的：在 A. W. 贝内特和弗莱明·詹金提出各自的批评以前，达尔文似乎对当时的大多数遗传理论一向不甚关心。由于研究进化的缘故，他的首要兴趣一直放在变异领域。在《物种起源》的第一版中，他只是简单表示，支配遗传的法则尚不为人所知，尽管他已经大体了解一些现象，按照今天的分类可以分别归为伴性遗传（sex-linked inheritance），显性遗传（dominance）和隐性遗传（recessiveness）。他承认一定有些未知法则支配着变异性，同时他也意识到，除非可以通过遗传，保留并积累有益变异，否则变异性本身就没有意义。通过与家养育种做有力类比，他提出自然界的变异能力是无限的。

10　G. J. Romanes，《达尔文及其身后》*Darwin and After Darwin*, Chicago, 1897, Vol. 2, p. 45. E. S. Russell 在《发育的解释与遗传学》（*The Interpretation of Development and Heredity*, Oxford, 1930, p. 63）一书中，表达了同样的意思，所引 Johannsen 的话也有此意。

在研读《物种起源》的第一版时，可以看到，尽管作者热衷于自然选择说，但他还是非常谨慎地提到了所有在有机变异中可能起作用的因素。从这个意义上，如我们先前所说，达尔文仍然是一个过渡人物。他的遗传学，本质上是精明的户外观察者的遗传学。他没有任何确切的颗粒遗传的概念，也并不完全倾向于混合遗传说。实际上，他只专注于两件事：变异和自然选择。他正在思考的是进化论，而他的观点尚未被遗传问题所动摇。可以说，正是詹金和贝内特发起的攻击，迫使达尔文对遗传机制做出更精细的处理，最终导致他沿着一条准备好的退路后撤一步。这一后撤不只是因为詹金的批评。地球物理学领域发生的事件加剧了他的困境，详情我们留待下一章细论。

当詹金对自然选择说进行抨击时，很明显他发现了一个漏洞，而数学天分并不突出的达尔文，原本对其完全忽视了。简而言之，詹金的论点如下：

（1）对于一给定性状，其（繁育）有效性有一上限，人工育种不可能将某品系推至此限值以上。在这一问题的分析中，詹金似从理论上预见了后来约翰森在波动变异领域（fluctuating variation）的发现。在这一点上，詹金超前于时代，相关探讨在后来才得以展开。而他真正撼动达尔文的是： 215

（2）论证有益变异将"被数量劣势完全抵消"。由于孟德尔式遗传单位的非混合性质尚无人知，詹金便在混合遗传的前提下，主张有益变异将很快被未变异者淹没，然后逐渐在种群中完全抹消。也就是说，由于变异个体想来应仍旧选择与正常个体交配，因此所获变异不能长期保存。对此詹金提出了一个有力的假想例证。假设一个年富力强、天赋异禀的白人，来到一个全是黑人居住的小岛上，那么，无论他在那里获得何种能力，都不可能以一己之力将整个部族变成白种人。因此，若不考虑孟德尔遗传学，则变异得以保存的唯一可能性，是同时有大量个体获得同种突变（mutation）。詹金指出了这一可能性，但他同时公正地指出，这种情况下，进化就不再是偶然和选择的产物，而是来自"多次创世 successive creations"了。自然选择中所涉的偶然因素因此而消失了；进化成了单一方向上受控的定向运动。这一论证使达尔文深受触动，尽管他没有废掉自己的书，但在其后的版本里，他将詹金所提出的选项收纳其中，同时后退至习性与"由于使用的遗传 use-inheritance"这个庇护所——詹金把他逼到墙角，亏得他闪展腾挪，躲了进去。3 年后，A. W. 贝内特在《科学》杂志 [11] 发表文章，穷追不舍，扩大了詹金的赢面。直到 1893

216 年，英国前达尔文进化论者赫伯特·斯宾塞还不依不饶，重申了詹金的立场。[12]

受詹金启发，《起源》的最后一版出现了一些令人惊讶的表述。"偶发的显著变异自不必说，"达尔文说道，"就连每一微小的个体差异，也都必然有其有效因（或直接因 efficient cause）；

11 　"The Theory of Selection from a Mathematical Point of View 从数学观点看选择理论"，《自然》杂志 *Nature*, 1870, Vol. 3, pp. 30-31.

12 　"The Inadequacy of Natural Selection 自然选择的不足，"《科普月刊》*Popular Science Monthly*, 1893, Vol. 42, p. 807.

若此未知原因持续作用，则几乎可以肯定，该物种所有个体均会做出类似适调。"[13] 斜体是我加的。在这数行文字中，达尔文采纳了詹金的观点，以放弃偶发性为代价，来维系进化论的存在。然而，隔了一行，我们就再次遇到他的抗辩：他说，自己一向低估了"由自发变异（spontaneous variability）导致的适调之频次与重要性"。

这里，达尔文发扬自己的妥协才华，接受了一个观点——倘若深究，那个观点对于其理论体系所以立足的哲学，是致命的；与此同时，他还加快了变异的节奏，以克服詹金的论证逻辑。这些隐藏的矛盾，使《物种起源》的后续版本教益丰富，但难以卒读。以表述清晰和一定的逻辑自洽性而论，《物种起源》的第一版仍然是最令人满意的。

3 泛生论

1868 年，达尔文发表了《驯化下动植物的变异》，其中，他首次提出了一种遗传理论，名之曰"泛生论 pangenesis"。这一理论隐含某种颗粒，尽管他对詹金论文的忌惮，明显暴露了一个问题：1867 年之顷，他脑中设想的是某种混合遗传。无论如 217 何，作为一种颗粒遗传理论，泛生论可以说从另一个方向走进了孟德尔的问题。该理论的起点，是用一头现存生物的体细胞，最

---

13 Modern Library ed., p. 155-156.

后组装成一个潜在的新个体。这一想法，从任何意义讲也并非达尔文首创，而是可以一直追溯到古希腊。[14] 达尔文对其重加阐释，借以间接摆脱贝内特和詹金所提出的问题。

达尔文设想，体细胞会排出微小颗粒物，他称之为"胚芽gemmules"。这些微小颗粒从身体各部位汇集到生殖细胞里。达尔文又设想，生殖细胞仅包含构成机体的物质的代表——或基本上啥都有点——并接收受精带来的微小颗粒。于是，每一性状均来自身体组织，而生殖细胞则仅仅包含通过血流从身体各部聚集来的东西。生殖细胞本身，仅仅是从父母双方的一团微粒混合物中造作出新机体的一种装置。

于是，达尔文的生殖物质（germ materials）就要与每一个体一道重新发育。这与后来其他理论中所说的种质（germ plasm）不可侵犯（inviolability）明显矛盾。因这一机制允许个体一生中的任何机体适调都能体现在其生殖细胞当中。换句话说，它是一种拉马克式的机制，可确保机体在无尽的世代中将适应性改变遗传下去。达尔文竟会提出这样的理论，这不仅表明，他已经看到自然选择大大的不够；同时也表明，回头来看，他的思想确实只能是过渡性的。他一半是现代的，一半是试验性的；然而却有本事在遇到理论困难时，神不知鬼不觉地向 18 世纪的概念撤退。

奥古斯特·魏斯曼（1834—1914），这位扭转了颗粒说遗传

14　M. J. Sirks,《普通遗传学》General Genetics, The Hague, 1956, p. 49 ff.

研究的颓势，被称为达尔文之后的首席原创性进化论者的人，[15] 218
说过这样的话：若不是"胚芽的释放、循环和积累"[16] 带来太多不
可解决的并发问题，他决不会放弃后天性状可遗传学说的。

尽管魏斯曼仍旧被无所不在的达尔文主义阴影所催眠，以
至在影响生殖细胞的决定因素中预设了"斗争"这一要素，但他
实际上是将进化研究转移到了在现代取得长足进展的遗传学领
域。如我们所见，达尔文的（性状）决定因素出现在体细胞中，
通过某种神秘方式携带着各自身体部位的图纸，压缩进了新生的
生殖细胞里。

与之不同的是，魏斯曼不再直接将身体作为变异的源头，
而是将注意力放在生殖细胞本身，认为变异由此产生。他设想，
种质基本是不死也不变的。这意思是，他认为生殖细胞是早期分
离出来的，在种族的历史中从上一个体传到下一个体，并保持不
变。所谓"不变"，在这里指的是不受外部环境的影响。因此，
一给定生物，其种系发生方面产生的所有变化，必定来自种质内
部特定遗传决定因素的改变或消除，而非来源于成年个体身体
各处的"信使"。尽管许多现代作者都表示，魏斯曼的不可侵犯
原则未免矫枉过正，太过绝对，但公平地说，由于他的作品现在
已无人细读，他本人对这一点所做的几条限定早被世人忘光
了——他愿意退一步承认，种质很可能无法完全自免于从机体

---

15 当然，Mendel 不知道。

16 《遗传学论文集》*Essays upon Heredity*, Oxford, 1892, Vol. 2, pp. 80-81.

渗透而来的影响，但他断言，这种影响"必定非常轻微"。[17] 不要
忘了，魏斯曼此时所言乃是因为要与达尔文的观点相对抗，反对
说大量"信使"从身体各处涌入种质。故而绝不能因此就认为，
倘若此君今日尚在，必会拒不接受"辐射或其他外部强力使生殖
细胞产生突变"的事实。

　　综合上述，我们可以这样说，尽管"种质内的生存斗争"之
说早就被证伪，魏斯曼体系中的其他部分，大多保存了下来，成
为现代遗传学的基础。生殖细胞只能来自其他生殖细胞，而不是
体细胞。种质连续性是完整的，身体连续性则不然。这是对达尔
文立场的逆转，而魏斯曼对于泛生论的胜利，正标志着拉马克遗
传理论的影响力江河日下。正如魏斯曼本人所说："后天性状的
传递是不可能的。因种质如果不是在每一个体中重新形成的，而
是源于先前的种质，则其结构，最重要的是，其分子构成体制
（molecular constitution），就不会依赖于它偶然在其中出现的个
别机体的情况……"[18] 他还正确地认识到，有性生殖仗着其对每
一代遗传性状的重组，端的是产生变异的有力机制，也许，正是
性状之重组，在生存斗争中具有选择的价值。由于对细胞机制认
识的缓慢增长，这一假说终将得到证实，同一时代的德国学者对

17　上引书，edition of 1889, p. 170.

18　同上，p. 266.

此做出了杰出贡献。[19] 两性之分极大促进了新的和各别的性状组 220
合，其影响如此之大，个体根本用不着发生新的突变，单凭两性
之分的一己之力，任何物种就仍有极大可能产生进化变异。

魏斯曼之着重关注有机体赖以产生变异的种质，加之达尔
文的泛生论未能从实验得到验证，这两者直接导致了新的实验
工作的展开，并最终重新发现了格雷戈尔·孟德尔被人遗忘的
研究成果。但在探讨该项工作的性质以前，有必要先简单审视
一番达尔文、华莱士以及魏斯曼各自对变异的理解。稍后我们
会看到，始于孟德尔的现代遗传学，看待这一问题的方式与 19
世纪时颇有不同。实际上，达尔文主义者把各种各样身体上的
差异都归结到"变异"的范畴里，对这些差异的"所以然"他们
却一无所知。他们理所当然地认为这些性状是可以遗传的——
如果不能，那么自然选择就失去了意义。正如霍格本所言，"变
异和遗传，是齐头并进（coextensive）的两个过程"。[20] 后代与双
亲总会有些不同，进化之路永无休止，旧有性状且不断受到生
存斗争的选择性损耗。正如有人巧妙指出的那样，物种总是在
吞噬它自己的尾巴。给定性状的正态分布曲线，总是在一侧朝
着更高的效率爬升，又在另一侧相应地承受效率的侵蚀。换句

19　德国的先进细胞染色技术是细胞学研究的重大进步。Roux 观察到染色质的行为并考察了有
丝分裂。他相信遗传的秘密来自细胞核中某种微粒的合并。Weismann 继武于后，发现了染色体
携带着我们今天所称的基因。1887 年，他预言了减数分裂，由此后人得以建立了成熟分裂学说。

20　L. Hogben,《医学和社会科学中的遗传原理》Genetic Principles in Medicine and Social Science,
New York, 1932, p. 167.

第八章　手握进化钥匙的神父　　　　　　　　　　　　　　249

话说，物种的稳定，只是持续不断的自然选择之缓慢修剪效应
所造成的幻象。

尽管彼此想法有诸多不同，但在这一点上，达尔文、华莱
士和魏斯曼的认识是半斤八两。谁也没有清楚地理解：并非所有
身体变异都能遗传。达尔文主义者便因此视进化为一持续的过
程。哪怕是看起来静止不变的物种，如许多"活化石"，实际也
处于一种动态的平衡当中。其表面的静止状态，事实上是因为自
然选择将它的常态保持在某一点上，而非推动它继续向前。然
而，对进化和变异的现代解释，并不完全与这一观点等同。当我
们今天使用"变异 variation"一词时，我们所表达的含义与达尔
文主义者其实是有所区别的。

4　人工选择与进化论者

整个 19 世纪前半段，实际上 18 世纪后半段也是一样，进
化论者一直在借助人工培育的动植物作为例证，来主张生物形态
的异变（mutability）。就连各别创造论者也不得不承认，无论野
生的还是驯化的生命，都有一定程度的可塑性，只是他们认为这
一可塑性是受控而有限的。物种（species），或如德国人所说的，
sammelarten（同类的集合——译者），是容纳变异的容器，但真
种（the species）却是起初创造出来的实体。相比之下，进化论
者则坚持认为物种屏障是个幻象，用华莱士的话说，给足时间和
机会，物种将"没有底线地远离"其最初的外观。布封暗示了这

种可能性；拉马克直接说了出来；达尔文则自始至终运用人工选择来做类比，以发展他的自然选择原理。"持续趋异的可能性，"达尔文说，"在于这一趋势，其中每一已经变异的部分或器官，各按其原本方向继续变化；这种变化的发生已经由许多种动植物 222 长期内稳定的逐步改良所证实。"[21] 尽管达尔文并非从未意识到我们今天所说的大突变（macromutation）或跃变（saltation）的存在，但他倾向于相信，尤其在自然状态下，小幅度的逐步变化是变异的主要方式。[22] 华莱士在反驳詹金-贝内特论证时，一时曾口不择言，说："遗传的巨大影响，实际上增加了每一连续世代产生有益变异的趋势……"[23] 这句话与同一时期达尔文的另一些表述，深长思之，实际上都是"非达尔文"的。

华莱士和达尔文两人，都未掌握任何实验数据，可以使他们区分纯身体的非遗传歧异和基因突变所造成的真正变异。达尔文本人其实对遗传的复杂性略有所知，说他的遗传观念简单得像水之与墨，那是不准确的。他自己深知，他对遗传的了解是朦胧模糊的：

"生殖细胞……越来越像是……奇妙之物，因除了要经受可见的变化之外，我们必须相信，其中尚簇拥着无数不可得见的特

21　Charles Darwin,《驯化下动植物的变异》*Variations of Animals and Plants Under Domestication*, New York: Orange Judd & Co., 1868, Vol. 2, p. 300.

22　同上，pp. 306-307.

23　A. R. Wallace, "Natural Selection—Mr. Wallace's Reply to Mr. Bennett 自然选择——华莱士先生答贝内特先生,"《科学》杂志 *Nature*, 1870, Vol. 3, p. 49.

征，匹配着后代不同的性别，身体的左右两侧，还包含其他不可计数的，成百上千世代以来从每一代父母双方继承而来的特征；所有这些特征，就像用隐形墨水写在纸上的字迹，静待某种已知或未知条件，时来乃现。"[24]

223   随着 19 世纪物理学家也开始计算起行星的年龄，地球历史看来又有缩短的意思。有趣的是，一向对时间问题满不在乎的达尔文，此时也愈发关注起暗示着眼前可见变化的故事来。《人类的由来》当中，他就援引了一个美国猎人的故事。猎人声称，在某个地方，角不分叉的公鹿数量渐多，已经超过双角正常者的数目。但实际上，这一观察纯出于自欺，因为这些角不分叉的公鹿都是初长鹿角的幼鹿。[25]

故事本身并不重要，重要的是，我们得以借此一窥达尔文的内心。尽管他的作品中，大多数时候进化的变异都是微小而需长期累积的，但显然此类轶闻伪说，有时候也颇能得达尔文的欢心。长年累月，得给人谆谆解释什么"进化之缓慢不可见"，忽然有立竿见影的变异，见猎心喜，当然是属人之常情。于是乎，达尔文偶尔屈服于此类诱惑也就不足为奇，审慎如他，也会轻易被"尖角公鹿"的故事所吸引。究其原因，大约还是因为这些故事与他心目中家养动物的变异方式十分吻合。

---

24   VAP, Vol. 2, p. 80.

25   J. T. Cunningham, "Organic Variations and Their Interpretation 有机体变异及其解释,"《自然》杂志 Nature, 1898, Vol. 58, p.594.

然而，现在我们面对一个奇异的事实：尽管家养饲育本身确实提高了比赛用马和卷心菜的质量，但却不能引发无限的生物趋异，因此并非通往进化的康庄大道。此情此景，颇有讽刺意味：家养饲育一直被人用作证明进化实在性的主要论据，且远较其他证据更为常用。只可惜，它的重要价值是有欺骗性的，且容易被人曲解。

5　孟德尔的贡献

1900 年，科伦斯、切尔麦克和德弗里斯三人都独立按照魏斯曼等人所提出并检验过的路线，重新发现了孟德尔的原理，也找回了他被人遗忘的那篇论文。这件事实证明，生物科学经过这许多年的发展，才堪堪达至能欣赏孟德尔工作的地步。我们已经知道，魏斯曼从"内部"作用理解种质，并否定了泛生论。而孟德尔，尽管他对细胞学的方法一无所知，居然在多年以前就采取了本质相同的研究路径。通过精心控制的实验，他试图在连续的世代更迭中，追踪成年个体的特定性状，以确定这些性状是保持不变，彼此混合还是就此消失。在论文的自序里，他说，"在［早于孟德尔的］众多实验中，没有一个实验，其广度和方式，有可能确定杂交后代所呈现之不同形式的数目，或者，能根据其后代里不同世代的表现来确定这些形式的一定组合，或者能精准地确定它们之间的统计关系。"[26] 贝特森注意到，孟德尔的这些基本概念在他的时代是绝对前所未有的。他的实验步骤具有外科手术式的精确性，这与通常论文中充斥的拙劣的逸闻趣事形成鲜明对比，就此而论，即便达尔文亦未能幸免。通过从多种豌豆植株中选择一系列易于观察和识别的性状特征，孟德尔开始了他的实225 验，并着重注意这些性状经过几代杂交之后所产生的变化。实验的细节在这里不关我们的事，但是从进化论角度来看，实验是壮观的。

孟德尔确定了一个事实：一系列的植物性状，是成单位通过生殖细胞传给后代的。各单位间不相混合，尽管发现，有些性状在杂合（heterozygous）个体中或被抑制，而仅在同型（纯合 homozygous）个体中再次出现。所有这些事实，皆取决于配子分离（gametic segregation）。它们与泛生论毫无关系，与达尔文和华莱士所专注的选择原理亦毫无关系。而只要那个个体产有子嗣，詹金所谓的新生突变性状的"淹没"就不会发生。这些单位是粒性的（particulate）和不可改变的，除非发生真正的突变。即便性状是隐性的，亦可正常携带和传播。如果它有适存价值，则其传播将是迅速的。

孟德尔直接挑战达尔文的理念，反驳了认为栽培植物——不知怎么——因经栽培而变得更容易发生变异、更具"可塑性"

26　Mendel 的论文收入 W. Bateson《孟德尔的遗传学原理》(*Mendels Principles of Heredity*) 一书，Cambridge University Press, 1913.

的观点。他说:"没有任何证据可以证明这样的设想——形成变种的趋势增大到非常之程度,以至物种会迅速失去其所有稳定性。"与这一设想相反,孟德尔通过他的一系列新发现得出推论,认为,大多数栽培植物实际上都是杂种,[遗传单位]来回混合,显现出各各不同的单位性状比率(unit character ritios)——这是杂合培育的题中应有之义。另外,驯化动物的集群养育也增加了杂交的机会。达尔文有时归因于气候、土壤等等间接影响的那个波动变异,并不因由新的进化特征的出现。以为的新东西,其实许多是旧的。原来就有,只是能变——其表型表达(phenotypic expression)发生了变化而已。孟德尔的研究表明,千态万状的生物特征,都是由数学里的自由组合律(laws of assortment)支配的,而生物学单位(基因)则独立传递。"发展之进程尽在于斯,"他说,"在每一先后相继的世代中,两套基本性状,从那个杂合体(hybridized form)分头而直出,仍旧而不变,没有任何东西,表明一方从另一方继承或 226接受了什么。"[27]因此,旧式达尔文主义意义上的遗传和变异,不可能是同义语。单位因子有恒定性,这是达尔文主义者们没有梦见的。[28]

27 转引自 Hugo litis,《孟德尔传》*Life of Mendel*, New York, 1932, pp. 147–148.

28 同上 pp. 178–179.

第八章 手握进化钥匙的神父   255

6 约翰森与变异

我们已然看到，达尔文的进化机制是一种不断选择微小变异的机制，这些变异据称是为数众多且可以遗传的。长期以来，变异的出现被视为理所当然，很少人乃至没有人试图确定其背后有何原因，或是否所有变异皆由同一原因所引起。最早的孟德尔派研究者之一，威廉·贝特森曾概括道，"不加分别地将所有对于原型的歧异，以'变异'之名混乱地归拢成异质的一堆，全然掩盖了这些不同现象所分别呈现的那些有序的特征，乃给进化科学的发展造成了持久的障碍。"[29] 是孟德尔的贡献揭示给我们，并非所有变异都是新的，都是刚刚冒头的进化。此外，他启发了我们，各各独立、不相混合的遗传单位，是存在的，可以通过细胞学方法，也可以通过育种实验对其进行研究——这无形中转移了学界的兴趣，为生物科学开示许多新的研究方向。此后雨果·德弗里斯——此人我们在下章还将细论——力倡物种可以经由较大的变异而迅速改变，也就是通过突然的跃变实现物种进化，一时耸动了公众的视听。尽管该学说的极端形式注定需要修正，但不可227 否认的是，他所强调的，在微小的"波动变异"和他称之为"突变 mutation"的"非连续 discontinuous"变异之间的区分，极大地刺激了进一步的研究。而这一波后续研究的结果之一，便是

---

[29] "Heredity and Evolution 遗传学与进化论，"《科普月刊》*Popular Science Monthly*, 1904, Vol. 65, p. 524.

丹麦科学家 W. L. 约翰森的发现。他发现，达尔文和华莱士所重点关注的那种多多少少呈持续性的身体变化，无法经由选择推进至某点之上；"无限偏离 indefinite departure"的奥秘，并不包含在这种变异性之中。

比利时人类学家兰伯特·凯特莱（1796—1874）在 1871 年观察到，对几乎任何生物学特征，比如身高，只要提供足够的统计样本，就可以建立一个频率分布曲线。曲线中在平均值的两边都会有一些零星的个体数据，而极端数据也出现在频率曲线的两边。换句话说，在给定群体中，对于我们决定检查的任何生物学特征，都有围绕其平均值的上下浮动。达尔文学派设想，正是由于这种波动变异的存在，使我们可以通过淘汰曲线下侧个体并保留曲线上侧个体来做出"选择"，以期种群中的平均值逐渐向上移动，从而达到育种的目的。这种方法的原理，在他们看来同样适用于自然选择。但实际上，尽管育种者确实可以按照上述方法操作，但其效用却有一限度，是达尔文主义所未能预见的。

约翰森用几个纯系的豌豆种子做选择实验。他将每一种系中，豆粒较大者、较小者和中等大小豆粒的种子各各分别种植，期待从其后代中得到平均值不同的几组豌豆。但这一实验失败了。无论使用何种大小的种子，其后代都会围绕一个平均值上下波动。"选择"对平均特征没有任何修正性影响。豆粒大小的差异纯粹是体征的（somatic），与遗传因素无关，显然只代表其偶然所处的生长环境之有利与不利。 228

动植物的人工育种能否成功，还取决于另一因素。约翰森确实发现，尽管那几个纯系豌豆的频率分布表现出体征平均值，但不同种系的豌豆，其平均水平亦分明不同。这才代表真正的遗传成分。育种家挑选平均值较大的豆种或速度最快的马来进行培育，那就是从一个品系中挑选那些含有符合要求的遗传单位的个体，来达到育种的目的。通过不断筛选，我们就可能按照自己的偏好来完善一条相对纯净的种系。通过审慎的配种，甚至可以将新的元素引入复合体。但是，从根本上讲，我们的努力仅限于调配种系中本有的遗传资源。通过精心的摆布，我们可以使某些性状更明显，或将其与别的性状结合。[30] 但无论如何，我们的活动只能产生给定种系内原本潜在的性状。除此而外，育种者再无计可施，只有耐心等待，等待那些算计不到的事件，也就是通常所说的突变，而那是自发出现的。例如，约翰森曾观察到，在一次实验中，他的某个纯粹种系，其数值范围无可解释地出现了迁移。这就是一次真正的突变事件——有新的因素被引入了。

约翰森在 1903 年及后来的研究结果最终证明了：①具有相同基因型（即遗传组成）的生物可能有表型上的不同，即在外观上有所区别；②做表型性状的选择而无遗传基础，则不会产生遗传变化；③遗传性状的选择可以引发一定程度的特征改变，但除非另有突变加入，则这种效应将会减弱和停止，而突变是时或来之——时或不来的。

30　Raymond Pearl, "The Selection Problem 选择问题，"《美国博物家》*American Naturalist*, 1917, Vol. 51, pp. 65－91.

于是乎，曾有一时，人们觉得达尔文主义大限将至，这是可以理解的。这一方面是由于，人们发现达尔文所仰赖的变异，有一些是不可遗传的；另一方面，是因为觉得，新的改变会突然出现，而不是源于性状改变的缓慢积累。后来，第二种意见逐渐退位了。这是因为突变本身也有大有小，而小的突变所造成的效果，与达尔文所设想的连续进化并无太大区别。自此以后，"突变"一词便具有了现代我们所使用的含义。[31] 如今，"大突变 macro-mutation"一词更适合今天所说的进化飞跃，这种飞跃在德弗里斯的影响下，于 20 世纪头几年里风行一时。在此期间，大的和小的变异，人们曾对其重要性做过大小之分，但那种努力昙花一现，而那条界线也并不持久，很快就泯然无形了。

20 世纪以来，生物学思想又一次反转，认为，达尔文在某些细节上无论多么错误，但他有个观点还是有道理的：小的变异，相对而言更不容易对机体产生妨害，因此更可能成为进化发展的模式。[32] 不过，在考虑达尔文主义复兴的同时，最好能同时记住雅克·洛布已被遗忘的一番傥论。洛布是 20 世纪前几十年里最好的实验生物学家。他说，"达尔文的"时期有个极其别致之处，那就是对实际可见的物种变化，保持一种貌似科学的漠不 230

---

31 T. H. Morgan, "For Darwin 赞同达尔文," 《科普月刊》 *Popular Science Monthly*, 1909, Vol. 74, P. 375.

32 H. J. Muller, "On the Relation Between Chromosome Changes and Gene Mutations 论染色体改变与基因突变的关系", 载 《突变》杂志 *Mutation*. 研讨会报告 pp. 134, 142。研讨会举办于 June 15–17, 1955, Brookhaven National Laboratory, Upton, N. Y.

关心。达尔文主义者终于可以支配的无限时间，使他们设想，进化过程极之缓慢，慢得根本观察不到。这确曾困扰过达尔文，尤其是在推算的时间跨度开始缩短以后；这一点我们已在尖角公鹿的故事里看到过了——大师的急不择例，正说明了进化的慢不可耐。然而，所谓科学文献者，依然是争辩为主，而莫衷一是。因此，雨果·德弗里斯提出"突变"理论来证明生命形式的遗传变化，就真的成了一次"大跃进"。恰在这个时候重新发现了孟德尔，那人证明，物种遗传的决定因子是一个"实在"，这个事，如洛布所言，便标志着，"真正的遗传与进化理论开始了"。尽管德弗里斯的部分想法在后来被推翻，而下述洛布此言正写于学界对德弗里斯的发现是一片欢呼、不加批判之时，我仍愿无多保留地为这番定论背书："若人工真有可能造出新物种，我认为那必定始于孟德尔和德弗里斯两人的发现。"[33]

接下来的五十年里，孟德尔的原则多有扩展，涵盖了许多物种，动植物皆有。费希尔，西沃尔·赖特等人精心设计了数学工具，其他工具也得以引入，以处理整个种群的理论遗传学。已经发现，某些类型的突变在特定种系中反复发生，据此而推论之，可以设想，特定物种存在某种变异库（reservoir of variability），其中库存随时可用。当环境变迁之时，该库存或有助于机体变异。另外发现，某些类型的基因突变较他种类型者更

33　"The Recent Development of Biology 生物学最近的发展，"《科学》杂志 *Science*, 1904, n.s. Vol. 20, p. 781.

容易发生。[34]

　　细胞学研究继续推进，愈发深入细胞核与细胞质的神秘机 231
制。最终，到了今天，人们已经在用各种类型的辐射和化学试剂
来诱发突变。其中的故事本身就足够写成一本书。未知之事尚有
许多：控制"门"与"纲"等大类分别的机制，其细胞定位与性
质，我们至今仍无从把握；我们对果蝇的了解远比对人类要多。
在今天，从实验室的门外走过，看到"辐射危险"的警告标志，
想起当年布隆修道院里，孟德尔如何逡巡于红花绿叶和嗡嗡蜜蜂
间，让人不由得起一种怪异之感。"我会有那一天的"，他曾对朋
友尼斯尔这样说。"我会有那一天的。"也许，当其他人从静夜的
流水中听到了"变动不居"的时候，孟德尔正对花而思——从形
成了花心的那些错综复杂的微小单位中，他似乎憬然有所领悟：
基本自然力自有其伟大的耐心，维系着有生之物，即令如花之
柔，也生生不息而不离大道，而无生之物，则纵是山岳之坚，也
终有一天会销尽夷平。"我会有那一天的"，他说。这是另一个世
纪的涵义难明的回声，在空中萦绕不去。

　　34　Thomas Hunt Morgan, "The Bearing of Mendelism on the Origin of Species 孟德尔主义对物种起
源的意义,"《科学月报》Scientific Monthly, 1923, Vol. 16, p. 247. 亦见 W. E. Castle, "Mendels Laws of
Heredity 孟德尔遗传定律,"《科学》杂志 Science, 1903, n.s. Vol. 18, p. 404.

第九章
达尔文与物理学家

我们的时间几乎无限。

——达尔文，1858

如果数学家是对的，那生物学家就得不到他们所要求的。

——索尔兹伯里勋爵，1894

1 开尔文与残余热力

在我们前面关于查尔斯·莱伊尔爵士和地质学中均变假说的讨论中，我们已经看到，19 世纪初叶的基督教世界里，人们对地球年岁的观念，发生了多么巨大的反转。通过那一番检讨，我们也观察到了，要让一个令人满意的进化论为人接受，需要怎样的先决条件。拉马克和达尔文提出的有机体缓慢变化，所要求的时间远远超过了摩西的创世版本所能想象的。如此宏大时间的存在，由于赫顿，普莱费尔和其他人的不倦努力，终于在 19 世纪中叶所有不带偏见的学者面前华丽现身。实际上，这番进展乃234 构成《物种起源》必要基础的一部分。

谁知道，时乖运蹇，那本书出版后的六年里，"地质时间无穷"这一概念竟遭受到极力的攻击，以至于直到 19 世纪之末，许多自然史家犹在抱持那一反对意见，从而质疑自然选择原理。这动摇了达尔文本人的信心，迫使赫胥黎的自我辩护带上了诡辩性，而非科学应有的客观性，而且总体上将地质学置于顽皮的小学生面对严厉老师那样的境地。攻击是开尔文勋爵发动的，而许多科学史家坚持认为他是 19 世纪杰出的物理学家。直到今天，某些方面仍有一种倾向，认为物理科学（the physical sciences）更加优越，比那些还达不到数学精确性的学科更值得信赖。我们不想挑战这一观念，但仍然可以提出一点矫正性的意见：在这场长达半个多世纪的争论中，那些物理学家们将数学方法用得过分些了；他们错了，错在傲慢自大，错得毫无希望。

相比之下，那些在物理学家面前显得笨手笨脚、甚不内行，只会通过一些弱弱的预感来表达自己观点，鲜能提出什么议论能让了不起的开尔文屑于一顾甚至屑于回答的地质学家们，却碰巧一向是对的。不是一般的对，而是相当正确。可是在 19 世纪 70 年代，达尔文及其追随者的日子一度非常难过。假如偶然的变异是大千有生世界的来源，那么，时间就是整个事情的关键。所以，时间尺度的紧缩，不可避免地要迫使生物学家拒绝偶然变异，而倾向于某种更快速的直向演化，因此可能是"目的论的"

改变。

开尔文勋爵和他的苏格兰盟友彼得·泰特是否看到了他们
思想的这一必然结果呢？人们不得不心里嘀咕，因为两人都是虔
诚的宗教人士。无论如何，那些人得势不饶人，继续扩大自己的
赢面。用阿奇博尔德·盖基爵士的话说就是，"那些物理学家不
知餍足，不依不饶。一伙人像李尔王的几个女儿那样冷酷无情，
一步一步，把应许的年岁一片片削减，直到其中有些人把那个时
间减缩到不足 1000 万年"。[1] 今天，地球上生命的年岁已被保守地
估计为接近 30 亿年，如此，马上就能看出，1000 万年到 3000
万年的时间，会给达尔文理论造成多大的压力。换言之，越来越
难看到，何以一个基本在偶然变异的基础上发生作用的进化理
论，能够解释现存有机界能在短短数百万年产生如此多样的形
式，因每次变异都要间隔很久，而只有到那时，才能由自然选择
的筛选过程加以选择。

从达氏的通信中能够看出，物理学的这一新进展让他烦恼
极了。他将开尔文勋爵称作"讨厌的幽灵"；[2] 在美国哲学会所收
集的一封受信人不明的通信中，他这样写道："你说造化可以在
百万年内完成巨大工作，这固然令人钦佩；但是，我仍然让汤姆
森爵士（开尔文勋爵）所说的短命世界弄得十分烦恼，因我的理

1　"地质学在不列颠的进步二十五年 Twenty-five Years of Geological Progress in Britain"《自然》杂志 Nature, 1895, Vol. 51, P. 369.

2　James Marcnant,《华莱士：通信和回忆录》Alfred Russel Wallace: Letters and Reminiscences, New York, 1916, p. 220.

论观点需要极久远的时间才能形成寒武纪的构造。"[3]

　　现在，让我们从历史角度审视一下，这样的局面如何在达
236 氏发表《物种起源》短短几年之后就能发生。时到 19 世纪最后
十年，索尔兹伯里勋爵在就任不列颠科学促进会主席时发表的
讲话中，就能够对达氏的假说提出两大问难，第一，通过这样
的方式来进化，时间是不够的；第二，在细节上演示自然选择
的机制，是不可能的。[4] 这两大问难，乍看之下并不起眼，但实
际上，这两点在某种程度上是相互关联的，随后我们将看到这
一点。

　　由于这不是我们的主要目标，我们不能在此详细分析，是
哪些发展导致了开尔文勋爵的立场，但是，我们仍然可以约略地
注意到，这些发展乃是 18 世纪后期宇宙演化论的必然结果。深
矿井中测到的温度，说明越往深处热力越大。在 19 世纪初年，
这样的观察在科研论文中时或有所讨论。人们开始从世俗的立场
看待这个现象，认为那说明地球在冷却；既然如此，那么，它如
何从最初的熔融状态向周围冰冷的空间散热，便开始引起人的注
意。比如，地质学者乔治·格里诺，便在 1834 年在伦敦地质学
会年会讲话中讲道，"看来，我们的星球表面，肯定是愈来愈冷
了，变冷的时间，从有机生命登场开始，到第三纪结束。"

3　日期是 1869 年 1 月 31 日。

4　《不列颠科学促进会报告》*Report of the British Association for the Advancement of Science*,
Oxford, 1894, pp. 3–15.

地质学研究中愈来愈承认热力学第二定律，这就会对早期均变说中隐含的永恒性提出疑问。当这个"地球剩余热量问题"之上再加上太阳热量的年岁及其对于地球生命的影响问题时，不可避免地就会要求地质学来一番变革。开尔文勋爵坚持认为，"通俗的英国地质学，与自然哲学是直接反对的"。达尔文则在 237 1868 年对莱伊尔嘟囔说："我念念不忘的是太阳。"

我们注意到一件有趣的事情：尽管许多关于太阳的观察早已经意味着时间的量，然而，开尔文之前，并没有多少观察试图去将天文学问题与地质学问题联系起来。实际上，那些持均变论的地质学家们在其早期阶段"既没有领悟到一个开始，也没有领悟到一个结束"。达尔文则在《物种起源》的第一版里大胆提出："极有可能，自从第二时期的后半部以来，已经经过的时间远远超过三亿年。"[5]

即使今天，有了测算岩石年龄的放射性方法，这个数字也会被认为是过头了。《物种起源》的随后版本没有了这层意思。人们可以猜想到，正像今天关于更新世人类的研究已经大大加强了我们界定和重分这一时期和为之确定时间的努力，1859 年进化论作为主要生物学思想出现后，也大大改变了人类对于确定过去时间的努力。"过去"不再像古希腊-罗马古典概念里那样具有固定不变或轮回循环的性质了；也不是与之恰成对照，像正统派基督教宣称的那样只有短命蜉蝣般的区区六千年。"变化"已

5　O, p. 245.

经进入世间，时间变得可以争议，开放给科学的研究了。

开尔文勋爵抛给地质学家一个直接的挑战，间接地，也挑战着进化论者。两大阵营的对立一直存在到 19 世纪末。若是将 1862 年到 1902 年期间关于这个话题的书籍和文章汇集起来，那真会当得"汗牛充栋"这个词了。不过，这里让我们关注的是开尔文及其物理学同行们对于地质学家和生物学家造成的效果。忽视开尔文是不可能的。由于时间的物理学特征，要绕开或摆脱他 **238** 是不可能的。许多地质学家屈从了，往少里修正了自己对地球年岁的估算；生物学家由于被困在更加困难的死胡同里，则竭力通过各种辅助假说为自己寻找出路。

开尔文在 19 世纪 60 年代初期发表的三篇论文，可用来说明他所强调的三个主要观点。那几篇文章都讲得非常细节。直到世纪之末，他犹在给《麦克米兰杂志》(*Macmillan's Magazine*) 撰文，[6] 题为《论太阳热力的年岁》，阐述那个观点，且得到赫姆霍兹以及其他人的支持，说太阳是一团白热的液体，快速地向外发散着能量。开尔文看不出有什么途径能补充失掉的辐射能。于是乎，开尔文就主张，太阳的未来寿命是有限的，而且前身也不很长；可以想见，它从前比现在热得多。

"至于将来，"开尔文在 1861 年在不列颠学会宣读的一篇类似文章里说，"我们可以……确定地说，过不了数百万年，地球的住民将不能够继续享受对它们来说至关重要的光和热，除非

---

6 1862, Vol. 5, pp. 388−393.

（他无意识地预言道）现在不为我们所知的新的来源，正在**创世**的伟大仓库里预备着。"[7] 当然，原子能是 20 世纪才发现的，然而，它早就在温暖着开尔文阴郁地注视着的这个地球了。现在我们知道，少了十分之一的光和热就会冻死我们，而多了十分之一则会把我们活活烧熟。现代科学告诉我们，贯穿于整个巨大的地质时间里，我们的太阳顶多只能在察觉不出的范围内有所变化。[8] 如其不然，地球上就不会有生命的存续。

1865 年，开尔文直接针对地质学家。他提出一篇论文，论 ²³⁹ 文的题目就是直截了当的挑战:《略议地质学的均变说》。[9] 他在爱丁堡王家学会上宣读了这篇论文。论文试图用数学方法，通过计算热量损失，来证明地壳不可能维持持均变论的地质学家和持进化说的生物学家所要求的长期稳定状态。

后来，在 1869 年，赫胥黎试图反击，然而却并不令人信服。实质上，他是想以漠然置之的姿态绕开这个话题，他说:"生物学从地质学那里取得时间。我们之所以相信生命形式变化是缓慢的，唯一理由是这样的事实:它们存留在一系列沉积层

---

7 W. Thomson（Lord Kelvin）, "Physical Considerations Regarding the Possible Age of the Sun's Heat 关于太阳热力可能年龄的物理学考虑", 《伦敦，爱丁堡和都柏林哲学与科学杂志》 *The London, Edinburgh and Dublin Philosophical Magazine and Journal of Science*, 1862, Series 4, Vol. 23, p. 160.

8 Cecilia Payne-Gaposohkin, 《形成中的星球》 *Stars in the Making*, Harvard University Press, 1952, pp. 106-107.

9 收入《威廉·汤姆森大众讲座和演讲集》 *Popular Lectures and Addresses by Sir William Thomson*, London, 1894, Vol. 2, pp. 6-9.

里，而地质学告诉我们，这些地层需要很久才能形成。**如果地质的时钟错了，那么，自然史家所能做的，就剩下相应地调整关于改变速率的观念了。**"[10]（斜体是笔者加的——L. E.）

我在上面说过，这是诡辩术。往好了说，这不过是缓兵之计。因为，假如进化生物学当真依赖在无限小的变异的基础上，通过长久的时期所起的自然选择作用，那就很难看出，那个过程怎么能根据新的地质事实来"提速"，除非赫胥黎氏能提出新的理论来取代自然选择说。然而，他什么新东西都没提出。他继续写道，"实在看不出我们非得要改弦易辙……"[11] 他用老一套傲慢的斗剑技巧，将自己称作一名律师，就是要奋力一搏，"通过智慧的力量……"[12] 来赢得事业的成功。

240　　然而，这不是一场仅凭诉诸辩论技巧就能取胜的斗争。尽管我们现在知道，开尔文勋爵是错的，但吊诡的是，从 19 世纪物理学的观点看，他是对的。他不为所动，对赫胥黎的躲闪步法不屑一顾。他在格拉斯哥地质学会（the Geological Society of Glasgow）上讲，"这号的修正，对于生物学的思索来说，不能不说是无关紧要的。物理科学所强加给地质时期的时间限制，当然不能证伪物种突变的假说；**但是，它似乎足以证伪突变是通过**

10　年度讲话 Anniversary Address,《伦敦地质学会季刊》*Quarterly Journal of the Geological Society of London*, 1869, Vol. 25, p. xlviii.

11　同上，p. xlviii.

12　同上，p. xxxviii.

'经由自然选择的代际修饰'发生的这个信条。"[13]（斜体是笔者加的——L. E.）赫胥黎是擅长扭来扭去，但也无法完全规避这一点。难怪同时受困于詹金和开尔文两重梦魇的达尔文，会开始朝他年轻时所熟悉的里程碑"习性效应的遗传"倒退，朝着一道阴影重重的边缘地带倒退，在那道阴影里，拉马克的幽灵和他自己祖父的鬼魂徘徊不去。这一回，赫胥黎的虚张声势没有得到他的赏识。1871年，他痛苦而满腹狐疑地写信给华莱士说，"我还没能够消化缩短了的太阳和地球年龄那个基本观念。"[14]

开尔文不依不饶，得寸进尺。"我们在每一个转弯处都发现一些东西……表明［达尔文的］那套哲学毫无价值"，[15] 他在1873年如是说。到了1893年，他愿意跟美国那位克拉伦斯金同流，同意他对地球年岁的估计为大约2400万年。"我没有理由提出差别很大的数值"，[16] 开尔文说。今天，两千万年这点点年岁只够把我们带到哺乳动物时代的前期去。这件事情会给我们一点概念，时间的紧缩如何被强加给了一门科学，那个科学是用来欢庆时间 241
远景的，关于那个远景，很久以前胡顿曾说它"前不见开头，后不见结尾"。大溃败终于开始。地质学不再是早期均变论者心目

13　《大众讲座和演讲》*Polular Lectures and Addresses*，London，1894，Vol. 2，pp. 89–90.

14　James Marchant，《华莱士：通信和回忆录》*Alfred Russel Wallace: Letters and Reminiscences*，New York，1916，pp. 205–206.

15　S. P. Thompson，《威廉·汤姆森传》*The Life of William Thomson*，London，1910，Vol. 2，p. 637.

16　同上，p. 943.

中那样，是"无限时间的科学"了。

　　大多数地质学家尽管偶尔回避问题，表示不满，不反对给自己多要求几百万年的时间，然而却不无勉强地附和了物理学家的说法。索拉斯承认，"就我目前所见，寒武纪系统开始以来的时间长度很可能少于 1700 万年……"[17] 到了 1900 年，他乃意识到，除他以外，"一些杰出的生物学家"也都愿意定下，2600 万年的时间，就能满足进化论者的需要了。[18] 查尔斯·沃尔科特让了一步，说地质时间可以估算为数千万年。[19] 他也陷入了赫胥黎的立场，躲躲闪闪地说，"我从来都没提过生命形态发展速率的事，因那实际上是受到环境制约的。"阿奇博尔德·盖基爵士尽管提出了抗议，说"那个思路有个瑕疵，就是它偏向于那些背离更古老年岁的有力证据的结果"，也不例外，也愿意把时间定在一亿年之谱。他颇为谦逊地坚持说，这个数字，总该让地质学家们满意了；他们的错误嘛，认下就是了。[20]

　　17　W. J. Sollas, "The Age of the Earth 地球的年岁",《自然杂志》Nature, 1895, Vol. 51, p. 543.

　　18　"Evolution Geology 进化地质学",《英国科学促进会报告》Report of the British Association for the Advancement of Science, Bradford, England, 1900, p. 722.

　　19　"Geologic Time; As Indicated by the Sedimentary Rocks of North America 北美沉积岩所表明的地质时间",《美国地质学家》The American Geologist, 1895, Vol. 12, p. 368.

　　20　"Twenty-five Years of Geological Progress in Britain 地质学在英国的进步二十五年",《自然》杂志 Nature, 1895, Vol. 51, p. 369.

2　生物学的撤退

面对地质学家的倒戈，生物学家开始摸索可行的答案。这番摸索颇值得一说，因那是知识界困惑气氛的一部分，那种气氛，一时间造成了反达尔文主义的潮流，同时也刺激了一些研究，最后导致格雷戈尔·孟德尔的再发现。新的潮流没到顶点，达尔文就去世了。他在《物种起源》的第六版里承认，开尔文勋爵对自然选择说提出的反对意见是非常可怕的。

仔细检查《物种起源》第六版，就会看出，书中到处都有整页整页的篇幅，试图应对反对意见，结果，这部煞费苦心的巨著给弄得充满了矛盾。在从前面数版存活下来的那个第十一章里，我们读到这样的话："有某些理由相信，标尺上较高级的有机体，比之较低的有机体改变得更快些。"[21] 这章本是讲"特定形态的缓慢和几乎察觉不出的突变"的。[22] 然后，当我们翻到另一节的时候，我们突然发现一个相反的论述，显然是插进来避开开尔文勋爵那套数学运算的。我们不无惊讶地发现，"在很早的时候，世界的物理条件的改变，比现在发生的改变要来得快，也来得暴烈。这样的改变，会倾向于在当时存在的有机体中引发相应速率

21　Modern Library ed., p. 256.

22　同上，p. 270.

的改变".[23]（斜体是笔者加的——L. E.）对于《物种起源》的最后一次修补，针对开尔文勋爵的也好，针对詹金的也罢，都反映达尔文的理论构架那时候已变得多么摇摇欲坠。他那优雅的妥协造成了一些显著的矛盾。不过，他的著作早成了经典，而这样的偏差大部分已经无人注意，就连他的敌人也把它们忽略过去了。那些为了增援自然选择说而临时召集、即兴加进去的诸多片段，有时候会让人想起拉马克：为了应对一些困难，他也会添上一些附加的假说。

华莱士提出，曾经有那么一些时段，地球的轨道不那么偏心，那就会造成有机界较为稳定的印象。反之，当地球轨道有所改变时，就会引起气候的改变，于是也就增加了演化过程的速率。他认为，这就可以解释有机体改变的更大速率问题，而能够将进化中的主要事件匹配到较短的时间尺度内。[24]

亚当·薛知微，达尔文那位地质学老师的年轻本家，提出了一个说法，他说，自然选择倾向于将物种的变异性减到最小。于是，他推论道，"变异在过去一定比现在巨大……这一观点如能确立，对于我们的进化概念将具有无上重要的意义，因这个理

---

23 上引书，p. 253. 这番说话可以跟达尔文 1856 年对胡克说的话相对照："这一选择力量跟时间直接有关，且在自然状态下作用极慢。"那一天，他直截了当地拒绝了"时间和条件改变可以相互转换"的说法。LLD, Vol. 2, p. 84.

24 A. R. Wallace, "On a Diagram of the Earth's Eccentricity and the Precession of the Equinoxes Illustrating Their Relation to Geological Climate and the Rate of Organic Change 论地球偏心率和春分点进动图，此图说明了它们与地质气候和有机变化速率的关系"，《英国科学促进会报告》 *Report of the British Association for the Advancement of Science*, 1870, p. 89.

论使我们能够将我们对于时间的需要带到物理学家所容许的限度之内。"[25] 薛知微接着说道，"变异在生命的黎明期比现在变异更大，而遗传则相应地成为不甚要紧的事情，这是从自然选择说推出的结论。"[26]

薛知微在这里似乎发展起达尔文论点的另一个变种，达尔文说，进化在生命的黎明期进行得很快。其他人，如劳埃德·摩根，则重复赫胥黎的论调以为安慰，那个论调就是，时间是地质学家的事，而生物学家则会根据需要加以调整。然而，但凡是一个达尔文主义者，就不会长久满意于这样的论法；正如开尔文警告过的，这样的理论将偶然突变和选择置于至为模棱两可的境地。

却说，地质学家也不是完全幸福的。他们愿意承认，过去曾经构建过一个错误的类比，"认为空间的无垠，相应于过去时间的无限"，[27] 然而，以往生命的大量记录和建立在沉积作用之上的时间比例，并没有容易地穿进物理学家的狭小马甲。G. K. 吉尔伯特刻薄地评论道，那些地质学家们"搞起调和来的那股认真劲儿，跟上一代人调整希伯来宇宙起源说里的某些成分以适应地

25　Adam Sedgwick, "Variation and Some Phenomena Connected with Reproduction and Sex 论变异，兼及与繁殖和性有关的若干现象", *Report of the British Assaociation for the Advancement of Science*, Dover, 1899, pp. 773-774.

26　同上，p. 774.

27　C. L. Morgan, "Geological Time 地质时间",《地质学杂志》*Geological Magazine*, 1878, n.s. Vol. 5, p. 155.

质学事实有得一比"。[28] 这里我们得加上一句：正如先前的尝试证明无望一样，到头来，这番努力也是白费。正像能言善辩的赫胥黎所预言的那样，地质时间，不可抗拒地来自于事实。正像他早先说过的，那就像渔夫打开魔瓶跳出来的魔鬼。它"像雾一样，变幻不定，不可方物，然而没错儿，它非常庞大"。到头来，物理学家们尽管用尽力气，也不能把庞然怪物哄进瓶子。它直到今天还在继续扩张。

3 德弗里斯和跳跃式进化

我们已经审查了达尔文时代人们所信奉的混合遗传理念如何将《物种起源》的作者引入困境的：那是因为出了个数字领先的工程师弗莱明·詹金。进而，我们又注意到索尔兹伯里勋爵在19世纪之末提出的非难。我们已经考察过时间问题；伴随这个问题的，还有第二点，总算把达尔文式的进化弄到悬而未决的境地，这一点就是：那个理论没能在细节上证明自然选择。长话短说，这下我们就可以看到，詹金，开尔文勋爵，还有一大群追随者，如何迫使达尔文在有生之年做出了尴尬的退步，这个退步，在某种程度上，让《物种起源》的最终版本蒙受了损害。正如 C. D. 达灵顿语带讥讽地形容的那样，"他大为恐慌，直接跑进了对

28　G. K. Gilbert, "Rhythms and Geologic Time 韵律与地质时间",《科普月刊》*Popular Science Monthly*, 1900, Vol. 57, p. 346.

方的阵营……拉马克转世，变成了达尔文"。[29] 死前两年，达尔文在给华莱士的一封信里坚持说："怎么坚持强调也不嫌絮烦：由一单个变异个体或一单个变异的器官而来的选择是不够的。"[30] 就连他的老搭档华莱士，也在达氏过世 15 年后，在给美多拉教授的信里被迫表态，说自己之沉溺于气候、食物等等在个体身上的遗传效应，"导致了自己观点表述中偶或存在朦胧晦涩和谬误之处"。[31]

进一步追寻，一位杰出而基本是英勇的思想者何以不能自洽，就没有必要了。我们在前面一章里已经看到，达尔文本质上是个过渡性的人物，站在 18 世纪与现代世界之间。他从没有完全摆脱自己年轻时所持的一些拉马克主义观念，不管这些观念是来自莱伊尔，还是来自他那位独立得出结论的祖父，乃至更有可能的是，与双方都有渊源。作为结果，毋庸奇怪，压力当头，他变得游移不定，开始怀疑，自然选择是否包含对于批评者的全部回答。于是，他退回到一些观念，那些观念，他从未完全拒绝过，而是在《物种起源》的第一版里就被容许存留于背景之中，在某种意义上，戴着面具，虽然主要着重点已然放在了自然选择。碰巧了，习性遗传之说，间接地成为时间短促的世界中加速 246

---

29 "Purpose and Particles in the Study of Heredity 遗传学研究的宗旨和要点"，《科学，医药与历史》Science, Medicine and History, edited by E. A. Underwood, Oxford University Press, 1953, Vol. 2, p. 474.

30 James Marchant，《阿尔弗雷德·罗素·华莱士：通信和回忆录》Alfred Russel Wallace; Letters and Reminiscences, New York, 1916, p. 249.

31 同上，p. 322.

演化的绝佳机制。达氏在《人类的由来》中便使用了它。

我们现在必须要关心的不是达尔文，而是年青一代的进化论者。总的来说，他们接受了进化的观点，然而却继承了他们死去导师的另一份精神遗产：他们仍受到他那困惑矛盾境地的压迫。自然选择的相对价值，被比照拉马克主义路径而重新衡量。遗传的本质尚需争论，有机体变迁的速率因事关重大而备受关注。魏斯曼曾经推翻了斯宾塞对于拉马克立场的支持。尽管达尔文曾经游移不定过，但改变，却似乎并不是气候对于种质细胞施加了刺激的结果，而是某种不可思议的改变的产物，或者看来居然是从同一些种质细胞生发出来。这一发展，或多或少将突变从环境影响中分离开来，这使得设想将快速突变的发生完全对应于地球上物理性质和气候变迁变得更不可能。这些因素在某种程度上或许能选择，却不能刺激新变异体的外观。

这就清楚了：19 世纪最后十年的进化科学急需改弦易辙，找到新的出路。陈旧的灾变宇宙论，由于时间尺度短，使得什么也不可能发生，只剩下进步论那些教条。达尔文极其走运，由于莱伊尔开启了推翻进步论的进程，他的假说应运而生。如此说来，达尔文，他的理论需要比之前任何思想者所能预见的更加长久的时间，幸而他在超级均变说（ultra-uniformitarianism）高歌猛进的日子里写下了自己的著作，那时候，时间似乎跟空间一样无垠无限。比方说，莱伊尔曾在 1860 年就海岛动物区系缓慢变化提出疑问时，达尔文就曾大喇喇地回应说，"我们应当……永远记住，若没有习性，或结构，或两者都碰巧在正确方向上发生了变异，任何改变都是不能产生的……而这种事情，在任何具体案例中都需要无限期的长久。"[32]

不难看出，物理学家的苛刻非难，假如提前数年发出声音，或许很足以让达尔文知趣而消声，要么至少会使他拒绝将自然选择用作进化的一个机制。幸运的是——从历史家的立场看来，那就是运气好——这样的事情没有发生；那样的话，以虔诚的开尔文为代表的物理学，很可能就会受到刺激，出于对达尔文的新异端邪说的几分敌意，而去检查地球时间了。即使单从这个方面看，结果也是迷人的。比如说，能够看出，开尔文的信条对达尔文的变化观——基于细微和几乎不可察觉的变异进行的选择——所造成的损失，反倒促使生物学者进行新的寻觅。他们迫切需要某种造成有机体快速形变的机制。在种质不变得到证明之后就尤其如此，因为这样一来，就进一步要依赖于"使用遗传"或类似的拉马克式机制了。

所以，尽管物理学家们起初看起来像是这一章里的黑色野兽（bete noire），又是错了的，然而，他们却间接地刺激了生物学研究，对于新的生物起源学说的产生和世纪之交对于孟德尔的再发现功不可没。不连续的、跳跃式的进化成了均变论唯一明显的替代，而且不久就出现了。大突变（macro-mutations）学说为魏斯曼-达尔文困境提供了出路。为了防止我会做出事后诸葛亮式的解读，我且引用雨果·德弗里斯如下的一段话。德弗里斯

32　LLD, Vol. 2, p. 337.

是 1900 年重新发现孟德尔工作的三位独立研究者之一。这段话或许还有点意思：

"现在我要指出对于物种起源于缓慢和逐步变化的概念反对最力的观点之一了。这个反对意见，是从一开始就针对达尔文提出来的，之后就再也没有衰歇，而且时时对整个起源学说构成威胁。这就是物理学家和天文学家提出的有关地球上生命现象的年岁的研究结果跟起源说所需要的长久时间的不相容性。

"开尔文勋爵和其他人依据地心热力所做的推论，依据钙质沉积层产生的速率，依据海洋里盐的总量，依据其他各种各样来源做出的推论，都指出一点，认为地球表面适合生物生存的年岁只有区区数百万年。最靠谱的估算也就在 2000 万年到 4000 万年之间。然而，持渐变论的进化学者却认为，少到底也需要好几亿年，才能说明整个生命形式的演化，从最原初形式的产生直到人类出现。这个巨大差距一向是怀疑之源，在进化论敌人的手里就是一件武器。……进化的理论需要改造。"[33]

当德弗里斯在美国做巡回演讲中说出这番话的时候，他是被当作达尔文第二来加以欢迎的。这颇出乎年事已高的华莱士的预料，华氏拒绝对新近流行的孟德尔式遗传学表示很多信心。那个学说，在他看来不免有些"异常和可怕的性质"。华莱士对孟 德尔的发现所做的反应并非纯粹是由于年老。其中有*丝丝缕缕*下

---

33 Hugo De Vries, "The Evidence of Evolution 进化的证据", 《科学》杂志 *Science*, 1904, n.s. Vol. no, p. 398.

意识的恐惧。考虑到当时的情势，那种恐惧完全是可以理解的。毕竟，他和达尔文并非一贯正确，他们或许会失去对于后世的说服力。特别是在新起之秀、那个"新达尔文"一时间俘获了大众的想象力的时候，这种恐惧就尤其明显。

1886年，大约在魏斯曼忙着打造他的种质不变理论的时候，荷兰的德弗里斯已经在研究一种美洲植物——夜晚樱草（oenothera lamarckiana）了，那种植物已经逃逸到欧洲，生长到野外。他惊喜地发现，有一株樱草似乎直接生出了一个新种，而这个新种还长得相当充沛。不宁唯是。那种植物似乎每一年都生出来新的类型。如果这个现象能得到证实和确立，那么，一种关于确立新种的宏观突变路径或许就能得到证明。变化的演化速率就能提高，以符合物理学家划定的范围，而达尔文的那套微小变异就可以毫无悬念地加以忽视了。那时候，自然选择就再也不会像《物种起源》初版时候那么重要了。

当然，戏剧性和一次性大量改变的观念并不始自德弗里斯。达尔文本人就认识到那种可能，至少就栽培植物，或家养动物如安康羊（the Ancon sheep）而言便是这样。但是，由于问题是由混合遗传（blending inheritance）概念呈现出来的，所以他就看不出来，除非通过育种家的悉心注意，这样的品种如何能维持久长。《物种起源》第一版发表后没几个月，美国的西奥菲勒斯·帕森斯便已经论及"大有希望的怪物"的可能性，作为创生新种的一个步骤了。帕森斯甚至走得更远。在1860年，那确是一个勇敢之举：他暗示说，最早的人类乃是"结构上与人最相近

250 的类人猿的孩子，由于某种变异的影响，变得有异于他们的祖先了……"[34] 所以，帕森斯的这封通信，预告了科立克 1864 年表述的关于跳跃式进化的类似观点。[35]

然而，直到 1901 年，已经知道孟德尔工作的德弗里斯才开始发表自己的发现。他渐渐相信，突变的状态或许跟有机体更大的稳定期相互交替，这些有机体未必会表现出华莱士这样的达尔文主义者所宣称的那种经常的选择和改变。他的这个结论和孟德尔的重现于关注中心，使得德弗里斯世界闻名。这个现象自有其心理学原因。托马斯·凯斯在《科学》杂志上著文评论道，新理论应能特别对神学家的胃口。他说，"假如我们设想，人类是从什么不可方物的分子变化中突然生发出来的……那就毫无疑问，总有一天，人会变成神；而如果人是像达尔文理论所规定的那样，一步一步从头开始，从大脑以极微小的增量渐次发展而来，那可就极端地没谱了。"[36]

曾有一时，情况似乎是这样：达尔文思想里更加让人反感的方面——它的常常强调斗争，它的机械论，它的功利主义哲

---

34 "A Communication upon Evolution 关于进化的通信"，《美国艺术和科学院论文集》*Proceedings of the Am. Academy of Arts and Sciences*, 1860, Vol. 4, p. 416. 达尔文了解 Pasons 的观点，于同年对 Asa Gray 评论道，他思考过"有利的可怕事件 monstrosities"在进化中起到作用的可能性，"那将极其给力"，"但是我没提这事，因为，冥思苦想之后，我从中没有找到任何令我满意的东西，能说明可能发生这些事情"。LLD, Vol. 2, p. 333.

35 Von Kolliker 等跳跃式进化的早期倡言者对此题的讨论，见 Philop Fothergill 所著的《有机体进化的历史回顾》*Historical Aspects of Organic Evolution*, Hollis and Carter, London, 1952, p. 172ff.

36 "The Mutation Theory 突变论"，《科学》杂志 *Science*, 1905, n.s. Vol. 22, p. 309.

学，等等这些，对许多人来说，似乎像维多利亚时代的工厂那样声名狼藉——会在孟德尔式的新发现的光亮下烟消云散，尤其 251 会在德弗里斯所论述的突变型改变的影响下烟消云散。他的工作含有一种幻觉，让人觉得，即使人类的进化似乎也会更优雅、更快速地往前推行，而不是像在萦绕达尔文式思维的"牙齿和爪子"哲学中那样缓慢前进。然后，突然间，这个大梦，这番大众热情，悄然结束了。

德弗里斯，曾几何时，拥有了无与伦比的人气，以至于被弄到美国，去做个人讲演，讲他自己的理论，而今，却沦落到在关于遗传学的概论式著作的目录里都找不到他的名字。这不是德弗里斯的错。他是个诚实的科学家。相反，这就是所谓的造化弄人。这个汲汲于从一朵小花里看到创世之手的人，这个手握"一个新物种，那是被认为亲身见证了新生命形式产生过程"的人，那个曾经能够说出"物种起源不再被认为是超出吾人经验之外"的人，只不过是做了一件植物杂交的作业，那一过程的遗传机制，因染色体数目的不对等，于是就有着崩溃的趋势。用两位当代遗传学家的话说就是："因此，月见草属（Oenothera）的突变体，不外乎是它特有的杂种性质的征象，这在进化上没有半点意义。"[37] 喝彩声早已消歇了。甚至早在 1907 年，弗农·凯洛格就认为他当得如此评论："缺乏……关于新物种通过自然界发生的

---

[37] C. D. Darlington and K. Mather,《遗传的原理》*The Elements of Genetics*, London, 1949, p. 263.

第九章 达尔文与物理学家   283

突变而起源的新的观察数据，那是很要命的。我相信，对于突变理论令人奇怪的快速而广泛地从部分到全体的接受……不久将会发生反动。"当然，凯洛格所谓的"突变理论"，指的就是今天我们会称之为的大突变或宏观突变。

话说回头，别忘了，德弗里斯像许多别人一样，曾站过科学热潮的潮头。忘记这一点是很糟糕的。他探寻过别人认为是既定事实的东西，尽管从中只是找到一个幻影，然而，像之前的孟德尔一样，在探寻过程中，却有贡献于人类智慧的积累，而当他的名字和记忆从教科书里消失殆尽之后，这个智慧仍可以为人所用。毫无疑问，通过对大突变，也就是宏观突变，而不是达尔文主义者那种微小的"波动式"变异所做的戏剧化，德弗里斯如此强调了进化过程的非连续性，从而通过新的研究推动了问题的澄清。另外，他的瞬息万变、万花筒式进化，转移了人们的注意力，让人们从关注成年有机体世界的自然选择，转变到关注在卵细胞和精细胞内起作用的种种过程。细胞学渐成独立学科，而对于自然选择的过度强调则渐渐衰歇。至今仍有人记得，贝特森所描述的那个人烟稀少的乌有之乡，曾经在这个世纪的前五年里充当着遗传学的领地。德弗里斯仅仅通过这番强调，就当真做了引人注目的工作。正如贝特森所言，要在育种苗床，在家禽养殖场，在万物生长的大自然里，才能找到变异，并检验其性质。[38]

38　William Bateson, "Heredity and Evolution 遗传于进化",《科普月刊》*Popular Science Monthly*, 1904, Vol. 65, p. 525.

在这些场所，就有德弗里斯的身影。他属于极少数那样的理论进化论者之一，他们在唐恩老屋老一代鸽子迷死完之后，并没有把自己拘在书斋里。

4　时间与放射性

现在，我们已经看到，来自物理学领域的微妙、尽管是错误的压力对于生物学施加了何等间接的影响了。这些压力，从《物种起源》初出版之时就给达尔文增加了不快，也促使他摸索着向拉马克的学说退步。尽管如此，仍有几位地质学者对物理学家保留了怀疑。F. R. 莫尔顿就是其中之一。他对"太阳热力萎缩 253 论足以给那个星体所放射的能量提供必要的持续时间"的说法将信将疑。最后，他于 1899 年指出，可以想见，某种未知的原子能量可能包含着个中奥秘。[39] 他的话不啻一番预言，这个预言不到十年之期就完全实现了。1903 年，保罗·居里和拉博德证明，镭对其周围环境保持着稳定的温度。结果一出，地质学和天文学很快就领会到新发现的原子能的重要意义。开尔文关于太阳好比煤堆，迅速萎缩以至死灭的观念一扫而空；他关于世界时间的严苛计算变得毫无意义了。就连这里，在地球上，岩石中的铀含量就异常丰沛，使得残余热力耗散的信条顿时失去意义。地球

39　A. C. Gifford, "The Origin of the Solar System 太阳系的起源",《知识》杂志 Scientia, 1932, Vol. 52, p. 154.

年龄门户洞开，可以大大延长了——延长到足以让达尔文大喜若惊。物理学家的长期霸业就此结束；即将到来的冰冷世界原来只是个幽灵。现在，人们看到的不是一个正在因地火熄灭而冷却和萎缩的地球，而是一个相对于人类年龄而言差不多可以说永远年轻的行星，不妨以火山爆发的方式挥霍其过剩的热力，无穷无尽活力不减的泉流让地球随处都是绿野，而泉水的热源则隐藏在原子的内核中。虽然在我们的时代原子能成了恐怖的工具，但是总有那么一天，人们会记起来：放射性的消息最初来到我们中间，却是那样的一个福音：19 世纪科学中深度的机械论已告灰飞烟灭；随之而来的是，我们可以仰起头来，面迎太阳，带着对它的新的信心和理解。

我们非得设想，人有个原初形态，就像家养动物
有原初形态一样，只是已经消失了吗？

——克里斯蒂安·路德维希，1796

1　人的进化

人与周围自然界到底什么关系，哲学家已经争论了许多年月了。1859 年，"科学"有了发现：人是畜生，尽管是非常不同的畜生。科学是通过间接的推论得出这个结论的。普遍认为，人们为求得一个关于有机体变迁的满意解释，一向进行着长期的、纠结的，多少有点零零星星的努力，而 1859 年，这样的努力是达到顶点了。那一年，查尔斯·达尔文发表了他的《物种起源》，在那本书里，关于人的演化，他只有胆量写下了孤零零的、小心翼翼的一句话："这，"他在那样一本具有划时代意义的巨著的结论里，闪烁其词地暗示道，"或可给人的起源和他的历史，投下

光亮。"只是到了日后的版本中，他才斗胆在"光亮"这个词的前面，加了一个形容词："许多"。关于那个时代的神学气氛给学术研究造成多大压迫，没有比达尔文对华莱士的提问做出的回应更能说明问题了。那是在《物种起源》出版之前，华莱士问达尔文是否有意讨论人的起源。达尔文答曰："我想我将回避那整个话题，因它完全被偏见包围着。但我完全承认，对一个博物学者，那确是最高的也是最有意思的问题。"[1] 关于同一个话题，他对詹尼斯坦承："说到人，我雅不欲将自己的信念强加于人；然而，完全隐瞒自己观点，我认为是不诚实的。"[2]

话虽如此，在出书之后引起的一阵喧闹声中，达尔文仍难免欺人之讥：他毕竟没有详述人在自己体系中的地位。或许，部分是为了间接地回答这样的责难，他于1871年出版了《人类的由来》。那时候，他的地位已趋稳固，他的理论也已经不那么新奇而与众相忤了。笔者认为，考虑到当时英国的情势，达尔文的审慎无疑是有道理的；那个话题是一个令人讨厌的庞然大物；对那个庞然大物，就得一点一点地小剂量喂药，让它慢慢消化吸收，而不是像莱伊尔常说的那样，"一剂猛药毕其功"。

令历史家颇感兴趣的是，达尔文径自提出他的理论，并将它延伸到人，而他并没有拿到哪怕一单个类人化石作证据；假如他有，再以他的理论为根基，他本应该令人满意地说明白，人如

1　LLD, Vol. 2, p. 109.

2　同上，p. 263.

何大有可能跟类人的灵长类世界相联系。然而，可怪的是，那时候，至少有两个早期人类化石已被发现，而其中之一，尼安德特人的头骨，其研究论文则已经发表了。思想史家本应该非常注意 19 世纪末叶的那些讨论，以便在进化论开始传布的时候就能够观察它的效应：最初的古生物学发现，如何影响了时人的思想——倒不必是大众的思想，因大众的思想往往会让这些发现的价值打折扣；这里只说那些学者和专家们，他们可是正在掂量着关于动物演化乃至人类演化的信念，甚至有些人已经对之深信不疑。²⁵⁷

我们这代人早已经接受了这种信念，这我们是知道的；进化论成了我们所有生物学课题研究的指导性母题。但是，在科学史上，没有哪个时段，能像这次一样，给人提供这么好的机会，让人得以窥见即使受过教育的大脑是怎样运作的：这就是探索，各种动因如何风云际会，全都围绕着那个最初人类化石的科学考察。课题深深触动人的情感，也容易成比例地遭到扭曲。占统治地位的政治偏见，种族和宗教的习俗习惯，全都加进了这场知识的发酵；这场发酵侵入沉着稳重的国会，在清醒冷静的科学宣言中也会猛不丁窜出来。

我就这个题目说这些话，不是张扬什么批判精神，也不是把我们的科学先驱架在火上烤，让他们出丑。我是要让大家看看，人发现自己是头畜生的时候，曾有多少怀疑，多少退却，多少犹豫，还有多少可以说可怕的迷狂。我真心认为，人类知识的发展史中，没有哪一幕比这更伟大；在漫长的科学史中，由人做

出的姿态，没有哪一次比这下子更像人，从前没有，今后也不会有。神奇的不是从洞穴和河床乱石中发现的那些骨头，如何被人带着惊慌和怀疑认出，原来那就是过去的半个世界的存在；神奇的是，考虑到人的自我（the human ego）的性质，恰好发生在我们刚好能够认出它们的那个情势下；或者说，从这些吓人的造物中，看出了我们遗忘已久的祖先，他们怀抱着我们的种子，穿越了冰河时代和无边寂寞，直到这个星球长夜的黑暗中第一个城市闪现出人家灯光。

　　这个认识不是一朝来到的，哪怕有个达尔文照亮了道路。当这个认识当真到来的时候，那些摇摇摆摆的鬼怪幽灵，脸上戴着由科学家群体自己心里的投影幻象给戴上的面具。它们没有被看清，没有被很好地理解，最要紧的，它们的数目少得可怜。下面的描述限于从 19 世纪就大大有名的两具人类化石。一个是尼安德特人。起这个名字，是要拐弯抹角地挖苦一个早被遗忘的诗人。另一个是爪哇直立猿人（Pithecanthropus），用 19 世纪的话语说，他可真够算得上一个缺失的链环，足够说服那些持怀疑态度的人。在他之前的那位来自尼安德河谷的同行可没有他这份成功。不过，两个化石形式一起，几乎就填满了 50 年的人类起源研究史。用马克斯·穆勒的话说，"许多研究者认为，头骨，作为大脑的外壳，它应当透露一些关于人类精神本质的消息……"[3]这两颗头骨，打从它们被从山洞里和河床上捣鼓出来那天起，全

3　F. Max Müller，《自然》杂志 Nature，1891，Vol. 44，p. 430.

世界的眼睛就以可怕的着迷聚焦在它们身上。在那之前，人大概从来没有那样在长时间的悬念中等待在希望与恐惧的交织里；他的根本信念——"自己在动物世界中独一无二"的信念，终于要被摇动了。

然而，最初的研究结果却有几分讽刺，因人们从那些骨头中读出了含混。不宁唯是。达尔文之前的、18世纪的思想，注定要在很大程度上塑形19世纪思维。在世界的遥远边缘到处漫游的英国佬，很快就会在树林里看到笨拙的半人类。胳臂修长，两腿外弯，这些梦魇中动物实际就是从那些启蒙哲学家和达尔文主义者书橱里直接发出的投影。直到今天，还有一些残余分子会在喜马拉雅山区的雪野中出没，要么就猛地出来，惊吓到马来亚的种植园主。走出这种种想法念头之迷魂阵的钥匙，是挑选出一条思想流，它从18世纪流来，到了19世纪乃与达尔文主义汇合。所以，在检查最初的真正人类化石之前，或许应该搞清楚我们的维多利亚前驱们带着怎样的先入之见，开启了他们的考古学 259 研究，更确切地说，他们期待看见什么。

2　猿类与霍屯督人

表面上看，在达尔文埋头著书期间，越来越多的考古发现好像迫使人承认人类的古老年岁，并引起了人们的兴趣；在《物种起源》出版后，这种兴趣干脆与进化之说交汇同流了。这诚然不错，但还有一个更深层的思想暗流，于不知觉中从18世纪占统治地位的哲学信条流来，这就是前达尔文时期在自然标尺观的古老氛围气中兴盛一时的关于缺失链环的观念。拉夫乔伊教授写道："仅次于'自然'这个词的，是'万物大链条 the Great Chain of Being'这个字串。它是 18 世纪的神圣咒语，所起的作用，跟 19 世纪后期那个神词'进化论'有得一拼。"

让我们引用艾迪生的话语来刷新自己的记忆吧，他说："从植物到人，乃是自然界的整个大裂谷；它由许多种类的生物填满着，顺着缓坡，层层往上，一个比一个高；从一物种到另一物种的那点转换和歧异，几乎是感觉不到的。"[4] 我们已经看到，这个有机物之链，并不是进化之链，而是开天辟地之顷一下子造作出来的。万物各居其所，不作越位之想，至少应该是这样。然而，必须注意下述事实：这个广为流传的生物-神学信条首先让人习惯了这一观念——一个生命形式不知不觉间转变为标尺上的下一个形式，于是，用当时一位作家的话说，就是"人由于自己的本性，因而也就由于整个自然万物的造作者的设计，与整个动物部族相联系；他跟其中的一些族类联系如此近密，于是，他的智力官能与它们的智力官能之间那点距离……在许多情况下，看上去就微不足道了；甚至于还可能看上去更小些，如果我们有那个手段，能像观察它们的行为那样察知它们的动机"。[5]

其次，这一令人气馁的想法还有另一个必然结果：它引起

---

4 《旁观者》杂志 The Spectator, No. 519.

5 H. Bolingbroke, 转引自 Lovejoy, 上引书, p. 196.

292   达尔文的世纪

了对于那些动物的高度兴趣，比如对大型猿类；它们看上去非常像人。进一步讲，连续律（law of continuity）意味着，"在人这个物种中，可能存在很多个智力等次"。[6] 大多数 18 世纪思想家尽管没有设想到，在人和他最近密的灵长类亲族之间真的有什么血缘关系，但他们可是极其明白地认识到，大型猿类跟人，在存在标尺上位次是很近的。不仅如此，当"稀奇古怪、鲜为人知的猿类实际就是人"这团混乱的乌云开始消散时，代之而起的是，或至少加强了，对于一些生灵的寻找，这些生灵，尽管有语言能说话，却示例着存在标尺上人猿之间那难以觉察的转变。正当此时，遥远世界的原始文化被发现了；西方人日愈知晓了自己的社会与那些遥远的、在自己高度发达的眼睛看来毫无疑问是愚昧野蛮的种族的社会之间，乃隔着多么巨大的鸿沟。

通过 17 世纪末期和整个 18 世纪航海家那些零散的记载，我们能看到关于好望角霍屯督人的许多描述。他们的低级文化状态和他们言语中的别致语音，那些"像猿类伊里哇啦般混杂不清的野兽叫声"，[7] 引起了人们关于它们在自然标尺上究竟占何位置 261 的巨大兴趣。所以，发现"野蛮的霍屯督人"比猿类高不了多少，而美洲印第安人也没有逃过类似的注意，[8] 也就不足为怪了。

6　Lovejoy，上引书，p. 197.

7　R. W. Frantz，"Swift's Yahoos and the Voyagers 斯威夫特的野人与航海家"，《现代语言学》*Modern Philology*，1931，Vol. 29，p. 55. 亦见 Lovejoy，p. 234.

8　L. C. Rosenfield，《从动物这个机器到人这个机器》*From Beast Machine to Man Machine*，New York，1940，pp. 196，204.

然而，更有意思的是，人们发现，在存在标尺早就销声匿迹，不被当作严肃哲学概念之后，还是这个"野蛮的霍屯督人"，依然在 19 世纪学者心目中占据着由来已久的地位。达尔文在《物种起源》问世那年写给莱伊尔爵士的信中小心保守地提出："在脊椎动物的智力中有极细的等级划分，而在比如霍屯督人和猩猩之间……则存在甚大差距……即使在心理开化程度上，两者的差距比得上狗和狼。"[9]

不过，我们没必要把自己的眼光局限于霍屯督人。到了 1864 年，[10] 法国人类学家普歇就已经在严肃地面对进化论所提出的新信条的涵义了。他劝告他的读者说，"不要老让我们自己待在台上了；让我们勇敢地顺着人类阶梯往下走吧。"

"低等人的例子是不缺的，他们的地位被放得很低，很自然似乎更像猿类的部族。这些人种，比我们更接近自然状态，理应受到人类学家密切的注意……如果我们能证明，某些种族一点不比某些动物聪明，那么，人类作为一个物种的统一性又在哪里？"

普歇接下去描述澳大利亚土人是"活在一种道德的残忍之中"，他们活下来，全靠"一种高度发展的、在觅食方面的本能，而食物永远是难觅的……"

262　　然而，早先没有接触《物种起源》，还没有受到达尔文学说

9　LLD, Vol. 2, p. 211.

10　《人类种族多样论》*The Plurality of the Human Race*, London, 1864, p. 15.

污染的时候，亨利·皮丁顿写过一篇亲历记，1855 年[11] 刊登在《孟加拉亚洲协会会刊》（The *Journal of the Asiatic Society of Bengal*）上，实际说的是 1824 年发生的事情。

他肯定地写道："关于印度大陆的三个地点，有一个不争的事实是……现有的野蛮部族，其土名把他们比作猩猩，而据我所知，我能证明他们就是那样；因为在幽暗的树林里，我看到的一个，也会让人把猩猩当作人。"皮丁顿先生继续回忆道："他个子矮小，鼻子扁平，袋状的褶皱成半圆围绕着嘴角和面颊；双臂不成比例地长，通体毛发是带点铁锈色的黑色，部分毛发发红。总的来说，假若他蜷伏在黑暗的角落或蜷伏在树上，他可能会被错认为大个儿的猩猩。"

日内瓦学者卡尔·沃格特的描述更带有解剖学般的确切："较为低等的族群下垂的肚子……显示他近似猿类。小腿短，大腿扁平，臀部带尖角，上臂瘦削……"[12] 在特别关注那个黑人青春期的变化之后，他带着阴郁沮丧的洞见评论道：

"描述类人猿就意味着重复上述的话。在类人猿身上也是，在第二次出齿之前，它的头骨很像人，脑部拱起，下颌略为突出。从此以后，脑部头骨维持不变，内容量毫无增大……幼小的

11　"Memorandum on an Unknown Forest Race 关于未知树林种族的备忘录"，1855, Vol. 24, pp. 207–210. 亦见 "Krao, the So-called Missing Link 克劳人——所谓的缺失链环"，作者 J. P. Harrison，《不列颠科学促进会报告》*Report of the British Association for the Advancement of Science*, 1883, p. 575.

12　Vogt，《论人演讲集》*Lectures on Man*, London, 1864, p.128.

263 猩猩和黑猩猩性情温和可亲，聪明懂事，善于学习，变形之后，它们就成为性情倔强的野兽，没有能力变好。

"黑人也是这样……"[13]

不过，他并不满足于着力显示，黑人的脚"……一定会变成手"，而且"很少站的很直"；沃格特终于引入了一番极端言论，那番话无形中泄露了、也反映了西方社会的男性优越态度。简言之，他得出结论说，"我们可以确定，不管在什么处所，只要察觉到有什么族类接近动物类型，雌性总比雄性近之；所以，以雌性为标准，就应能发现更多类人猿特征。"[14]

在新订了这个次级自然标尺之后，又出了一种不那么厌恶人类的观察，其中就有 1862 年罗伯特·邓恩在不列颠科学促进会的一番陈词："美洲的印第安人太危险，不能在社交中得到白人的信任；也太迟钝、不听话，不值得强迫役使。"[15] 这样的言论，尽管对高加索上等人的意图直言不讳，也不过是微不足道的虎头蛇尾。然而，他的确有所斩获：他用寥寥数语，就确立了白人种族发展的清晰层级之说。据报道，他那番演讲的结论部分是这样的：

13　上引书，p. 191.

14　同上，p. 180.

15　Robert Dunn, "Some Observations on the Psychological Differences Which Exist Among the Typical Races of Man 现存人种某些心理差异的观察"，《不列颠科学促进会报告》 Report of the British Association for the Advancement of Science, 1862, pp. 144–146. 实际上，这一观点来自 J. C. Prichard.

"他说，人们一直坚持认为，人类诸多种族的主要特征，只是代表了最高人种或者说高加索人的发展；黑人终生呈现出不圆满的眉弓，突出的下巴，和高加索胎儿出生之前很早时候那样微弯的四肢；美洲土人代表着同一个婴儿临近产期的形状；蒙古人则代表同一个婴儿的新生儿形状。" 264

上述言论来自多种资料，数量是要多少有多少。从这些言论可以明白看出，在明确承认人类化石之前很久，在西欧人的头脑中早就有了种族等级的观念，还有一个等级概念，从最高等的人一路往下，直到猿类。另外，人这个物种里文化较低的成员越来越被看作能够提供机会，让吾人得以"窥见人的皮囊下面包藏的猿类本性"。这些人被看作文化上和体格上的活化石；实际上很明显，在两者之间缺乏明确的划分。

在启蒙的世纪里，对于那些"高贵的野人"曾有一种哲学上的钦慕，至少在某些圈子里是这样。在18世纪的法国，"进步"这个理念曾经意味着人类吸收学问的能力。然而在这里，在19世纪的英国，早先的自然标尺，现在却被奉持西方标准的人们根据其文化成就划分活人等级。革命时期法国思想者所抱持的"进步"理念，有些方面本来大有发展的希望，这时却成了过时的敝屣。相反，一种直线发展的生物学，至少就人类发展而言，统治了大英帝国。土著人不能够成就高等的文化。维多利亚时代的哲学家们一本正经地以几十种形式重复着同一个故事："蒙古人和黑人不过是人形的爬虫，他们在很久以前……达到了发展的顶峰，而今却成了道德的化石。"[16]

达尔文，在俯视着火地岛土著人的时候，曾被野人跟文明人之间的鸿沟惊讶得张大嘴巴；然而不得不就他的超级观察力说 265 句公道话：当时不过才 24 岁的他，眼看着费茨罗伊船长的几个人质返回各自的部落。他评论道：

"将我们的几个火地人留在那里，跟自己的蛮族乡亲待在一起，实在是令人悲伤……跟常见的一些说法相反，3 年时光，已足以把野蛮人转变成完全的、自觉自愿的欧洲人了；至少从行为习惯上讲是这样的。"[17]

他描述了杰米钮儿，讲到贝格尔号开往大海时，钮儿如何燃起信火，跟他的白人朋友做最后的道别，那段文字，包含着伟大文学作品才有的悲怆。只是到了后来的年月，达氏夙夕念兹在兹的是自然选择，孜孜于解释人类之兴起，这个大题目沉重地压在心里，他才把早年的公案抛诸脑后，而谈起了霍屯督人和什么猩猩。查尔斯·达尔文在跟印第安船友告别的时候，几乎已预见到文化的问题了。或许，在那样一个知识界困惑变乱的年代，期望某人单枪匹马，就能解决人类奥秘的两面，或者说分清楚哪是生物的，哪是文化的，未免是强人所难了。然而，当他年轻时，在那一天，汹涌而来的人类情感，让他几乎做到了这一点。暗夜

---

16 《星河》杂志 The Galaxy, 1867, Vol, 4, p. 1881. 亦见 W. B. Carpenter, 《自然与人》 Nature and Man, New York, 1889, pp. 406-407.

17 D, p. 136.

中海岬山头那炷火苗，直到今天，还多少在刺痛着吾人的眼眸，而杰米钮儿被人遗忘的忧伤眼神则永远在责难着那些学人，责难他们坚持将无人知晓而久已逝去的猿猴的阴影，投射到活人的身上。不仅如此。就连那匹祖宗猿的形象都是幻想出来的。长臂，曲腿，下垂的肚子，半直立的姿势，不过是根据今天的猿类想象出来的。对于这号的想头，现代古生物学并没给予多少支持，而对于"现存种族乃依次出现且代表着一系列'缺失链环'，'心理方面冻结在人类过去的不同阶段'"那个观念，是半点儿也没有提供支持。

3 头小畸形

上述我们回顾过的部分材料中，人似乎已经相当程度地弥平了自己跟类人猿之间智力上的鸿沟，于是他很少会意识到，在进化上升的链条中有一个断裂点。然而，实际上我们不应该忘记，我们是在检讨一些乱成一团的意见，其中，学者们并不总是跟自己的某些极端提法保持一致；他们也并不坚持一贯的观点。宗教心较重的人和那些头脑较清醒的人继续保持着薛知微 1831年在伦敦地质学会会长就职演说里表达的观点，那正是年轻的达尔文开始其难忘航程的时候。薛氏的讲话是关于对查尔斯·莱伊尔爵士均变论假说的攻击的。讲话中他称人的出现是"一场极其重要的地质事件……它打断了任何关于地质连续性的设想，是我们有任何权利称之为自然规律的东西所绝对无法解释的"。[18]

　　当然，很明显，只要像这样把人看作是大自然的"外来者"，一个独特的存在，跟过去任何时段都没有关系，仅仅与最近的过去联系在一起，那么，人就对任何科学解释的意图构成着挑战；不但他自己的起源，就连他周围的自然界的起源都无法解释。只有通过满意地确立人类发展的连续性，并确立他跟最接近的灵长类亲族的关系，才有可能摆脱当时仍然萦绕在英国上空的超自然主义迷雾。除非这个奇怪的新出现物——人——的本质得到更充分的确认，就连地质学较为世俗的方面都不会完全摆脱这样的气氛。

　　下面一节，我在这里略述一下，还不是没有意思的吧，那就是，这个任务的执行有多么不情愿：直到 1863 年，查尔斯·莱伊尔爵士，他的地质学说构成了《物种起源》的全部基础，而他这个人也是达尔文终生的朋友和知己，当时犹在悬想，在人这个案例中，自己是不是没有"一举扫清那个分隔开两类动物的空间，一端是那个顽固不进步的较低等动物当其处于智力的最高阶段之时，另一端是第一个和最低一个能够提升推理能力的生命形式，由人作其代表"。达尔文，在《人的古老性》一书里读到这段评论（p.505）时，挖苦地评论说，这句话"让我不禁叹

　　18　J. W. Gregory, "Problems of Geology Contemporary with the British Association 不列颠学会时代的地质学问题",《不列颠科学促进会报告》Report of the British Association for the Advancement of Science, 1931, p. 53.

息"。[19]

当人们检视进化论领军人物那些更为谨慎的说辞时，清楚的是，尽管有倾向将现存人类安排成阶级序列，或者在尚未搜寻过的非洲丛林或远东丛林中辨别出更低等的中间过渡型在倏忽来去，现存人类与动物世界之间的鸿沟依然是困惑之源。这些人在表达一个希望：现存猿类可能最终被发现在脑容量上接近人的水平。比如，沃格特就坦承，"在这样的事实阙如的情况下，要形成结论是愚蠢的。"[20] 他如下的一番话则显示，那班进化论者的希望在不同程度上转向了化石记录："不过，也许存在中间形式，只不过随着时间的流逝，已经灭绝了。"[21] 沃格特觉得很应该给这句话加着重号。但他不是那种因缺少必要的化石就踯足不前的人。相反，他炮制出一套理论，成功地呼唤了国际的注意；那个理论现在或许没人理会了，当时却实在是极有创见的。

面对"黑人与猿类之间那道现存鸿沟"，沃格特英勇无畏，他转向了土著人。他辩称，当现存形式塌台的时候，我们有权利

19　LLD, Vol. 3, p. 12. 欲知莱伊尔对此题的犹疑态度，还需参看 1859 年 1 月 25 日赫胥黎致莱伊尔的信，是回复莱伊尔氏来信的，但该信已佚。赫在信中写道："阁下来信中言及吾人定能在霍克斯山谷地带 the Hocks 找到介于人类和猴子之间的化石形式一事……鄙人诚未见其根据之坚确有力也。吾人何由得知人类非一成不变之类型者？"（LLH, Vol. 1, p. 251.）彼时赫胥黎氏似乎倾向于认为，在人类案例上，甚久远以前，或有发生过大突变级别变化之可能。此假说殆与莱伊尔氏于 1863 年公开发表之观点甚为类似。因此言系写给莱伊尔氏的，故笔者颇疑其对莱伊尔氏有所影响。赫氏此论亦显示，此前不久他所抛弃之非进步主义观点对他仍有藕断丝连之影响。

20　上引书, p. 194.

21　同上, p. 194.

诉诸病理学。"我毫不犹豫地赞同……头小畸形和先天性白痴完美提供了学者们所孜孜以求的自人到猿系列……"[22] 由于人从较低等灵长类的进化发展似乎无可避免地要求脑容量增加，更加符合逻辑的事情，显然是一个现代的头小畸形白痴，"他的异常情形，代表着一个中间过渡形式，那在某个遥远的时期或许就是常态。这个幽囚期……就是类人猿阶段"。这样一个"当下这届创造中的幽囚畸形，"沃格特辩称，"填补了一个在这届创造中的正常形态间不可跨越的空白，但未来的发现或可以实现这一跨越。"[23]

换言之，沃格特采取了返祖退步观点，他举出好几个例子来辩称，他的头小畸形，恰好构成这种在人类谱系上朝向祖先的倒退。他观察到，"他的两臂，似乎不成比例的长，两腿则短而少力。头是猿类的头"。[24] 尽管偶尔在牙齿和下巴方面遇到障碍，他仍断言，就头骨而言，但凡是个博物家，如果找见这样一份化石标本，都会"立即宣告，那就是一个猿类的头颅"。[25] 经过一番269 深思熟虑，他把黑人的头骨，白痴的头骨和一个黑猩猩的头骨排放在一起，以便显示，白痴"在所有方面都处于两者之间的中间位置"。[26]

---

22 上引书，pp. 194−195.

23 同上，pp. 462−463.

24 同上，p. 195.

25 同上，pp. 198−199.

26 同上，p. 198.

达尔文主义者们一边孜孜于观察进化路径的蛛丝马迹，一边大搞育种实验，导致了对他们所谓"返祖现象 atavisms"或"隔代遗传 reversions"观念的巨大兴趣，那意思是说，通过精心培育，某个标准形态偶尔会显示出一种倾向，能产生出酷肖较久远祖先的后裔。由于达尔文主义者对遗传机制没有清楚的理解，这些神神秘秘的片断被奉若神明。[27] 达尔文本人就曾评论说，他认为，"隔代遗传——这个将丢失已久的特性唤回的力量——乃是遗传现象中最为神奇的特性"。杰克·伦敦在小说《亚当以前》（*Before Adam*）中塑造了一个凶猛可怕的返祖动物"红眼"，那就是 20 世纪通俗文学中返祖现象的有趣例子。今天，大多数所谓的返祖现象都可以用孟德尔原理得到解释，那就是多种型式基因分离和重组，或发育速率改变，甚或是基因系统中直接突变的结果。

所以，沃格特的那些大脑发育停滞的案例，当然不能被看作是人类长期历史中出现的缺失阶段，因它们没有显出多少跟近期发现的人科动物化石的相似性。然而，19 世纪 60 年代，沃格特的思想却被严肃地接受了，而达尔文则在《人类的由来》（1871）中给予了注意。此外，赫胥黎也评论道，就连尼安德特人的头骨，或许都是一个偶然性的返祖案例，尽管他觉得，宽敞的脑容量，意味着"这个头骨所指示的类猿倾向，并没有延伸到

27　M. F. Ashley Montagu, "The Concept of Atavism 隔代遗传的概念", 《科学》杂志 *Science*, 1938, Vol. 87, pp. 462–463.

组织的深处……"[28]

　　时不时地，就会有论调反对人类进化理论，理由是，假如
270 人真的是从别种动物进化而来，那么他并没有表现出本应该表现
的那种"返祖现象"。我们发现，达尔文在1872年还曾认真地对
这种批评给予了反应，他说："我并不认为在人身上没有表现出
结构性返祖现象这件事就有那么重要。卡尔·沃格特的确认为，
头小畸形白痴［的存在］就是一个返祖案例。"[29] 事情至此，我们
或能看到，只要认真抱有"头小畸形乃是'缺失链环'"这一假
说，那么，有些作者提出的非难，反对说最早的人类化石不过代
表了一类白痴，他们显示颅骨缝不成熟骨性结合（premature
synostosis of the cranial sutures）实际上就什么也证明不了。沃
格特观点的追随者完全可以如此回应说："诚然，可是，这就是
我们一直在谈论的事情啊。现代白痴就是肖似过去特定的一个人
类机体水平嘛。现在你终于发现了那个过去水平的真正线索
了。"于是，那些以这样的方式谈论尼安德特人或爪哇直立猿人
的人们，只要事关这些标本的真正性质，实际上都不过是在循环
论证（begging the question）。考虑到沃格特及其追随者们所处
的先入之见心智氛围，完全有可能把一个人的颅盖既当成一枚真
正人科动物化石，同时又在细节上像是一个现代白痴的头盖骨。

_____

　　28　T. H. Huxley，《人在自然界的位置之证据》*Evidence as to Man's Place in Nature*，London，
1863，p. 137.

　　29　LLD, Vol. 3, p. 163.

看到这些，也见识过从相信活的正常链环慢慢转变成一个观念：活着的头小畸形在某些方面代表着现已不存的过去的正常形态，那么，就让我们转向下剩的最好选择。考古学家在达尔文时期一直很忙。或许他们能从地下挖出证据来。我们就来看看他们的证据是怎样被接受的。

4　顺着梯子下到过去

　　直到 1832 年居维叶去世之时，还没有任何灵长类动物的残骸从含有化石的沉积层被发现而为人所知。那位伟大的法国生物学家到死都怀抱着一个毫不动摇的信念，那就是：人来到世界上，不会比一般估计的 6000 年早多久，而下等的猴类动物历史或许比人类长，但也长不了多少。过了没几年，1836 年，他的同乡，爱德华·拉尔泰，就在法国南部小镇索桑（Sausan）附近的第三纪中新世沉积层里发掘到第一个类人猿化石。随后紧跟着，福尔科纳和考特利在西瓦里克（Siwalik）的两处发现见诸报道。

　　至少在人的类人猿亲族这件事上，居维叶的理论被打开了缺口。这在许多方面引起恐慌，因为，古老灵长类动物的出土，使得一件事情很快就变得明朗：人类化石的发现前景看好。即使大名下居维叶的权威教条也挡不住汹涌的潮流了。用伊西多尔·若弗鲁瓦·圣伊莱尔的话说就是："问题很快就会得到肯定的答复。已经有了足够多实际案例，假如问题仅限于任何别的动物，那就会被认为是毋庸置疑的。"[30]

19 世纪 40 年代，布歇·德佩尔特斯披露，索姆河（the Somme）谷地沿线存在古代人工制品。有趣的是，我们注意到，达尔文数年后承认自己早就读过德佩尔特斯的著作。尽管时间节点完全正当达氏创立他的进化理论之时，他还是谦卑地承认："我……看着［德佩尔特斯的］书……惭愧地想：我竟然遽下结论，认为整个事情一钱不值。然而，他对人类所做的事情，堪比阿加西就冰川所做的。"[31] 直到 1859 年《物种起源》发表时，德佩尔特斯的努力才被最后证明是正确的。

272　　德佩尔特斯所发现的人工作品的古老性被确定地接受之前三年之际，在莱茵河普鲁士的一个小小洞穴里，发现了一个奇奇怪怪的头盖骨。这个头盖骨，尽管不像第一个尼安德特人那样备受公众关注，然而却是第一个受到科学界关注的。所以，它成为第一个受到科学审察的真正的灭绝人类变种。不仅如此，它的发现，正当 1856 年这个节点；而随后而来的描述和讨论，无形中也恰好吻合了那场进化论大辩论，所以理所当然受到达尔文派头领及其对手们的关注。

不出所料，科学界立即行动起来，试图确定头盖骨的年岁和性质；说法是什么都有：从赫胥黎冷静而审慎的分析，到一些情绪化的断言，说那些骨头仅仅代表拿破仑战争中留下的哥萨克

30　转引自《人类学评论》*The Anthropological Review*, 1863, Vol. 1, p. 65.

31　LLD, Vol. 3, pp. 15–16.

体弱士兵。那个人很古老 / 他一点也不古老；他有病 / 他很正常。[32] 这些问题的两边，分开阵营，各有一些引人注目的名字加入。往轻了可以说，学者们的困惑在于，那份头骨太不完整了，并且也没有尼安德特人洞穴那样明确的地层年代信息。我们记忆犹新的是，没有一双科学的眼睛，此前曾见过一个灭绝形式的人类遗骸。

且不说那些更过时，或许更荒唐的论调；就是那些审慎的学者，直到今天，虽有了历史视角的光亮，也还是被迫结论说，人类的古老性迄那时并没有得到很好的理解，他的显著特征就更鲜为人知了。不但至今存在严重偏见，质疑"早期人类存在"的信念，另外，一个偶然的因素又让这个题目进一步混乱：据报道，在比利时列日附近默兹河岸曾发掘出的昂日人（Engis）头盖骨，也被许多人认为年岁相似。这个头盖骨是施梅林教授在接近 5 英尺（1 英尺 = 0.3048 米）深的骨质角砾岩（osseous breccia）下发现的，与更新世动物区系相联系。发现的时间在 19 世纪 30 年代，比尼安德特人的发现早了好多。然而，其在这个话题上的重要地位，约翰·卢伯克爵士一语道破："……出土遗骨的洞穴具有保存这些头盖骨的条件的，这样的案例迄今只有两个记录在案，其中的一个就是施梅林博士在昂日洞穴里发现的……，另一个是福罗特博士在杜塞尔多夫附近的尼安德特

273

---

32 Jacob Gruber, "The Neanderthal Controversy 尼安德特大辩论", 《科学》月报 Scientific Monthly, 1948, Vol. 67, pp. 436–439.

发现的。"[33]

在旧石器时代早期（the Upper Paleolithic period）与中期之间，迄今还没有明确分界。这两具头盖骨不可避免地应该相互比较，尽管今天我们已经知道，两者分别来自迥不相同的时间段。两者都完全没有脸颊和下巴，尽管昂日头骨相对完整些。在尼安德特人那里，我们拥有一个圆顶低平的头盖，带一个巨大的眼眶上隆凸（supraorbital torus），据描述者沙夫-豪森看来，是属早于凯尔特人和日耳曼人的时期。他说，遗骸"非常可能来自拉丁作家说到过的西北欧野人的一支"。[34] 昂日头骨，比照尼安德特人来说，别无兴趣点，除了它含有化石的相关环境。引用亚瑟·基思爵士的话说："没有一个特征，能将这具头盖骨跟新石器时期的或现代人的区别开来。"[35]

跟我们的讨论切题的是，要澄清一个事实：尼安德特人的面部特征当时是没有人知道的。这个令人遗憾的情势，一下子加重了人们对眉脊（supraciliary ridges）的重视。许多学者在思索
274 这件头骨藏品的时候认为，当他们找到一个有着巨大眼眶上隆凸的智人头骨标本的时候，这个问题就已经迎刃而解了。比如赫胥黎，他先是承认尼安德特人头盖骨"在我见过的标本中……最像

33　John Lubbock，"Cave Man 洞穴人"，《自然科学评论》*Natural History Review*，1864，Vol. 4，pp. 407–428.

34　D. Schaaffhausen，"论最古老的人类种族的头盖骨 On the Crania of the Most Ancient Races of Man"，《自然科学评论》*Natural History Review*，1861，Vol. 1，p. 155.

35　《人的古老性》*Antiquity of Man*，2d ed.，London，1925，Vol. 1，p. 70.

猿类"，³⁶ 然后认为，那头动物"在任何意义上都不像是人猿之间的中间形态"。³⁷ 注意到新近头骨中也能发现不同的等次，他说："没有理由［把尼安德特人挑出来］单独说事儿，更不能拿智人这个物种说事儿。"³⁸ 晚至 1890 年，这一观点还能看到一个强式的表述。在一个言及昂日人和尼安德特人的人类学文本中，有这样一番话："很有几个其他的解剖学成分，被认为是专属于这几个化石头骨的，比如眉部突出，小而后退的额，睫毛弧的形态，枕骨丰厚等，被发现不过是我们当中存活的人们的个体差异和偶然差异罢了。"³⁹

J. W. 道森独具只眼。他在写到现代种族的时候评论道："令这具骸骨赫赫有名的那些特征，后来也见于美洲和澳大利亚的野蛮部族，尽管或许程度稍逊。还有一点也令人怀疑，就是，这具骸骨究竟是不是当真表明是某一个种族的。它或许属于那些野人之一，半疯半傻，粗犷强壮，几乎总是在野蛮部落的周边发现，时或出现在文明人的社区里，当他们表现自己的嗜杀倾向时只配交付给监狱或绞刑架。"⁴⁰

36　T. H. Huxley, "Further Remarks upon the Human Remains from the Neanderthal 关于发现于尼安德特的人类遗骸的进一步评说",《自然史评论》*Natural History Review*, 1864, Vol. 4, p. 431.

37　同上，p.442.

38　同上，p.443.

39　Thomas Hughes,《人类学与生物学原理》*Principles of Anthropology and Biology*, 2d ed., New York, 1890, p. 69.

40　J. W. Dawson, "On the Antiquity of Man 论人的古老性",《爱丁堡新哲学杂志》*Edinburgh New Phologophical Journal*, 1864, n.s. Vol. 19, p. 53.

这里引用的这番话，不但表明种族层级论还在继续应用，

275 也显示出，道森的"野人"假说似乎是这一传统的回声，因为它存在于欧洲民间传说之中。[41] 在这里，尼安德特人跟那些中世纪浪漫故事中在绿色树林里游荡的那些凶猛动物几乎混而为一，不复能够分别了。

不出所料，卡尔·沃格特判断，那个尼安德特头骨的前额，是"一个白痴或头小畸形的"，[42] 尽管他接受其古老性，而且我们也注意到了，这根本没有妨碍他将它看作是"正常的"。[43] 然而，他又往前进了一步，将我们引入通过不适当的考古学所能做出来的最后的巨大困惑。沃格特发现，"在昂日人的头骨跟尼安德特人头骨之间有巨大的相似性"。[44] 不仅如此，他一面承认女性的头盖骨比男性的小，眼眶上脊也不那么突出，他还是得出结论说，两具头骨属于同一种族。尼安德特人的头骨属于一个强壮而愚蠢的男性，而昂日标本则"属于一个聪慧的女性"。他猜想，论种族，那个标本乃肖似现存的澳大利亚土人。他的写作里还简略提及一些文化上的联系，意味着他在不同时间水平上也存在混淆。这方面他并不孤单。发现并得到描述后的 30 年里，尼安德特人

---

41 见 R. Bernheimer，《中世纪的野人》*Wild Men in the Middle Ages*，Harvard University Press，1952.

42 上引书 p. 304.

43 Carl Vogt，"The Primitive Period of the Human Species 人类这个物种的原始期"，《人类学评论》*Anthropological Review*，1867，Vol. 5，p. 213.

44 Carl Vogt，《论人讲演集》*Lectures on Man*，London，1864，p. 304.

就注定要继续成为无根游谈的话题，也成为一个怀疑对象——有人怀疑那个标本是疾病的结果。

与此同时，越来越多的考古学家继续在荒山僻野和开化的欧洲大地上搜寻石窟和洞穴，发现了更多的工具和人工制品，也发现了更多的人类遗骸，但这些都被证明是属于脑子甚大的旧石器时代早期的人类。这些发现如此一致，结果，一时间维多利亚朝关于猿人的不安开始淡化。或许，达尔文主义者在人这上头，竟是错了。思潮的转变，或许可以从吉尔对于里维埃在门托内（Mentone）的发现所做的描述窥见一斑： 276

"……负面的结果表明，化石人在所有方面，都是典型的人，或许偏离他在欧洲的后裔的距离，比他偏离某些其他现存种族的距离还要小些。至少可以非常肯定地说，他并没有什么确定无疑的类猿特征。更有甚者，他比人还像人。前肢与后肢的比例，前肢和后肢的中段与远端的比例，远不足以证明他处于人猿之间的状态，亦不足以证明他处于人跟人的胚胎期或少年期或黑人的中间状态。这表明，在上述这些方面，他比之某些现存种族更不像猿类；这一论点没有被那个头盖骨证伪，也没有被齿列或其他方面证伪……"[45] 顺这个思路，吉尔博士接下去断言，在门托内出土的证据的光亮下，"那些性急的人或许会……想起这些已做的探索而感到庆幸，因为，所发现的每一具骸骨，其种种特

45　Theodore Gill, "The Fossil Man of Mentone 门托内的人类化石",《科普月刊》 *Popular Science Monthly*, 1874, Vol. 5, p. 644.

征如此完美地像人，将不但证伪可怕的中间链环的存在，还会给对于链环说的反面证据增加分量——不管在欧洲还是在美洲，概无例外"。[46]

　　很显然，吉尔足够当得上一个进化论者，有地位宣布：或许，非洲或亚洲有朝一日能产生一个遥远的人的链环；但遗憾的是他又急忙补充说，"那不大可能是很近的起源，顶有可能出自第三纪中新世。"另一位作者，A. S. 帕卡德跟他有同样的倾向，他强调说，"……我们得赶紧思考，因高度权威的解剖学家已经将自己［的研究成果］归于最低级的野蛮人种。"[47]我们不得不补充一句话来冲淡帕卡德教授的观点：随着达尔文式的热情开始高涨，那些坚定的进化论者的行为做派，很悲哀地泄露了自己的心态——跟那些反对进化论的人士一样教条，一样狂热。有些人将脑容量大的旧石器时代早期人类，甚至于脑容量大的尼安德特人，看作是否定了进化式变化的可能性，而其他人同样热情地认为，这些类型代表着生命标尺上低于现代高加索人的某现存种族。然后，现存人种又一次被按照有化石的过去时间标尺从新排序。一位德国学者在 1868 年写道："假若吾人将地球表面的沉积物揭开，那里会出现一类人：作为中部欧洲最初的居民，他们突出的下巴和几近缺失的前额，暴露出野蛮动物的特征；拉长的、

46　上引书。

47　"The Hairy Mammoth 长毛猛犸"，《美国博物家》American Naturalist，1869，Vol. 2，pp. 28-29.

眉弓突出的头盖骨，让人联想起黑人、蒙古人、霍屯督人和澳大利亚土人。"[48]

其他人从尼安德特人零碎的遗骨中甚至读出了更加可怕的东西。1866 年，在比利时西部一处洞穴里发现的拉瑙莱特（La Naulette）下巴，在一本书里被描述为极其肖似猿类："长着巨大而突出的尖牙"。这具标本并没有牙齿，个体死亡后就从牙槽上掉落而找不见了。但这一点并没有给那些学者带来麻烦。相反，他们进而描述了整个尼安德特人部族，说他们有着"大猩猩那样的眼睛和牙齿"，所呈现的相貌"极其丑恶可怕"。[49] 已知的化石人类中，还没有一种拥有大猩猩的尖牙的。这些描写是想象的产物，不管这些想象将尼安德特人化身为霍屯督人还是大猩猩。无 278 论如何，它们不过是现存形式向过去的投射，描述者真心认为，这些形式是进化标尺上通向人类的链环。这又是一个将人在过去的演化等同于从猿到人现存生物等级的尝试。许多描写将外观与习性类猿作为土著人的特征。[50] 类似的，亦有从另一方面，也就是从类人猿方面弥合鸿沟的努力，这种努力导致了一个假说，认为现存大型猿类或许拥有尚未开发的或初步的语言能力。《钱伯

48　L. Buchner 引自 R. Wweichel,《人的过去、现在和将来》*Man in the Past，Present and Future*, London，1872，p. 261.

49　J. Y. and F. D. Bergen,《发展论》*The Development Theory*，Boston，1884，p. 196. 类似地，解剖学家 William King，在反对赫胥黎时，认为尼安德特人标本是"显著的类人猿"，而它的思想则是"那些野蛮人的"。见 Keith，上引书，Vol. 1，pp. 188–189.

50　Büchner，上引书，p. 314 ff.

斯杂志》(*Chambers' Journal*) 上有篇不署名文章，谈论到猩猩的咕哝声，认为那或许是"某种初期形式的言语，能够加以培养教化，扩而大之"。[51] 世纪之交，恩斯特·海克尔颇带自己特色地宣称，"那条'只有人类才有语言禀赋'的陈旧教条"不跟形势了。他说，"这个错误印象是建立在缺乏动物学知识之上的，早就该抛弃了。"[52] 然而，还是回到我们的论题吧。可能有人会想，1886年斯巴伊 (Spy) 发现的尼安德特人，将会驱散长久以来萦回在尼安德特河谷上空的怀疑迷雾。它当然会教某些人相信，尼安德特人不会是一个有病的白痴，或者是一个受到扭曲的隆布罗梭意义上的罪犯 (Lombrosian criminal。Cesare Lombroso，1836—1909，意大利犯罪学家，精神病学家，著名理论有"天生犯罪人"理论——译者)。另一方面，承认这个类型的巨大脑容量，让那些仍期待出现某种脑小形态的人们困惑不解。

时到 1911 年，杰出的英国地质学家 W. J. 索拉斯关于这个问题写下了下面的话：

279 "莫斯特人的头骨是我们多少有点了解的最古老的人类头骨；然而，正如在尼安德特人和梭鲁特人 (Solutrean) 的案例中一样，他们表明，法国境内的原始住民迥然有别于最高的开化种族，不是由于其脑容量较小，而是由于其脑容量更大；换言之，

---

51 "The Wild Man of the Woods 树林里的野人"，《钱伯思杂志》*Chambers' Journal*，1856，Series 3, Vol. 6，p. 131. 承我的同事 Brooklyn College 的 Gerald Henderson 博士让我注意这篇文章。

52 "On Our Present Knowledge of the Origin of Man"，论我们目前关于人类起源的知识，《史密森学会年度报告》*Annual Report*，*Smithsonian Institution*，1899，p. 466.

当我们沿着时间线回溯时，人的脑容量不是减小，而是增大了。"[53]

尽管就连这位了不起的学者也认为爪哇直立猿人是病态的，然而，他又抛出最后一个悖论来。他说："这样，随着我们沿时间线回溯，人在大脑体积上愈来愈远离猿类，但是，在身体格局上却是愈来愈接近猿类了。"[54] 就尼安德特人而言，他的论调是合乎情理也合乎事实的，而且或许支持了那些早先曾追随过吉尔、布林顿等人的人们的希望。[55] 然而，这仍然是个悖论，且是个撑不了多久的悖论。尽管沃格特的头小畸形没有经得住时间的检验，但颇有几位进化论者，通过纯粹的外推法清楚地看到了，在某个点上，不管在时间轴上处于我们下方多深的深处，动物大脑的转变已然发生了。

5 爪哇猿人

1891 年，欧仁·杜波依斯发现了爪哇直立猿人。随着这个发现，真正低脑容量的最初形式的人出露真容。出于相当理由，有些研究者会把它视为 19 世纪产出的唯一真正的"缺失链环"。到这时候，像 1871 年达尔文发表《人类的由来》时那样的人情

---

53 W. J. Sollas, "The Evolotion of Man 人的演化",《知识》杂志 Scientia, 1911, Vol. 9, p. 121.

54 同上，p. 124.

55 D. G. Brinton, "The Earliest Men 最早的人",《自然》杂志 Nature, 1893, Vol. 48, p. 460.

喧腾早经衰歇。进化的信条已经在知识界广为传播、讨论和接
280 受。确定人类血统路径的古生物学证明，时机似乎已经成熟了。
然而，遗憾的是，爪哇人的脸部缺失不存，而当年针对最初发现
尼安德特人的那种不信任几乎以同样的程度重新出现，尽管形式
上或许没那么严重。[56]

　　1895 年，第三次国际动物学大会在莱顿召开。会上，杜波
依斯展示并讨论了他的发现。与会动物学家坚持认为，头骨是人
的，而人类解剖学家们则坚持说那是猿类的。有一回，头小畸形
白痴的呼声高扬起来。[57] 我们找到了马什的证明，他证明说，起
初，除了巴黎的马努夫里耶和他本人，没有人充分估价杜波依斯
的论断。他写道，"二十几个与会者给予了注意，可是我不记得
有哪怕一个人……充分承认那个发现的重要性……"[58] 马努夫里
耶讽刺地说："杜波依斯先生可以祝贺自己，看到自己的形象在
柏林被刻成浮雕，因他的爪哇直立猿人不可能是人；而在英国，
他更有理由祝贺自己，因还是他那个爪哇直立猿人，却又不可能
是一只猴子。"[59]

56　O. C. Marsh, "The Ape from the Tertiary of Java 爪哇第三纪地层出土的猿类",《科学》杂志
Science, 1896, n.s. Vol. 3, p. 790. Thomas Wilson, "The Beginnings of the Science of Prehistoric
Anthropology 史前人类学开始成为科学",《美国科学促进会论文集》Proceedings of the American
Association for the Advancement of Science, 1899, p. 327.

57　R. Lydekker,《科学》杂志 Nature, 1895, Vol. 51, p. 291.

58　O. C. Marsh, "On the Pithecanthropus Erectus from the Tertiary of Java 论爪哇第三纪地层出土
的直立猿人",《美国科学杂志》American Journal of Science, 1896, Vol. 1, p. 476.

59　L. Manouvrier, "On the Pithecanthropus Erectus 论爪哇直立猿人",《美国科学杂志》American
Journal of Science, 1897, Vol. 4, p. 218.

然而，情势并不局限于一方的荒谬。没有什么事情能比杜波依斯的论断更好地展示先入之见的力量了，他辩称，把他宝贵的头盖骨跟杜塞尔多夫和斯巴伊那个尼安德特人头骨相比较搞不 出什么好结果，因为那两位的标本是病理性的![60] 显然，杜波依斯从没有想到，这个论法同样适用于他自己的人猿转变之际的头盖骨。至于那个爪哇直立猿人的股骨，由于当时的先入之见如此之深，或许看到杜波依斯暗示说："那根股骨上有些标记，说明它属于树栖动物，那些标记是人的股骨所无的。"[61] 今天我们知道，从树栖到地栖的转变，远在爪哇直立猿人这些古人类（paleanthropic）出现之前。不过，当时整天将人与现存猿类做形态学比较，闹得人们对这一点已然模糊不清了。[62] 所以，人们在解剖学家坎宁安那里看到一条说明，从中看到对于灵长类系统发生论的非常清晰的现代理解，和不情愿将所谓"缺失链环"和现存旁系血统相混淆，还着实高兴了一番，甚至还有点小小的震撼。"非常确定的是，"他说，爪哇直立猿人的化石"并非来自从任何现存类人猿向人的转变；这样的形态不存在，也不可能存

281

60　D. J. Cunningham, "Dr. Dubois' So-called Missing Link 杜波依斯博士所谓的缺失链环"，《自然》杂志 Nature, 1895, Vol. 51, p. 429.

61　E. Dubois, "Remarks on the Brain Cast of Pithecanthropus Erectus 关于爪哇直立猿人脑容量的谈话"。那是在国际动物学家大会上的发言。载《科学》杂志, Nature, 1898, Vol. 58, p. 427.

62　比如，Thomas Wilson，就在 1899 年谈论过旧石器时代人类之腿形弯曲和牙齿突出。他说，"一向有人怀疑，那时的人类到底有没有采取直立姿势。""The Beginning of the Science of Prehistoric Anthropology 史前人类学开始成为科学"，《美国科学促进会论文集》Proceedings of the American Association for the Advancement of Science, 1899, p. 330.

第十章　接受最初的缺失链环　　　　　　　　　　　　　　　　317

在，因我们看到，人猿揖别发生在谱系树的很低位置，而人和猿从此各自……沿着自己的路径发展开来。所谓的爪哇直立猿人乃出于人类的直系，尽管他在已知人类形态中位置很低"。[63]

坎宁安在做了这番确切而被人漠视的论断之后，直接淡出了人们的视野。只待马努夫里耶来界定杜波依斯的最后贡献，因他的贡献也会被从我们世纪的中点得到解释。这位法国人评论道，"他确立了一个事实，那就是，从我们已知的标本来看，化石人类种族在头盖骨方面的劣势，随他们年岁的古老而增加……我们认为［爪哇直立猿人］就是理论所预见的中间过渡化石之一。"[64] 这样，在他随时间推移而循级往下时，终于越过了更新世早期时代的大脑容量的人种。大脑的减小是现实存在，而令人不解的类人猿般脑容量大的尼安德特人悖论还可以被更推进一步。正如我们已经注意到的，有人一开始不接受这个观点，但到了20世纪50年代，这个观点就稀松平常了。

整个19世纪，至少再加上18世纪的一半时间，都花在了理解人，同时也花在理解他同这个星球上唯一一种看起来跟他相像的活物——各种各类猴子——之间的关系上。它们从一开始就跟人同在，从树叶后面向他做着鬼脸。它们的脸就像是人脸的悲伤或邪恶表情的漫画；它们每一根骨头，每一颗牙齿，都是按照人的蓝图建造起来的，要么就是，人是按照它们的蓝图建造起

63　上引书，p. 429.

64　同上，p. 225.

来的。最终归齐，在那条伟大的完美度标尺上，一头是结晶体，一头是最遥远的诸天里面最高贵的存在；它们乃站在人的旁边，但是，链条是在创世的一瞬间固定了的。没有什么是后来灭绝了的，万物都锁定在永恒的秩序里。在这一秩序中，猿蜷伏在人的身旁，两者都知道彼此很近，只隔着一层毛。两者也彼此相知甚深。"拿出一个遗传特征来给我看，"林奈叫道，"凭那个特征能分出哪是人，哪是猿吧！这样的特征，我本人……是一样也不知道。"[65]

就连那些最原始的人类种族都顺着那个巨大链条往上爬，而反过来看，便是霍屯督人身上也带着许多的猿类痕迹。在19世纪，整个的链条被忘记了，但零碎的片断还在人心里顽固存在，无意识中进入进化论这个新的教条中，在这里，轮子终于转动了。 283

19世纪从18世纪接受了"必然而恒常的进步"这个观念，那本是来自社会研究领域的。每一个社会在它自己的时间地点都会按必然规律向前进展，尽管历史机遇和偶然性可能会促成或妨碍这样的进展。在19世纪，这一进步观的一些方面传给了生物学。达尔文尽管公开宣布放弃必然进步论，举例说，动物虽历经漫长时期但保持不变或改变甚微，但在这一点上他显示出一些思想混乱的苗头。他偶或在一些篇章里透露，他从18世纪"直线发展、固化存在标尺"的传统概念，无意识地转变成了，用特

65　引自 Gladys Bryson，《人与社会》*Man and Society*，Princeton University Press，1945，p. 60.

加特的话说，一种"在时间标尺上直线而持续的、与分类的序列平行发展的概念"。[66] 当然，分类的序列也就是"*存在标尺*"。达尔文谈论起整个有机界的时候，说它是倾向于无可避免地"向着完美进步"。他断言，"在脊椎动物一门，智力程度和一条在结构上导向人类的路径在清晰地起作用。"[67]

达尔文至少又一次似乎在暗示说，假以机会，别的灵长类动物就会倾向于演化成人。1860 年，他写信给莱伊尔说："'人这个比喻现在正压制任何或许能发展成新人的那些形态'这个想法，对我来说是个好想法，也是个新想法。白种人正在'提高到从地球表面飞升的地步'，甚至飞离距他最近、几乎与他同等的人种。"[68] 这番话里，还隐含着一个日益增长的需要：需要解释人和跟他最密切的亲族何以有如此的差距，因自然选择只能使每一种造物比它的竞争对手稍为更完美那么一点点儿。由于系统发生学的系列现已成为历史，所以，必须搜寻过去，而最终"造出人来"的那些竞争性中间链环怎么也能找到。

然而，与此同时，从误读的遗传研究中出现的"返祖现象"这个概念又应用于新近家养的形态，这就许诺，另有途径能看到有血有肉的祖先形态，用不着等待辛辛苦苦游移不决的古生物学研究成果。这就解释了沃格特提出的论调何以备受欢迎，也解释

66　F. J. Teggart，《历史的理论》*Theory of History*，Yale University Press，1935，p. 132.

67　《物种起源》*Origin of Species*，New York，Modem Library ed.，p. 93.（斜体是笔者加的——L. E.）

68　LLD，Vol. 2，p. 344. 实际上，这个观念最初是拉马克提出来的。

了这个观念何以让达尔文倍感兴趣。相比之下，脑容量大的尼安德特人，尤其是斯巴伊的发现做出之后，在达尔文主义者们看来，那一定是异常的，甚至对他们的理论还有威胁。[69] 无论是克罗马努人还是尼安德特人，都没有显示迅速的智力退步；当年的设想落空了——当时低估了时间跨度的长度，依据早先就人的各个种族所做的观察，以为真正原人的头盖骨就应该有此特征。这些发现扰乱了"连续性"和"进步"这些古老观念，无怪乎，这些最初的化石形态被投以犹豫不决的眼光。索拉斯关于他自己就脑容量增大的悖论讲的那番话就清楚地说明了这一点。

起初，由于古老的标尺律条在起作用，是没有什么东西曾经灭绝过的，所以，人无意识中期盼着在隐藏于树林里的现存种族里看见自己过去的故事大白于天下。他们看见半人类在丛林中经过；他们解释说，低等文化是低等大脑的标志。后来，树林被清除了，猿类暴露在光天化日之下，人与他的野兽之间的鸿沟看 285 上去更宽了一点。

只是到了这时，他才悚然感到自己的孤立。他若有所思地盯着看那个头小标本躺在同类骸骨之中。他在地上挖掘，在土层下找到它。他开始意识到，那个神秘的链条在动，在爬，在消失。在河畔的漂浮物中，他找到了他自己迷失的、兽性的头盖

69　比如说，达尔文就热切地抓住 Broca 的说法，说是初民中大尺度的颅骨代表着更优胜的平均值，这跟现代开化民族不同，在后者是弱者生存。当然，这跟他自己旨在说明高加索人优胜于其他现存种族的那些统计数字不无扞格。(《人类的由来》，*Descent of Man*, Modern Library ed., pp. 436-437.)

骨，找到了自己的双手试图要打造成什么形状的几块燧石。一开始，他试图从这个场面中跑开，或者去讲述不同的故事。最后，这事情再也做不成了。故事将要讲述它自己，人只有聆听的份儿。现在，他是相当孤独了。尽管有个断言顽固地坚持到了 20 世纪的开头，然而，他在树林里的兄弟们并不开口说话。带着不可言说的孤独，人感觉到他的心跟它们的心，乃隔着巨大的障壁。他刚刚书写完一个可怕的篇章，但这个篇章的性质如何，有什么因果，就连现代的生物学家至今都仍然深度地无知。

第十一章
华莱士与大脑

放在解剖台上看，猴子的手跟人手或许差别不大，然而，就是这点差别，造成了两者的迥然不同：一个是用来爬树、摘果子的器官，另一个则跟人的创造天才密不可分；称量地球的重量，测量到太阳的距离，全仗这份天才。

——阿盖尔公爵

1 达尔文偏见

一位同时代观察者评论道："由于进化论在科学群体中成了主导性假说，不难想见，其核心问题，也就是人心（the human mind）的起源问题，将由不得不加思考。"[1] 从上一章可以看到，

---

1 无名氏，"心智的起源 The Origin of Interllect，"《爱丁堡评论》*Edinburgh Review*，1889，Vol. 170，P. 359.

达尔文主义者有一个无意识而极强烈的动机，那就是不但要把人的解剖学与动物的解剖学尽量拉近，也要把人性与动物性尽量拉近，庶几乎那道进化鸿沟能大事化小。那道鸿沟就是：至少在心理方面，人跟他的现存灵长类本家大相径庭。用不着费心从这一288 观点中解读出什么恶意来。那不过是对一个过渡时代中各种情势的自然反应。自古以来的各种神学，但凡讲到造物，但凡讲到人，都赋予他特殊的和超自然的地位。这种传统由来已久，根深蒂固，所以，进化论学者为了撼动这个传统，就必须矫枉过正，坚持说人跟生物界其他部分密不可分，力图强调那些透露我们卑微出身的特征。

今天，知识气候发生了巨大变化，潮流逆袭；谁要是批评达尔文思想，有教养的人们很可能要完全误会你的意思，以为你是要否认进化论或自然选择原则。所以，在深入讨论这一题目之前，且让我们先对达尔文关于人类的原则思想检视一番。如果我们将这些想法中的某些部分在现代知识的光亮下进行批评性的仔细检视，那一点也不意味着我们是在挑战达尔文主要论点的有效性，这一论点就是：人不仅同现存猴子和猿类有血缘关系，而且也是从灵长目里某些更早、更原始的群体衍生而来。虽说如此，我们也要明了，达尔文所在的时代，古生物学材料还很少，为了支撑起自己的科学立场，达氏运用了一些假说，对这些假说，我们今天不得不基本上加以否认。

（1）在运用现存动物分类学阶梯的时候，他暗示说，在不同现存种族的成员之间，其来自遗传的心力才能（mental

faculties）有着显著区别。[2] 这一观点于不知不觉间反映了旧时的自然标尺论，又隐含了一个没有明言的假设：今天的各个种族，以某种方式代表着一个时间中的序列，是一系列活着的化石，而西欧人在生物学意义上就站在这个行列的队首。

（2）达尔文假定，"在某个久远的古代，人类的先祖处于一种过渡状态的时候……自然选择的过程很可能从身体某一部分的 289 用与不用得到了极大的助力；也就是说，有的部分用得多了，另一些部分用得少了，而这样的差别会遗传下来"。[3] 这就是拉马克的习性效应论（Lamarckian effect of habit），而达氏则将这一效应延伸到渔猎技术这样的文化活动。[4]

（3）我们在前一章里，曾讨论过那个拉瑙莱特下巴。当时的研究者经常认为，他们在原始人类标本中看到了"巨大"的犬齿；达氏将那些莫须有的犬齿归属于那个下巴。[5]

（4）达氏假定，人的"发声器官通过被用来发出连续言语的遗传效应获得了适应性改变"。[6] 由于语言构成了人之所以区别于周围动物世界的最突出特质，进化学派几乎不可避免地要力图证明，语言的重要性不仅仅限于人类。于是，直到 19 世纪末年，

---

2 《人类的由来》*Descent of Man*, 2d revised ed., New York, 1874, pp. 30, 178. VAP, Vol. 2, p. 63. 亦见 LLD, Vol. 2, p. 211.

3 《人类的由来》*Descent of Man*, 2d ed., New York, 1874, P. 40.

4 上引书, p. 37. See also LLD, Vol. 3, P.90.

5 同上, pp. 46, 60.

6 同上, p56.

海克尔还在坚持说，动物能说初步的话语，而且，人们已经投入了巨大努力，尝试教会现存猿类说话，或教它们形成和使用少量语汇，只不过这些努力尚未得到应有的回报罢了。

达尔文及其追随者没有分清动物的信号性叫声与作为符号系统的真正言语，这样一来，它们实际上混淆了整个问题。[7]他们倾向于一方面把一个非常困难而复杂的问题搞混乱，同时又成功地将人们的注意力集中在如下的推论上：假如人是大自然的一部分，那么，语言必定是以某种方式演化而来的。说达尔文派对待语言的观点是晦涩而暧昧的，乃是基于如下的事实：动物的信号性叫声基本是本能的；它们虽然能多少运用这种叫声，却没有表现出增加词汇量或将含义模糊的情感性叫声转变成能够操控过去与未来的具体符号的倾向。两者之间有一道明显的鸿沟，而达尔文主义者们一开始就感情用事地试图完全抹煞那一鸿沟。对这一观点，我们就不必大张挞伐了；我们只需要看到，起初确有人企图将不同族类的活人跟千差万别的语言发展水平一一对号；而随着时间的推移，这些努力被证明是不能令人满意的。[8]

每当论题说到人，人跟动物的关系，人的独特性与非独特性，不同作者言人人殊。艾尔弗雷德·拉塞尔·华莱士的立场就

7　比如，可参同上书，pp. 98-99.

8　Henry C. Chapman 在《生命的进化》Evolution of Life（Philadelphia 1873）一书中说，在最低等人类种族的语言中，有些字根很像猴子发出的声音（pp. 172-173）。当时的文献中，存在大量此类论调。直到 1914 年，还有个作者论道："直到今天，据说在南美洲还有一些部族，他们的口头语言非常简陋，黑暗中无法交谈。"《科学进步》杂志 Science Progress, 1914, Vol. 8, p. 524.

跟达尔文及其大多数追随者大相径庭。

　　华莱士和达尔文的那桩公案，乃是科学史上饶有兴味、饶有戏剧性的一幕。在一些具体问题上，华莱士的观察比他的大多数同时代作者都更富有洞察力，即使在其他一些具体问题上，华莱士会退回到多少有点神秘主义的路线上去。这还没完。再后来，由于皮尔丹的伪造被揭穿，那整个一段历史被重新检视，于是乎又是一场满城风雨。今天，追寻这复杂曲折的一系列事件究竟有何意义，检视一番华莱士与达尔文的最初接触，想必不会有什么害处吧。华莱士独立发现了自然选择的原理，而在19世纪生物学中与达尔文并驾齐驱，地位显赫，这是尽人皆知的事情。

2　艾尔弗雷德·拉塞尔·华莱士（1823—1913）

　　整个"奇迹世纪"的上半叶，都被一些草创未成的进化思想搅得动荡不安。华莱士的一生，给那幅乱象添加了极好的佐证。291华莱士出身清寒，用他自己的话说，由于"生性腼腆，动作笨拙，不善交际"，[9]华莱士不像达尔文那样，尽享良好的教育资源。然而，像当时许许多多英国人一样，他从小就发展起对于自然的爱好。1844年，在莱斯特一家私立学校任教时，他读到了洪堡和马尔萨斯，两人的著作都深深打动了他。此前，他读过查尔斯·莱伊尔爵士的《地质学原理》，钱伯斯的《创世的自然史遗

　　9　《我的一生》*My Life*, New York, 1905, Vol. 1, p. 433.

迹》，也读过达尔文的《航海日志》。华莱士坚信进化论，阅读背景跟达尔文毫无二致。1848年，他远赴南美，和他的朋友亨利·沃尔特·贝茨一起去收集昆虫和蝴蝶。他花了4年时间在亚马孙河谷地带漫游，后来，1854年，他又踏上第二次远征的途程，去了远东。就是在那儿，在特尔纳特岛（Ternate），身罹热病、饱受折磨的华莱士构撰出自然选择的思想，其时是1858年。

在把自己对进化论的贡献跟达尔文相比时，华莱士曾经慨言，他的工作不过是一星期之内的速成之作，而达氏的工作却是二十年的磨剑之功。然而事实是，华莱士思考大自然中的变异问题也是积年之力；而且，对于进化论思想，他是完全了解且深有同感的。跟早年达尔文一样，他也是一连十数年勤于观察，冥思苦想，然后才豁然贯通的。当然，也得承认，尽管华莱士独自构思出了进化论，但实际上，他不但从达尔文的《航海日志》得到过启发，而且也受益于跟达尔文的直接通信。达氏曾写信给华莱士，说他倾心赞同华氏更早时候的一篇论文（1855）里的进化论观点，且"两人的想法非常相似"。[10] 在这次通信中，达尔文告诉华莱士，自己正在思考"物种的问题"，且慷慨地敦促华莱士自己也继续思考，只是出于谦逊，才没有透露自己未成熟的理论。这样就有了明白的文献记载，这些文献，一方面确立了华莱士的独创之功，同时也表明，这个非常机敏而富有洞察力的年轻博物学家，那时正热追在达尔文身后。他的好奇心想必非常强烈。所

---

10 LLD, Vol. 2, p. 95.

有征象表明，尽管马尔萨斯为他提供了思想的火花，然而像达尔文一样，华莱士也是很早就深研过"莱伊尔的伟大著作"。[11]

当华莱士将自己的理论成果寄给达尔文的时候，一件双方都表现出高尚贵气的事情发生了：科学年鉴公正地祝贺了两人的功绩，两人的功绩都得到包容和承认。这于是又导致下一步：1858 年，两人的论文在林奈学会得以联合宣读。从此，一个崭新的世界对人类敞开了大门。从那以后，就连那些一听见华莱士和达尔文这两个名字就会恶心不已的人们，也会在生病的时候，去求助于那些其整个医学训练都基于进化论原则基础之上的医生，他们的医学实验基于这样的事实：一个生命形式跟其他生命形式血胤相连。当我们检视原始人的头骨的时候，我们发现，过去的百万年中，人类已历经巨大的体格变化。这时候，我们心里不可避免地要掠过一些想法：有一个不确定却又呼之欲出的未来在前方等待着我们；我们的作为，或者正促使我们这个物种从地球上消失；又或者，像我们先头的脑子小而下巴大的先驱们一样，我们或许是通往前所未有的更高生命形式的中间桥梁。正如19 世纪牧师查尔斯·金斯利所说的："自然母亲让万物创造自己。"这句话很值得人类深思。

创立进化论的事业刚刚开启，这两位领头的自然选择论倡导者就产生了分歧，这分歧是深刻的，是关于人类起源这个话题的。单论动物世界的发展，达尔文和华莱士应该能继续携手同

<hr>

11 《我的一生》My Life, Vol. 1, pp. 354-355.

行，然而，说到人类，那却是一个难以捉摸，乃至神秘莫测的话题。两位伟大的学者不久就发生争论——尽管从没发展到互相讨厌的地步。故事说来有趣得很，很少有人讲述，几乎被遗忘在历史的尘埃里。然而，时到 1953 年，人们发现了皮尔丹的造假，这些故事才引起人们的注意。

3　达尔文与人类进化

我们曾经说到，达尔文在写作《物种起源》一书的时候，除了轻描淡写提了一句之外，对人类的起源问题基本是未赞一词。后来，到了 1871 年，他发表了一系列材料，试图证明人类与高等动物，"特别是类人猿"之间有承传关系。[12] 尽管表达过一种笼统的审慎，说"我们绝不要犯下谬误，以为包括人在内的整个类猿（Simian stock），其先祖都完全等于或至少很像某种现存的猿类或猴子"，[13] 然而，不可避免的是，人类化石的缺失，必然会迫使人们将注意力集中于现存的大型猿类。这些动物被达尔文看作是四足动物与两足动物之间的"中间状态"。[14] 在达尔文的时代，人们没有清楚地预见到，现存的大型猿类，有许多特征，表现出歧异的特化，这些特化，不必比附于人类先驱。这个话题说来话

12　《人类的由来》 *Descent of Man*, 2d ed., New York, 1874, p. 9.

13　同上，p. 176.

14　同上，p. 59.

长，我们没有篇幅在这里详加讨论，但可以记上一笔：达尔文关于人类直接祖先必然长着巨大犬齿这一设想，并没有得到现代古生物学发现的证实。并且，极其不可能的是，人类竟然会 ²⁹⁴ 在取得直立姿态的过程中经过了一个当代黑猩猩或大猩猩那样的姿态。[15]

人类祖先的发源地和身材的问题让达尔文在两个可能性之间游移不定：一个可能是，那是一种巨大的、大猩猩型的灵长类，其家园很可能是非洲；要么，那就是某种体型较小、体力较弱的类人猿，可能居住在新几内亚或婆罗洲那样的大型岛屿。鉴于他对"部落间竞争导致的自然选择"所表示的热情，达尔文本心里是会倾向于第一个假说的；实际上，他强调尼安德特人拥有巨大犬齿，并且提出，在澳洲人的男性中有矢状颈脊的残留，这些都强烈地隐含着那样的想法。

然而，这条路径上有一个障碍。达尔文有个反对者，就是阿盖尔公爵。公爵在 1869 年出版过一本书，叫作《原人》（*Primeval Man*）。他在书里提出一个正当的问题。他让人们注意一个事实：比起许多哺乳动物来，人在体格上是脆弱的，除了他的大脑，并没有什么真正特化的机制有利于他的幸存。于是公爵质问道：人的祖先，如何按照自然选择的要求，"在愈来愈弱的

---

15 关于这一题目的更详细讨论，应查阅 R. I. Pocock, "The New Heresy of Man's Descent 人类由来问题的新异端", 载于《征服》杂志 *Conquest*, 1920, Vol. 1, pp. 151–157, 和 W. L. Straus, Jr., "The Riddle of Man's Ancestry 人类血统之谜", 《生物学评论季刊》*The Quarterly Review of Biology*, 1949, Vol. 24, pp. 200–223.

方向上改变了自身，而免于必然的毁灭呢？后来，当然首先是由于天赋的理性和能够发明创造的智力，他获得了足够的准备以顺应这一变化。可那毕竟是后来的事情了"。[16]

话说回来。尽管阿盖尔公爵的挑战是合理的，因为他基于人类
295 总的体格状况提出了问题；可是，他显然犯了一个"错误类比"的错误，他不但由现存野蛮人体格的脆弱推断了远古祖先的体格脆弱——化石证据告诉我们，我们的更新世祖先原是颇为粗犷的——他还把心智跟体格做对比。换言之，本来还有另一个途径回答公爵的反对，但是达尔文，部分是由于自己对生存斗争的强调，却见不及此。结果，他只好到第二个假设里寻求躲避，那就是，设想人类先驱是不那么巨大可怕的灵长类。达氏警告人们说，像大猩猩那样庞大的一个祖先，决不会是合群的。"所以，"他下结论道，"人类起源于某种比较脆弱的动物，或许竟然是一个巨大的优势呢。"

然而，达尔文刚刚吐露出这一观点，就一定意识到，他这样做是有风险的：这给了阿盖尔公爵又一次攻击的机会，话头就是他自己假定的那个非达尔文性质的"脆弱动物"。达尔文曾经称自己是一个"扭来扭去的大师 master wriggler"，而这种能力在他迎战第二种假设必然会招来的威胁时也有所展现。他争辩说，不难想见，人类的祖先"就算比现存野人再怎么无助，再怎么无抵抗力"，但总算据有一片安全之地，或者那是像澳大利亚

---

16 1884, New York, p. 22.

那样的大岛，直到后来获得了足够的智力，让他能跟大陆板块上更加庞大有力的危险动物相匹敌。这样说就不止有一丝丝"黄金时代"的意味了，这一观念听起来简直就像个世俗版的失乐园了。不宁唯是，有几位德国追随者还不惜添油加醋，暗示说，正是在澳洲，那个原人跟美丽动人的鸣禽学会了说话。[17]

这一田园牧歌版本跟达氏通常对于主要大陆的重视南辕北辙，那时候他说，"在广袤大野，应该有更多个体和更多样的形式，而竞争也会更趋激烈。"[18] 在某种意义上，这样的纵横捭阖翻云覆雨，倒颇像晚年达尔文面对魏斯曼、孟德尔和新兴的实验遗传学派时的作风。那就是：弄到小小的一点证据，就能做大大的一篇文章；如遇硬棒的反驳，那很容易，为自己的假说再加上一个辅助的假说，或者把人家的例证当作一个特例就是了。由于达尔文既广泛应用自然选择，又广泛应用习性遗传，无论怎样，遇到如上所述的论争，他永远立于不败之地；只要不是能靠实验解决的论争，他总能应付裕如。然而，慢慢地，古生物学和考古学的知识总归积累起一些。正是由于这一事实，甚至早在 1864 年，华莱士喜欢上一个关于人类演化的新观念。那是为达尔文所忽略或不予理会的想法。这一观念注定要对此后关于这一课题的所有思维产生深刻的影响。

296

17　W. J. Sollas, "The Evolution of Man 人类的进化",《知识》杂志 *Scientia*, 1911, Vol. 9, p. 136.

18　O, 6th ed. Modern Library, New York, p. 15a.

在开始讨论这一观念之前，有必要澄清一点，就是，华莱士最初形成自己的想法，跟他的宗教信仰没有半点关系。华莱士晚年对唯灵论感兴趣，现在一般人难以理解。我们的思维离开19世纪的宗教兴趣真的很远了；对华莱士的某些想法加以考虑，甚或表示赞同，时不时就会发现，自己被人跟华莱士一起，贴上了"神秘主义"的标签。这特别具有讽刺意味，因为，在人类学方面，华莱士比他的同行们总还是高明一些，他对我们共同的科学知识做出了无可争议的贡献；还有一些贡献已经为学界所吸纳，只不过几乎无人注意罢了。华莱士不像达尔文和赫胥黎；他为人谦虚孤独，没留下多少科学后代为他说话。后辈人想起他，只觉得那是一位老人，与时与世多有未和，是一个有些奇怪想法的进化论者，在1913年，曾经拒绝相信皮尔丹发明的头盖骨化石。[19]

4　退化还是发展

冰河时代的研究，一开始就给关于考古学各种问题的思维带来深刻的变化。我们当然知道，抛弃了大洪水和各别创造的观念，会迫使宗教信仰做出巨大改变。我在前面论缺失链环的那一章里说到过，很多人不知道这样的事实：就连那些主张进化论的

19　James Marchant，《华莱士：通信和回忆录》*Alfred Russel Wallace: Letters and Reminiscences*, New York, 1916, p. 347.

人，也注定要经历既有观念的震荡摇撼。那套"现存物种间标尺关系"的观念但凡存在，就会有一种无意识的倾向，要把现存的物种根据一系列进化水平加以次第，并且也要把现存类人猿纳入这个系统。

所以，海克尔有一时曾经认为，他从猿类发出的声响里，听出了"动听的咔嗒声"，还表示坚信，这些声响在布须曼人的语言里至今还能听到。[20] 其他人则坚持认为，野蛮国族的语言极其简单，"常常比不上开化人种的幼儿的水平"。[21] 亨利·恰普曼有段话反映了那个时段的一些典型想法，他写道："为了表明……人和动物的差别仅仅是程度上的而不是种类上的，我们希望能分别出一系列过渡形态，从较低等的猴子一步步往上，中间经过较高等的猿类，较低等的人类，直到较高等的人类。如此说来，以头盖骨而论，黑猩猩的，白痴的，黑人的，卡尔穆克人 298 （Kalmuck）的头盖骨，排列起来，就给出一个上升的序列。"[22] 很明显，根据这样的观点，不论达尔文如何大谈时间标尺是多么的久远漫长，恰普曼，海克尔，以及数不胜数的其他人所持的这号假想，都会多多少少隐含着一种立场，跟人类历经漫长历史的观念相对立。如果单在现实世界中，几乎就能完全看到这样一个上升的序列，那么，这样的序列又如何能是多么久远的事情呢？

20　见 Walter Smith，"为什么人的耳朵不能动？ Why Is the Human Ear Immobile？"《科普月刊》*Popular Science Monthly*，1904，Vol. 65，p. 225.

21　H. C. Chapman，上引书，p.172.

22　同上，p. 169.

换言之，地质学家要求，过去的历史必须是极其长久的，而生物学者却认为，生物的标尺，特别是人类演进的标尺，不需要多么久长；两者之间，岂不是存在隐而不言的矛盾？很明显，18 世纪阴魂不散，依然有力地禁锢着人的思维。

所以，当一些工具和用具开始被上溯到冰河时代的时候，特别是当人们看到，这些工具尽管是在如今高度开化的地区发现的，然而却极其原始，这时，进化论者的圈子遂对之发生热切的兴趣。我们已知，欧洲的更新世动物区系跟现今的大不相同，而数种巨大的哺乳动物如长着长毛的猛犸象早经完全灭绝。认识到动物区系曾历经这样的改变，自会引出一种设想：如果在这样的动物区系水平上发现人的存在，他将会是非常原始的；那将是一个真正的缺失链环；那样种类的人，其智力水平会跟头小畸形人（microcephals）和霍屯督人有的一比。如果那些巨大的哺乳动物早经改变，就没有理由认为，人类在外观上没有类似的改变。实际上，这一成见变得非常强大有力，结果出现了一种趋势，就是要从哪怕我们如今会归类为中石器时代的人类身上，看出生物学的次等来。甚至当遗存头盖骨的形态证明这样的判断是错误的时候，有人仍会辩称，这些头盖骨，尽管跟现代人不可分辨，那
299 一定会含有较少的灰质和较多的间质组织（interstitial tissue）。[23]

这样的气候，造成了起初对于我们旧石器时代早期（upper

23　Rudolph Virchow,《科学自由现状》*Freedom of Science in the Modern State*, London, 1878, pp. 58-61.

paleolithic）祖先生活习惯的拒绝和否认。[24] 许多研究者不相信旧石器时代人会有埋葬自家死者的智力，而带着怀疑的眼光看待他们的壁画艺术。后来，人们开始认识到，昂日（Engis）头骨和其他克罗马农人（Cro-Magnon）标本并没有显示出生物学上的次等性，于是，将技术发展上的简陋等同于大脑发育低下的观点遭到重创。从那以后，欧洲学者转而研究自己祖先的遗存，包括身体的遗骨和文化的遗产。结果发现，无论在体格上还是在脑容量上，他们的祖先都跟现在的欧洲人并驾齐驱，甚或凌而上之。就连大家没怎么理解的尼安德特人，他们的脑壳里也藏着很大的脑仁。

事到如今，英国的知识界遂生发出一场相当猛烈而广泛的争论，一方是进化论者，另一方我们可称之为"退化论者degenerationists"。退化派思想具有悠久而有趣的历史。这派的思想，溯起源头来，还要先于进化论呢。它本来就属于基督教哲学里的悲观一面，跟"人的堕落"教义密不可分，也跟小我（microcosm 人）影响大我（宇宙）之为罪孽相联系。[25]

24　Glyn Daniel,《考古学一百年》*A Hundred Years of Archaeology*, Duckworth, London, 1950, p. 97.

25　Ronald W. Hepburn, "George Hakewill: The Virility of Nature 自然界的强权",《思想史杂志》*Journal of the History of Ideas*, 1955, Vol. 16, pp. 135-150. 这个题目的整个早期历史在下列两书中论述甚明，两书是：Ernest Tuveson 的《千禧年与乌托邦》*Millenium and Utopia*, University of California Press, Berkeley, 1949, 和 Victor Harris 的《不再自洽》*All Coherence Gone*, University of Chicago Press, 1949. 另外，E. S. Carpenter 曾经著文，"The Role of Archaeology in the 19th Century Controversy Between Developmentalism and Degeneration 19 世纪发展派与退化派之争中考古学所起的作用"*Pennsylvania Archaeologist*, 1950, Vol. 20, pp. 5-18, 专论 19 世纪关于此题的论争。

时到 19 世纪中叶，这种思想与时俱进，代表了各别创造论

300 者反对人类进化论的最后立场。简言之，这派的学说认为，现存的野蛮人，并不是什么代表人类过去状况的活化石；恰恰相反，他们是从某种更加理想的状态堕落下去的退化人种。都柏林大主教理查德·惠特利（1787—1863）就是 19 世纪中叶这一观点的倡导者。[26] 他在保守派阵营里有很大的影响力，而且，他还能兴风作浪，迫使科学界的反对者做出应对。

现今的土著人常常性情倔强，不愿意接受西方社会的文化特质。主教大人举出这个事实，发表议论说，野蛮人是没有能力靠自己的努力提升到开化程度的。所以，现今的开化民族也是这样，起初倘不借助外力，也是达不到如今境地的。那个外力一定就是神的启示了。主教基本是在利用人的缺乏创造性作为前提了。这种论法，除了其中的神学外衣，就跟 20 世纪初期更加极端的传播派（diffusionists）无多分别。此论一出，立刻引起许多争论，口水汹汹，闹了十数年。有人依着早先休·米勒的路数，争辩说，"我们在任何方向上离开亚当中心（Adamic center，意思是巴勒斯坦）愈远，我们各个种族或部族就愈是畜生化和堕落。"[27]

《当代评论》（*The Contemporary Review*）上有人写道："在

26　Richard Whately, "On the Origin of Civilization 论文明的起源"，《演讲与杂论》*Miscellaneous Lectures and Reviews*, London, 1861, pp. 26–59. 这篇论文最初标记时间为 1854 年。

27　《石头的证明》*Testimony of the Rocks*, *Edinburgh*, 1869, pp. 229–230.

现今的野蛮人种中，我们似乎发现，他们的官能，并不处于富有朝气的原初状态，而能够发育为较优的东西；但由于长期习惯于卑躬屈膝，苟且过活，故而发育滞碍，麻木不仁了。所以，我认为，我们有理由把这些种族的人看作高贵人性之河流上的泥沼和 301 死水，而不代表它所来自的清澈源泉。"[28] 近东和更晚近发现的筑丘人（Moundbuilders）的遗骨所代表的古老文明的衰落，无不构成明确的证据，无不证明着，人这东西就是会从一种开化状态跌落退步。[29] 争议甚至闹到了不列颠协会的会议上。名流学者分成了两个阵营。[30] C. J. 道伊利的一番话要言不烦地呈现了这整个两难处境，他说："假如是高加索人（Caucasian）最先出现，那就是退化律被允许起了作用，这在造物的任何其他部分是不能观察到的；然而，假若高加索人是最后出现的，则人生的规律，像所有有机物一样，乃一直是进步。"[31] 这番话包含三层意思，值得玩味。它揭露了 19 世纪西欧的种族中心主义偏见，揭示了对于"万物皆进化"学说的普遍接受，然而，受到当时知识气候的制约，在一个不可究诘的问题上停下了脚步：大地上的人迹，究竟是下行的足迹呢，还是上行的脚印？

28　A. Grant, "Philosophy and Mr. Darwin 哲学与达尔文先生", *The Contemporary Review*, 1871, Vol. 17, p. 281.

29　H. B. Tristram, "Recent Geographical and Historical Progress in Zoology 近期动物学在地理学和历史学两方面的进步", *The Contemporary Review*, 1866, Vol. 2, p. 124.

30　欲知当时对于一些主要论点和专著的分析评论，见 J. Hannah, "Primeval Man 原始人", *The Contemporary Review*, 1869, Vol. 2, pp. 161–177.

31　"Man In Creation 创世说中的人", *The Contemporary Review*, 1868, Vol. 8, p. 555.

退化论者漂亮地把用于证明进化论的人类学论据翻转了过来：人不是从野蛮状态升上来的，他乃是降到了野蛮状态，在距离欧洲极其遥远的地区尤其如此。似乎为了证明他们的观点，斯芬克斯怒气冲冲地俯瞰着沦落的埃及；在危地马拉热带雨林中，玛雅天文家-祭师们精准计算的结晶，早已经夷为平地，埋藏在

302 饥肠辘辘的细根底下，无人能够解读。谁能说，没有整个整个大国，曾由其鼎盛的巅峰衰落下来？然而，考古学家和人种学者究竟该如何判断，阶梯是上行还是下行，特别当他考虑到那些没有文字记载历史的民族，比如说当他们徘徊在巴塔哥尼亚荒寂的海岸边的时候？

实际上，两派的思想都沉迷于单向过程，这些过程作用于正相反对的方向。而且，进化论者还竭尽全力拼凑在性质上是极其分散、互不相干的材料，为己所用。只要人类的古生物学记录近乎阙如，他的文化遗存就可以任意解读：既可以解读为在罪恶的时代历经堕落，其文化已历经恶化的边缘族类，也可以同样容易地解读为人类进步的不同阶段。鲁道夫·施密德十分客观地申述了这一问题，他说："考古学似乎只能做到这一点：承认其研究结果既可被纳入关于人类通过逐渐发展而起源的理论，如果这个理论能以其他方式证明是正确的；也完全可以跟一个相反的理论并行不悖。"[32] 没有什么简单理论，仅凭其自身便足以证明，"人

---

32 《达尔文理论及其与哲学、宗教和道德的关系》*The Theories of Darwin and Their Relation to Philosophy, Religion and Morality*，Chicago，1883，p. 91.

类曾有过一个接近动物的状态"。[33]

格兰特·艾伦曾被迫承认，人类的古老性变得越来越蕴意深远，这是初时想象不到的。原以为山洞人就是那个"缺失的链环"了；结果，他似乎不过是"一个不老不新的野蛮人"。达尔文主义者们好像面对一个二项选择：要么就是根本没有人类踪迹，要么就是有一个古人，它跟现今的人类基本一样。[34] 我们已经重新审视了由冰河时代欧洲人的发现而生发的问题，现在，且让我们回头再来检视这个问题对华莱士的思想产生了何种影响。

5　华莱士与人类的古老性 303

看一眼华莱士东方行踪地图，立即就会悚然发现，他的行动线路是在马来群岛不可胜数的岛子间纵横交错。[35] 这些线路代表了华莱士八年期间的行程：八年的纵横穿越，常常是乘坐着土人的快帆船；八年间往来于东方海域那些危险重重的暗礁险滩；八年间面对热病、蚂蟥和 10 英寸长的蝎子；八年间伴着丛林中巨大的孤独。达尔文和赫胥黎都见过那个航海年代的土著人，但是，他们俩都没有像华莱士那样，完全彻底地，其生其死，仰赖于那些土著的良好愿望。富有意味的是，华莱士很少流露出种族

33　上引书，p. 90.

34　"Who Was Primitive Man 谁是原始人？"《半月评论》*Fortnightly Review*，1882，Vol. 38，pp. 308-309.

35　《我的一生》*My Life*，New York，1905，Vol. 1，p. 368.

优越感，像 19 世纪科学界人士常常表现的那样。"我越看那些未开化民族，就越看好人的本性，"他在 1855 年这样写给一个朋友道，"开化民族跟野蛮人之间的根本分别，在我面前似乎消失不见了。"[36]

晚年在《自然》杂志著文评论沃尔特·白芝浩的《物理学与政治》（*Physics and Politics*）一书时，他重提这一想法。他批评道："我们看到许多大而化之之论，说所有的史前人类如何的道德低下，智力低下。但事实并不支持这些论调。"[37] 当时的人们，倾向于将土著种族排列成一个比一个智力低下的序列，把它们描画成具有卑鄙堕落习性的存在。而华莱士则不然。约翰·卢伯克爵士就评论道，华莱士对于野蛮人的描述跟从前的观察者大不相同。[38] 华莱士先前也相信那个程式化的观念，认为土著人不过是拥有体格和智力的人类化石。然而，当他在忠诚的马来人阿里的陪伴下渡越海面的时候，他不再那样想了。态度转变了，但同时又依然坚信着进化论。就这样，他带着困惑和矛盾，回到英国。在那里，他遇到了 19 世纪 60 年代早期时行的退化论。

304

华莱士是个特立独行的人。尽管他是个进化论者，然而，在听了利物浦哲学会（the Liverpool Philosophical Society）主

36　上引书，p. 342.

37　"Modern Applications of the Doctrine of Natural Selection 自然选择原则的现代应用"，《自然》杂志 *Nature*，1873，Vol. 7，p. 277.

38　"The Malayan Archipelago 马来群岛"，《麦克米兰杂志》*Macmillan's Magazine*，1869，Vol. 19，p. 533.

席艾伯特·莫特先生的几次讲座后，他被打动了。莫特先生似乎认为，在道德方面，现代人根本不比他的祖先优越。他并且认为，野蛮人常常是更为开化的种族的后裔。[39] 尽管我们还没掌握 1864 年之前不久那个时段华莱士思想状况的全部记录——他于 1864 年发表了对于进化论的伟大补充——我们依然能够从他的一系列学术贡献中，约略看出他思想发展的一步步轨迹。不妨从 1864 年的一番表述说起，那番表述得到了达尔文的赞许。[40] 那篇文章标志着华莱士跟达尔文分歧的开始。从文章中，我们注意到三件事：① 他试图解释更新世前期（the upper Pleistocene）动物区系大改变的时候，何以人类在外观上长时期保持明显的稳定；② 他尝试不用逐步进化原理，而通过其他路径去解释人类种族的歧异；③ 他首次指出，随着人类大脑的崛起，整个自然选择过程已经发生质的改变。应当再一次强调，305 这篇文章里，丝毫没有神秘或神学的观念。文章小心翼翼地持守着达尔文式进化论的基本表述，那就是难以觉察的歧变，通过生存斗争得到了选择性保存。达尔文本人对这篇文章是带着喜悦和兴趣加以接受的。1864 年 5 月，他在给胡克的信中写

39　James Marchant,《华莱士：通信和回忆录》*Alfred Russel Wallace: Letters and Reminiscences*, New York, 19x6, p. 335. 我居然发现了莫特在利物浦哲学会一次演讲的记录，日期是 1873 年 10 月 6 日。St. George Mivart 在他的《大自然的教训》*Lessons from Nature* 一书（New York, 1876, p. 148 ff.）中大量引用到这篇演讲。

40　A. R. Wallace, "The Origin of Human Races and the Antiquity of Man Deduced from the 'Theory of Natural Selection,'人类起源与从'自然选择理论'推导出的人类古老性",《人类学评论》*Anthropological Review*, 1864, Vol. 2, pp. clviii-clxxxvii.

道:"我已经读到华莱士论人的文章,认为它极具独创性,极其有力,令人瞩目。真希望莱伊尔论人的几章是由他写的……我不确定自己是否完全同意他对人的看法,但文章所表现的非凡天才,我看是没有疑问的。然而我同意新起的主导意见。"[41] 实际上,其时达尔文跟华莱士的分歧点,乃围绕着相对而言琐屑不足道的处所,比如种族分化的问题;比起这篇文章,华莱士在给达尔文的一通信中,将自己的人类进化观澄清得更为充分,更为满意。[42]

华莱士先是解释人类外表的稳定,指出,有必要解释如下的事实:人类和大型猿类在体格上的差异并不很大,但两者间在智力上和颅骨特征上却存在巨大的鸿沟。他不像其他达尔文主义者那样深信现存物种的分类学标尺,也不认为现代的原始人几乎填补着人猿之间的空白。实际上,华莱士所提出的观点可以大略表述为:人的实际进化过程可分成两个阶段。第一阶段的标志,是一系列体格变化,最终达到直立姿势,解放双手,便于执行大脑发出的指令。人类进化的这一早期阶段,无论它是由什么力量推动的,都是导致海豹的鳍状肢和鸟类的双翼那样的自然选择的产物。本质上,这是一种部分的进化,是促成了个体对生态环境做出的某种适应性改变的那种特化。这种生态型适应在整个生物界是无所不在的。正是这种认识,导致了比较解剖学和辐射性适

306

---

41 MLD, Vol. 2, pp. 31–32.

42 同上, pp. 35–36.

应（adaptive radiation）等原理的发现。对于新器官的发生机制和生命形态改变机制的探讨，乃贯穿于《物种起源》一书的始终。

然而，人类进化的第二阶段，这个代表华莱士对于本课题的独创性贡献、又引得达尔文称赏不已的思想成果，却包含他的一点认识，这就是：人类大脑的作用，在整个生物史中乃是一个全新的因素。华莱士显然是第一位清楚而自觉地认识到一个事实，并且充分把握个中含义的进化论者，这个事实就是：人脑的出现原本是身体特化的结果，然而，随着人脑的出现，身体特化自身的方式却可以说是被超越而不再管事了。身体部分的演化，见于复杂寄生虫生命史，或见于吸血蝠"手术器械般的口器"的那种无意识的改变，已经被永远地超越了。大自然原本是能够通过部分来为受限于某个狭小生态龛的某个生物画地为牢的，至此终于产生出一头生物，这头生物具有了一种潜能：它能够用一个特化器官做媒介，无穷无尽地发明部分、扬弃部分；看似矛盾的是，这个特化器官的主旨，乃在于逃避特化。

部分演化，长期以来主宰着生命，将生命窒息在没有进化出口的死胡同里的那种演化，这一来终于结束了。这个新脑，不论它有多不完美，它总是开启了一个新的视界；这个视界，假如不是无限的，至少也是人类所不曾经历过的。终于出现了，华莱士着重地说，这样一个存在，对它来说，脑子的重要性，大大超过了身体结构的重要性。开天辟地头一回，造化肯于给一头复杂 ³⁰⁷生物提供了可能，让它能够逃开那个无尽头的古生物学故事，那故事说的永远是，一头一般化的畜生，日逐变得特化，直到其生态龛的毁灭预告它自身的灭绝，而人，却在其自身中含有一种可能，那就是可以保持肉身的现状，任由身旁的整个动物区系兴起，改变，或走向衰亡。华莱士如是说："我们必须看得很远，看到遥远的过去，方能看到人类处在早期的状态中，那时候，他的智力还没有发展到足够使他将自己的身体挣脱外部条件的改造之力，摆脱自然选择的日积月累之功。"[43]

换言之，华莱士设想，人类的身体，尽管或许会继续受到微不足道的选择作用，却实在是于万物普遍变化之中，达到了某种永恒不变的境地。"我的见解是，"他如此给达尔文写道，"颅骨上的这一差别，一直在历经缓慢的发展，而骨架的其他部分却几近恒稳不变；一方面，第三纪中新世森林古猿（the Miocene Dryopithecus）历经渐进，变成为现存的大猩猩，而与此同时，不会说话而有着猿类大脑的人——然而依然是人——则逐渐发展为脑容量大并能形成语言的人。"[44]

说起由猿类的颅骨进化到人类的颅骨，其间所需的时间量级，他认为那是巨大的，很可能往前延伸到第三纪中期。"当他周围的动物全身各部都历经歧变，改变的程度达到了从一个属变成了另一个属，乃至从一个科变成了另一个科的时候，他（人）所经历的变化却完全在头部。"这种别致的演化发展或许牵涉到

43　上引书，p. clxvii.

44　《我的一生》My Life, Vol. 1, p. 419.

上千万年或者更长的时段。从前的人们，起先曾指望看到人类的系统发生显现在史上有名的人种或旧石器时代后期的克罗马农人中，那是不合理的。华莱士倾向于相信，主要的人种判别，追溯到这个种族的婴儿期，那时候，人类还不能成功地保护自己的身体免于改变。[45] 不管怎样，他认为自己这一理论的优长之处在于，它洞察到进化的一个直到那时还没被认识的方面；与此相伴的是一个观点，这个观点"既不要求我们轻视将人猿分隔开来的那道智力鸿沟，亦不拒绝充分承认我们跟它们在身体结构的其他部分存在的高度相似"。[46]

这时的华莱士，像达尔文一样，基本仍在以群际斗争（intergroup struggle）的思路考虑人类的进化，然而，有一点也很明显：由他引入的漫长的系统发生过程，减轻了对于现代人种短期直线连续发展的过分倚重。华莱士的思想对基督徒更有吸引力；并且，跟退化论者一样，他承认一个事实，那就是，高度发达的文明的衰落有时是可能的。在某种意义上，他的理论是进化论与退化论之间的"调和折中"，多多少少让敌对双方中那些不太狂热的分子都觉得保全了面子。达尔文主义者们喜欢这个宽和的时间租约。赫胥黎表示愿意为人类考虑一个第三纪中新世的形成时间，而莱伊尔则颇为这一新假说着迷。毕竟，对地质学家来

45　欲知现代遗传学对于人种的各种见解，详见 Stanley Gam, "Race and Evolution 人种与进化"《美国人类学家》American Anthropologist, 1957, Vol. 59, pp. 218–523. 今天，研究者认为，就种族特质而言，人类的可塑性比华莱士氏预见的还要大些。

46　《人类学评论》Anthropological Review, 1864, Vol. 2, p. clxix.

说，时间这东西永远都不厌其长。而且，在一个还有待于获得真正原始人种证据的世界上，华莱士毕竟找到了一条路径，绕开了更新世后期何以出现脑容量大的人类这一难题。事实可能证明，人类乃是一个非常古老、非常恒定的类型，一旦达到最后的智力阶段，则固执不变。

不过，华莱士并没有就此止步。他坚持不懈地回到这个课题，一篇篇论文连续发出。终于有一天，他惹恼了达尔文，并且招来"神秘主义"的指控。大家注意：我们已经来到一个节骨眼上，再往下走，就真得战战兢兢、如履薄冰了。毕竟，那场争论过去才不到百年，我们依然很容易感情用事，不是倾向于此方，就是倾向于彼方。有一件事，你必须冷静做到，那就是要意识到：不管你怎样看待华氏对大自然的某些哲学解释，那个人确是认识到一些真正无法解释的现象。

这真是达尔文时代具有讽刺意味的未平余波：自然选择理论的两位发现者和推广者都发现，那一原理应用到人类身上时都不充分。华莱士更加堂而皇之地拒绝了它，于是，人们的注意点，集中于他个人那有些神秘性的宗教信仰，而对于他所提出的问题，反倒不那么在意了。和他相反，达尔文借着自己模棱模糊的滑头天赋，藏在暗影里，于是逃过了人们的视线。然而，很清楚，他的晚年，日愈染上了拉马克主义的色彩，在对待人类起源的问题上尤为明显。

6 "潜能"说

前已论及，19 世纪 60 年代以降，地质学的声望行情看跌。原以为无限久远的地球年龄，正受到一门新兴物理学的检验；这门物理学非常注重热损耗与热力学第二定律。曾经在达尔文脚印后穷追不舍的那个开尔文幽灵，威胁说要把地球的历史压缩成 2500 万年。甚至有些物理学家声称，还可以更短些。华莱士已经够慷慨，他给了人类的形成留了 1000 万年甚至更多；这样一来，光是人类的形成就占据了地球历史的一半时间，剩下另一半给所有的其他生命形式，于是，它们只好像走马灯似的，快生快死，那就很像是早先灾变说的场面了。现在，我们且接着检看华莱士后期对人类进化的贡献，只不过要记着刚才所说的思想背景；达尔文主义者们必须两眼紧盯着那场风云变幻。

华莱士一向声称，自己关于人类古老性的想法是开放的，³¹⁰ 可以考虑不同意见。然而，若要提出人类古老论，则只要谨遵达尔文的严格信条，就不能考虑其他可能。这些信条中，头一条就是：有机体的变迁，是通过几乎无法觉察的增量来实现的。因为总的来说，达尔文主义者是断然否认跳跃式宏观突变的。第二个信条是，集中而强烈的选择效应，仅见于庞大种群中。1860 年，达尔文在给莱伊尔的信中这样写道："在个体很少的处所，即有变异，也必是缓慢的。"[47] 根据这个道理，1876 年，华莱士在开始包容不同意见之后，依据达尔文的假说推论道："人这样一个分明独特的物种，一定是在一个非常久远的时期就崛起为一个优势种，而以一波波密集种群在广袤大陆所有适合的部分扩散——因为，这……对通过自然选择的中介而迅速地形成种族是至关重要的。"第三个信条，对华氏的思想起了最终作用，因而或许是最重要的一条，是达尔文对于使用与否和对于有限完美度（limited perfection）的高度倚重。达氏在《物种起源》中称："自然选择只打算将每一个有机体做得跟它必须在其中争取生存的同一地区内的其他居民一样完美，或者稍为更完美一些。自然选择不会产生绝对的完美。"[48]

所以，华氏若要将达氏的理论应用于人类大脑的起源问题，就必须在上述三点上有所保留。正是这些保留，使得华莱士跟他的卓越同行的观点分道扬镳。1869 年，让达尔文非常沮丧的是，华莱士得出结论说，自然选择说及其对于生命的纯粹功利性的视

311 角，对人脑的许多方面和许多能力是没有解释力的。[49] 另外，华莱士开始表示担忧：在更为古老的地层里，并没有多少人类遗

47　MLD，Vol. 1，p. 143. 在现时代，研究遗传漂移 genetic drift、量子进化论 quantum evolution 和类似课题的学者会意识到，种群小未必不利于进化性改变，然而，在达尔文的时期，这样的事实是人们所不能把握的，因那时的人们不具备我们时代的遗传学知识。

48　《物种起源》，pp. 172-173.

49　"Geological Climates and the Origin of Species 论地质年代的气候与物种的起源"，《评论季刊》Quarterly Review，1869，Vol. 126，pp. 359-394. 随后还有其他论文。其中大多数经统一编排，收入伦敦麦克米兰公司发行的华莱士文集。

存；依照达尔文理论的要求，这一缺失很难解释。[50]

华莱士在《评论季刊》（*the Quarterly Review*）中著文力争，而他的观点很快就引起达尔文和赫胥黎的注意。华莱士说，即使最低等的野蛮人，甚至是已知的史前人种，他们的大脑也比欧洲人的大脑差不了多少。"自然选择，"他争辩说，"只能赋予野蛮人比猿脑稍为优越一点的大脑，而实际上，他这个大脑却堪比我们一般有学问的社会成员而无遑多让。"今天，研究者已经能在先天遗传禀赋与文化遗产之间做出仔细的区分，人们发现，他这番话听起来并没有怎样离经叛道。然而，在华莱士所处的年代，它却直接挑战了西方种族中心观念和下述的整个观念：土著人不过是些活化石，注定要在生存斗争中被消灭干净，因他们的智力薄弱而陈旧。在有些人讲述的伪故事中，土著人讲话像猴子，乃至根本不会讲话。华莱士针锋相对地指出："即使在最低等、语汇最简单的野蛮人当中，发出多种分明而连续的声音，并且给这些声音加上几乎无穷调制和变调的能力，在任何方面都不比较高等人种的稍逊。那是一个工具，先于其拥有者的需要而提早发展出来了。"

在这最后一句话里，我们找到了晚年华莱士所有关于人类的思想的线索。他终于坚信，人的**潜在**智慧能力，即使在野蛮人的阶段上，就早已远远超过他可能通过自然选择本身所能达到的 312 程度了。"我们得问一句，"他后来说，"在一系列的数学能力进

---

50 《达尔文主义》*Darwinism*, London, 1896, p. 458.

步跟其拥有者的生存或死灭之间，究竟有什么关系；这些进步跟部族与部族、国族与国族的斗争，究竟有什么关系；跟一个种族的最终存续与另一种族的最终消亡，究竟有什么关系呢？"

他终于怀疑起来，音乐的天赋，高等的德行，究竟是不是在自然战争中使用的产物。这些品质就在那儿，其可供野蛮人开发利用，一如其可供文明人开发利用。它们是潜在的能力。"有点令人奇怪的是，"华莱士不无挖苦地说道，"一方面，所有现代学者都承认人类的古老性，然而，他们大多数却坚持认为，自己的智力原是非常晚近才发展出来的，根本不打算往深处想想这样的可能性：在智力上跟我们一般无二的原人，在史前时期就已经存在。"[51] 换言之，华莱士得出结论说，不论人类的历史最终被证明有多长，从生物学上讲，人的智力发展在很久很久以前就已经达到了很高的水平。纵观历史，华莱士看到，人类的心智品质跟他在物质方面的进步，跟他奇怪的无毛，跟他喉头的结构，跟他灵活的双手，都没有明显的关系。于是，华莱士倾向于相信，"或许有某种更高的智慧，指引了人类发展的过程"。[52]

看到《评论季刊》上登出的文章，达尔文写道："假如不是你事先相告，我还会以为那些话是别人补充上的呢。如你所料，我极其痛苦地不敢苟同，并且为此而非常遗憾。我看不出，有什

---

51 "Difficulties of Development as Applied to Man 物种起源原理应用于人类的困难"，《科普月刊》 *Popular Science Monthly*，1876，Vol. 10，p. 65.

52 《自然选择与热带环境》 *Natural Selection and Tropical Nature*，London，1895，p. 204. 具体到这篇文章，"Limits of Natural Selection in Man 自然选择在人身上的局限"，则是写于 1870 年。

么必要为人类引入一个额外的近似因（proximate cause）。"[53] 两个人没有翻脸，但这段插曲必定使他们两人——两人都是孤独的 313思想者——变得更加孤独了。"我希望你没有如此彻底地杀死了你的也是我的孩子"，达尔文悲叹道。然而他决不会忍受"在人类进化的任何阶段附加什么奇迹原因"。[54] 其他人则更为同情地看待华莱士的观点。一个评论者写道："如果我们不承认野蛮人大脑里的潜在能力是为遥远的未来植入的，那么我们只能说，那些能力是一个我们所不知道的力量依照某种我们尚未把握的律条造成的结果。"[55]

然而，当时的潮水是逆着神秘主义而顺着实证科学路径奔流的。爪哇直立猿人头盖骨和在皮尔丹的发现给了人类化石历史的研究以新的动力。鲁道夫·施密德提出，退化论与进化论的争吵，必须由考古学之外的途径得到解决。他的意见终于由古生物学做出回应。面对如此像人的化石如爪哇直立猿人和在皮尔丹发现的长有猿类下巴的生灵（后来证明是个骗局），退化论的论点难乎为继了。

然而，华莱士对于人类学的贡献，就是认识到，人类将老式的特化式演化——那一演化牵动着整个植物界和动物界——从自身卸下，转移给了自己创造的工具和机械装置。这一思想已

53　Marchant，上引书，p. 199.

54　LLD, Vol. 2, p. 211.

55　无名氏，"达尔文论人类的由来 Darwin on the Descent of Man"，《爱丁堡评论》*Edinburgh Review*, 1871, Vol. 134, p. 204.

被作为总体的科学知识所吸纳。[56] 他还有一个认识被知识界吸纳了，尽管某种程度上是不情愿的，那就是，人类较高的智力品质和道德品质在整个文明史期间基本处于停滞状态，而必须把它跟人的物质进步区别开来。霍屯督人不再充当从猿到人的台阶；黑人的头盖骨也不再被讲演者摆在桌上，放在大猩猩头骨和高加索人头骨之间。

　　站在如今的时间制高点上回望，我们能认识到，当年由于选择压力主导思潮而让华莱士不胜困惑的一些人类体格特征，现在在某种程度上已经可以从幼稚形态（pedomorphism）得到解释：是胚胎特征或婴儿特征被滞留下来，延续到了成年期。现在普遍认为，这种导致幼稚形态停滞的力量，极可能在人类演化中扮演着关键角色。[57] 华莱士观察到了自己没有地位去理解的东西。如果那个东西最终引着他远离同侪，而到了一个思想的云端，它同样把他引向 20 世纪，引向了一场大戏；1913 年离世之前，他尚及见其开头一幕。

56　这一思想受到当时多数重要思想者的欢迎，他们有：达尔文 Darwin，斯宾塞 Herbert Spencer，赖特 Chauncey Wright，麦考士 James McCosh，莫尔斯 Edward S. Morse，郎刻斯忒 E. Ray Lankester 和另外许多人。用费斯克 John Fiske 的话说，"就像开启了一个全新的，思索的世界"。（《百年科学》A Century of Science，Boston，1899，p. 104.）

57　见 Gavin de Beer，《胚胎与祖先》Embryos and Ancestors，2d rev. ed.，Oxford University Press，1951；亦见 M. F. Ashley Montagu，"Time，Morphology，and Neoteny in the Evolution of Man 时间，形态学，和人类进化中的幼态持续"，《美国人类学家》American Anthropologist，1955，Vol. 57，pp. 13–27.

7 大脑与时间

贯穿整个 19 世纪，作为最神秘的人类器官，大脑一直受到研究者的检视。在那时一如在现时，它都是"当代科学最大的谜"。早在 1804 年，居维叶就呼吁人们注意沿着"自然内投"（natural endocasts）路线去研究灭绝动物的大脑。[58] 达尔文在 1837 年的笔记里，预见到他的理论会"给近期的和化石的比较解剖学带来热情；将导致对于本能、遗传性和心智遗传性的研究"。[59] 1851 年，早已被人遗忘的美国进化论学者 J. 斯坦利·格赖姆斯（1807—1903）写了一本书，由于遭到批评，他很快就压 315 下来，没有出版。书的名字叫作《骨相-地质学：逐步造人——由自然史所表明，并由那些将大脑的组织和结构与连续地质时期联系起来的发现所证实》（*Phreno-Geology: The Progressive Creation of Man, Indicated by Natural History and Confirmed by Discoveries Which Connect the Organization and Functions of the Brain with the Successive Geological Periods*，波士顿）。[60] 像书名所表明的那样，格赖姆斯试图将当时的骨相学所理解的大脑各部分跟不同地质时期联系起来，以说明各自出现的必要性。

---

58 Tilly Edinger, "Objets et Resultats de la Paleoneurologie 古神经学的实物与成果", *Annales de Paleontologie*, 1956, Vol. 42, p. 97.

59 LLD, Vol. 2, p. 8.

60 嗣后，在 1881 年，这部书又从新出版了，题为《有关创造的诸问题》*Problems of Creation* （Chicago）。

很显然，格赖姆斯熟悉冯·贝尔和其他欧洲博物学者的著作。他的进化哲学尽管粗糙，而跟骨相学观念纠缠不清，却包含着辐射性适应和突变（他称之为"特质"idiosyncracies）等真知灼见；他认为，这些"特质"起到了"承受新情况的冲击而幸存"的作用。[61] 这本书又一次证明《遗迹》一书成功后进化论思想的广泛传播，也说明这些作者多么趋近了《物种起源》的主导思想。像在许多其他案例中一样，格赖姆斯不具备足够的技术背景去处理他所遇到的思想观念，也没有能力意识到自己的想法哪些是重要的。然而，他关于大脑的摸索研究，在某种意义上却成了后达尔文时代一个认识的前导，那个认识就是：像身体其他器官一样，大脑也是有历史可寻的，这一历史追溯到它的动物性过去。在这个意义上，他是一些后人的先驱，这些人包括神经学家J. 休林斯·杰克逊。杰克逊在19世纪末年观察到，随着演化的进步，大脑的一些较高级中枢变得更加复杂，越来越独立于那些它们所由演化而来的较低级中枢。[62]

316　　然而，有两件事情，这些大脑演化学者们说不好，他们不能回答。一个是，这个器官达到当前状态，花了多长时间；另一个是，他们也不确定，华莱士那个设想，到底是对是错，那个设想是：人的头部是在长期直立地居活动之后才发生明显改变的，

61　见上引书，p. 135.

62　《进化论与神经系统的分解》*Evolution and Dissolution of the Nervous System*，London，1888，p. 38.

在此期间，发展出一种完全不能抓握的脚。"吾人可以设想，"华莱士曾经申论道，"当他达到了直立形态，具有了人的外形之后，他的大脑仍旧没有发达。"[63] 第一个阶段完全还是旧有进化论意义上的特化适应；第二阶段，牵涉大脑，则将一种新的力量引进了宇宙之中。

随着物理学者对地质时间的攻击日趋激烈，就连达尔文也坐不住了。他在给朋友休·福尔科纳的信中写道："我宁可看到，'一个新物种的形成过程比它的存续时间短些'这种事会有很大可能性……"在同一封信里，尽管他小心翼翼将自己跟那种"新物种像鬼怪一样突然出现"的想法撇清关系，而一再强调物种形成是一个长期的过程，但很明显，他愿意考虑一个物种在相比其形成后的存续期间短得多的时间内出现。[64] 无独有偶，尽管从自然选择的老想法看来，华莱士为人类的形成提出了一个很长的时段，但时到 1876 年，他乃愿意大胆设想，"假如……在欧洲和亚洲所有地方的持续研究仍不能揭出任何证据证明他的存在，[65] 那就至少可以推测：他是很晚时候才产生的，而形成的过程比先前想的要快得多"。

这工夫，华莱士只能提出一个"平心而论"，那就是进化是

---

63 《大好世纪》*The Wonderful Century*, New York, 1898, p. 134.

64 MLD, Vol. 1, p. 244.

65 就是说，在真正古老的地层里。

317 由某些"更高等的施为者"引导进行的。[66] 由于这个假说将论题推入玄学之境，所以，在科学界没被严肃对待，而其所提出的真正问题——人类古老性的问题，于是淡出了科学的视野。尽管有关人类化石材料的发现一向稀少，那个爪哇直立猿人的头盖骨和股骨一直意味着某种发展，在那个发展中，如华莱士所早先预言的，两足行走乃先于大脑的充分发展。另外，放射性技术出现之后，人类演化的时段被赋予地质年代般的长久时间，这使得人类古老性这个课题变得不像 19 世纪最后 10 年那么紧急逼人了。

　　然后，在 1912 年，皮尔丹的发现被公之于众，招来华莱士的苛刻评论，他说，"即便是真的，那也说明不了什么。"* 这或许是华莱士关于人类的化石历史的最后评论。次年 11 月，华莱士逝世。吾人真应该起他于地下而问之，为什么他对那么多人都欣欣鼓舞热烈拥抱的大发现，居然如此淡然视之，一语带过呢？他，这个很久以前为进化学说而战斗并获得胜利的众多战神中最后一位幸存者，这个活着看到重重阴影困扰达尔文而萦绕不去的人，现在可以说是烟消云散了。难道他得到什么暗示，约略知道那个头盖骨是冒牌货吗？[67] 不大可能。可能的倒是，他这样做，在某种程度上乃是由下述的想法所驱动：那个头盖骨不符合他本

66　"Difficulties of Development as Applied to Man 物种起源原理应用于人类的困难"，《科普月刊》 *Popular Science Monthly*，1876，Vol. 10，p. 65.

　*　Marchant，上引书 p. 347.

67　欲观 1953 年这一骗局的揭穿，请看 J. S. Weiner，《皮尔丹伪造案》*The Piltdown Forgery*，Oxford University Press，1955.

人关于人类进化的观念。

那个皮尔丹头骨曾经为当时的研究者呈现一个极其特别的情势。不管是爪哇人还是皮尔丹人，当其发现之初，都被赋予非常久远的日期，大概都距离上更新世（Plio-Pleistocene）不远吧。然而，两件标本看起来如此不侔，分明意味着极为不同的进化之力在起作用。如我们此前看到的，爪哇人似乎证实着华莱士的观318点：人在取得直立姿势之后很久，大脑才开始缓慢的增长。对比之下，皮尔丹人则下巴是类人猿的，颅骨是现代人的，意味着大脑比身体其他部分进展更快。多人提出，那头畜生甚至连直立姿势还没能获取。[68] 皮尔丹人的出现，给人类古生物学造成巨大困惑，以至于各种各样的辅助性假说（supporting hypotheses）和人种谱系，全都得重新推敲补缀，以包容这个异常情形。1928 年，沃森指出，两件标本年代大致相同，然后评论道：以我们所知的其他哺乳动物的演化来做类推的话，则应能发现"更新世早期人种的特有结构"。沃森不得不承认，这样的比较结果"令人非常失望"。他发现，人类的变异性是"异常的巨大"了，而减小分歧的唯一办法，是给皮尔丹人的碎片配上一个较小的原人大脑。[69]

19 世纪的最后 20 年，一系列令人瞩目的新发展给长期沉寂

68　W. P. Pycraft, "The Jaw of Piltdown Man 皮尔丹人的下巴",《科学进步》杂志 Science Progress, 1917, Vol. 65, p. 391.

69　D. M. S. Watson,《古生物学与人类进化》Paleontology and the Evolution of Man, Oxford University Press, 1928, pp. 14–19. 为对沃森博士公平起见，应该说明，另有许多学者发现了类似困难，而在处理皮尔丹材料时做了类似调整。就算是他仅仅提出了抱怨，也足以透露一种直觉：这种情况事有反常。我引用他的著作，仅仅是为了说明当时普遍存在的一种思想倾向。

的人类种系古老性这一课题注入了新的热情。我们这里指的是华莱士理论中的人类第二发展阶段：那个涉及真正产生文化的大脑出现的阶段。首先，证据渐渐增加了——增加了多少，本文不能确定，然而确比华氏在 1876 年最初提出这一问题时分量更足了——意味着以地质时间论，人脑的进化一直是极其快速的。蒂利·艾丁格博士是哈佛大学杰出的古神经学家（paleoneurologist），他评论道，从地质学眼光看几乎就是一瞬之间，大脑半球就似乎扩大了百分之五十，而在身体尺寸上却没有伴随任何显著增长。[70] 还有人提出，用新的年代测定法进行的新研究表明，百万年之长的更新世还可以缩短。[71] 这样一来，一个间接的结果就是：我们迄今所知的一些化石人种的年岁又进一步减少了。爪哇直立猿人的年代，曾被派在上新世晚期，从那时起，又长期以来被派在了更新世中期，而非常多的，实际上我们所知的大多数古人类，仅仅局限于更新世的后半程。在此以下，而往回延伸到更新世后半程那些模糊的时段，雷蒙德·达特，罗伯特·布鲁姆，J. T. 罗宾逊和其他人的研究，揭露出一系列奇奇怪怪的类人猿类，他们都非常接近人的边界线，于是乎，他们到底已经是能够以非常原始的方式"使用工具"的人类，抑或实际上不过是两足行走的猿类，其大脑仍未达到哪怕是低等"人类"

70　上引书，p. 5.

71　Cesare Emiliani, "Note on Absolute Chronology of Human Evolution 关于人类演化绝对年代学的短笺"，《科学》杂志 Science, 1956, Vol. 123, pp. 924-926.

的水平，则依旧是一桩悬案。

大量的发现和累积的信息，或许能在不久的将来解决这些争议。所有这个五花八门的集合，这些被称为"更新纪灵长类人猿"的存在，无论他们在不在人类直接谱系的上升线上，他们都意味着，自己尚处在华莱士"原人进化二期说"所设定的早期杂食地居阶段。他们形态的变异性本身，就明白无误地提醒着人们别忘了华莱士思想的另一方面。他曾推论说，在热带地区，或许是在非洲，"我们或许能上溯到大脑逐渐减小的先期种族，直到我们来到一个时间点，在那时，他们的体质方面也开始歧异，在那里我们应该追溯到人科动物的起点。在此之前，[人的]智力还不足以保持自己的身体免于改变，因此也会像其他哺乳动物一样受到那较为快速的形体改变力量的支配"。[72] 奇怪的是，在人类所有灵长类祖辈亲属中，唯有东部非洲大草原上这些古猿，假如它们是猿类的话，才出人头地，经起了这场百年思索。 320

人们不免再三寻问：如果人的大脑如此出人意料地在这片大地上发生了"爆炸式增长"——现在看来很可能如此——那么，到底是一些什么样的力量在起作用呢？当然，老式达尔文意义上的族群间竞争性的斗争，跟人类幼稚形态的赤裸无毛以及很久以前吸引了华莱士注意的那些奇奇怪怪的特质，是没有多少关系的了。这不是说，我们得抛弃自然选择这条原理，但很明显，我们必须寻找一些选择因素，那样的因素是达尔文所从来没有预

---

72 上引书，1864, p. cbcviii.

见到的，而或许是这些因素，才跟古生物学所难以索解的语言和社会等因素捆绑在一起。如沃森所言，人类进化中最令人着迷的问题，或许真是那些不得不跟骨头的形状打交道的古生物学者所难以把握的。如他所言，或许，"能够解释人类进化之意义的那些结构的性质，乃在人的视线之外"。[73] 就连一位伟大的现代遗传学者也都谦卑地承认："导致人这物种的形成的那些原因，只能有某种朦胧的领悟……"[74] H. S. 哈里森曾就此事说道："人在成为人之前做得很好，而没有人给出任何理由他何以不再继续做一只猴子。"我们是在"试图理解……自然人是怎样变得不自然的"。[75]

在检视这场历时一个世纪的大讨论的时候，人们不禁会问：达尔文和华莱士，这两位掌握着一套理论纲领的人，若没有任何必要的附加的玄学成分，他们究竟能否回答经常困惑着自己的某些问题呢？如菲斯克所言，有了人，人们在宇宙的历史中开启了新的篇章。大自然就像是决计要绕过自己先前的所有实验，不再那样一件一件地做，什么胳膊腿啦，鳍状肢啦，牙齿啦，鳍啦，而一心一意只琢磨一件事：将一个善于操纵的肢端，放置在大脑的有意识的控制之下，也就是，使手的动作完全编码化（encephalize the hand）。就凭脑和手，人就能对先前曾对自己发

321

73　Watson, 上引书, p. 27.

74　Theodosius Dobzhansky,《人的自由之生物学基础》*The Biological Basis of Human Freedom*, Columbia University Press, 1956, p. 9.

75　H. S. Harrison, "Evolution in Material Culture 物质文明的进化",《不列颠学会关于科学进步的报告》*Report of the British Association for the Advancement of Science*, 1930, p. 140.

号施令的外部环境发号施令了。树要砍，火要点，石要飞。

但是，华莱士要问：这是怎么来的？达尔文"小心翼翼地要我们相信，自然选择没有力量产生绝对的完美，没有力量将任何存在物推得比同类远很多，而只能够把它往前推一点点，让它足以在和它们的生存斗争中胜过它们，活过它们"。[76] 自然选择的力量就是这样局限，然而人，即使是野蛮人，却能唱歌能做梦，在自身蕴含了巨大的潜能，假以适当的教育和训练，便能测度天体和原子。这些力量不是窝里斗（internecine struggle）的产物。但究竟自何而来呢？为了斗争，一个比大猩猩稍好的脑子就足够人用啊。

在《人类的由来》一书中，几个晦涩的句子里隐藏着达尔文的回答；就他和华莱士的观点而言，那个回答很精彩。然而在现实中，那是一个梦游症患者的回答，是一个深深沉浸于自己时代 322 的思想中的人的回应；这个回应像是一个巫师的预言，在一阵出神的恍惚中，说出了一个先知的真理，却并不预想其带来的后果。"在许多情况下，"达尔文写道，"一个部分的继续发展，比如鸟喙，比如哺乳动物牙齿的发展，并不会有助于那个物种获取食物，或用于任何其他目的；然而，**在人，对于他的大脑和智力的持续发展，就其优越性而言，我们是看不到任何明显的**

76　A. R. Wallace,《自然选择与热带条件》*Natural Selection and Tropical Nature*, London, 1895, p. 187.

限制。"[77]

在这些话语里，达尔文暂时背离了自己关于相对或有限完美度的原理，因他已经意识到，有推理能力的大脑的产生，开启了一扇通往完美的大门；它的故事，不是依据"蝴蝶翅膀的有限优势"这种逻辑来讲述的——尽管人的生命或许已被证明跟那只娇弱昆虫一样的缥缈，一样的脆弱虚幻。一时间，仅仅在这孤寂的、沉思的一时间，他写到，那个在其青年时期构想出人生整个巨大的恶和善的大脑，或许听到了遥远的开门声。然而达尔文老了，那个瞬间逝去了。他没有撰写论文，他没有做出回答。贯穿那口径一致的全书，行进着斗争与习性，行进着部族与部族的战争。

他没有意识到，华莱士也没有意识到，不待诉诸特别干预地意识到：从部分进化转换为大脑的进化，"相对完美度"这一原理不管了。较高品质一旦出现，孤寂中的人很可能发觉，自己受到那些品质的吸引，因为，就连狗狗也喜欢一只更为善良、更为体贴的手。然则，选择，在某种程度上，会乖乖地顺从人的更为高尚的品性的引导，正如他无意识地选择一些他想要的动物加以驯化。用 F. R. 坦南特的话说，"人的大脑，一旦在进化的过程中达到了观念形成、群体交往和语言的境地，便能够自主发展，而不再为机械的选择（那毋宁说是拒斥 rejection）所控制；控制它的，从此就是它自己的兴趣和固有潜力。它从生物学意义上有

77　上引书，p. 169.（斜体是笔者加的——L. E.）

用的智力和情感，进到不带利害关系的科学，进到跟日常生活毫无关系的数学，进到艺术和宗教，这些产物中，没有哪一个比另一个更需要什么天外救星（the Deus ex machina）来引起它的出现"。[78]

这些言语，并非要暗示说，人脑之兴起的所有方面，或者说，它"如何由它出生之际那奇怪难解的加速刺激而来"这件事，已经被充分理解了。这只是要重申，在人的大脑皮层的扩展延伸中，一个新世界开启了。低等哺乳动物那精准的本能，换成了由该群的文化所控制的高度可塑和善于适应的行为。

人的这一文化相——似乎就是它使人跟别的动物如此截然不同——最近由 A. I. 哈洛韦尔重新做了检讨。他得出结论说：我们倾向于把人看作是"文化"的拥有者。这么一来，我们就竖立起一道二分法的屏障：人有文化，而动物界，包括我们的原始人亲属，则完全没有这种属人的特性。"拥有文化，"他写道，"似已经成为一个'全或无'性质的命题。"与此相反，他假定有一个初级文化阶段（a proto-cultural stage），这个阶段很可能很早就达到了，"甚至早在语言的发展之前"。那个阶段，可能有少量的工具使用，有些许习得的行为，然而尚没有包括说话在内的整个范围的活动；说话，是我们所认为完全为人类所特有的。由于达尔文及其同伙把现存的猿类推得太靠近现存人类，于是引起了一些反应，这些反应导致人类学者暗示说，文化是一个整

---

78 《哲学性神学》*Philosophical Theology*, Cambridge University Press, 1937, Vol. 2, p. 94.

体，有一个"相对恒定的类的内容 categorical content"，甚至在
阿好形态学演化的时候也不免这样讲。文化和"人"，无论这后
一个语词在史前史那幽暗边界处可能意味着什么，据认为是一下
子出现的。[79] 显然，这个截然的人为划分在人和他的遥远先驱之
间插入一道屏障，或许，达尔文及其同伙正是为这道屏障所迷
惑呢。

说来也真够讽刺的：很大程度上，竖立这道人为屏障的责
任，必须由达尔文一伙来承担。他们太急于假定，动物拥有初步
语言，而现存土著人在语汇方面亦与较高等灵长类伯仲之间。他
们将文化同生物学禀赋混同起来，或许混同得过于彻底，至于让
后来的人类学者倾向于假定，我们所谓的"文化"是一下子出现
的，就算在语言出现之前也没有什么初级阶段。那伙人，除开迥
拔绝伦而不世出的例外如华莱士者流，都有意无意地助长了种族
歧视。

或许，到头来，下述的事实是理有固然的：华莱士到底是
一个找寻天堂鸟的人，是一个在珊瑚海的岛屿间寻找蝴蝶的人。
他爱美，而在他的众多珍藏中，他最终珍爱的，还要算人的潜在
的道德之美。他在简朴人种那里找到了它，尔后就把它放在心
头，不弃不离。

---

79 A. I. Hallowell, "The Structural and Functional Dimensions of a Human Existence 人类经验的
结构维度和功能维度"，《生物学评论季刊》 *The Quarterly Review of Biology*， 1956， Vol. 31， pp.
88-101.

第十二章
结语

理解生命，必须回顾；但生命本身必须前行。

——克尔凯郭尔

1 时间：循环的和历史的

三百年间，各种思想跟赫顿星球的面目一样，也在演化、风化和改变着。一些思想在暗夜中消失了，没人知道它们怎么了，也没人知道，何以它们曾有一时居然拥有过恶魔般的力量。当然，它们兴许也会迁时越世，挺然屹立，憔悴独立，经磨历劫，在后起信念软刀柔剑的凌逼之下，死守严防，不肯让步。有时候，当云团飘过无形的时间地景，它们也随之变幻形体，捕捉到新的光线，演变成跟自己的原质原形迥然不同的东西，忽而黯淡，忽而又闪耀着落照的多彩，那原是人类多彩头脑本身的反映。那座现在称之为"进化论"的人类思想之丰碑，性质上盖亦如此。

它的起源，我们已经探讨了一二；它曾经有过很多名，其中的几个名，曾经有助于它的实——这几个名，随着我们的耐心讨论，已经显得平淡无奇。然而，那个思想，那个结构本身，却依然矗立，愈形巨大，而且更加坚不可摧，刀枪不入。它一头连着原子之内的无穷奥秘，一头又连着"意识"这个看不见摸不着的非物质世界，这个世界，没有人相当成功地将它跟炎夏村路上扬起的轻尘辨别开来。"进化"的思想，对许多人来说，那就是把人打回畜生道的一道咒符；对其他人，则成了须臾不能或离的行为圭臬。另一些人，则从中看出了从一滩软泥中向上爬升的漫长行程，一条进步律令，是早先基督教阴沉预言的大反转，那种信仰将人生状况视为不可避免注定的恶化。血性的人，温文的人，都一样会利用它的论点。有鉴于此，我们有必要从新审视下这个概念的历史，审视下它的道德涵义。

我们记得，薛知微谈到人的兴起时说："对于任何动物学连续性来说，那都是一次打断和闯入，用我们有任何资格称之为自然规律的东西都是绝对无法解释的。"[1]这种说法在 19 世纪前半叶是典型的进步主义论调。比照起来，赫胥黎那种论调才真是轻浮而不负责任，他在动身去对一帮劳工讲演的时候说："到下星期五，他们都将确信自己是猴子。"或者，比照下我们时代的学者，约翰·贝利那句很有分寸的话，他说："非信者的标

1　薛知微，《论剑桥之学》，*A Discourse on the Studies of the University of Cambridge*, 5th ed., London, 1850, p. xlv. 亦见《伦敦地质学会论文集》*Proceedings of the Geological Society of London*, 1831, Vol. 1, p. 305.

志，就是他发觉自己在世俗环境中一向活得令人惊讶地舒坦。"[2]
从上述第一番话到最后一番话，整整一个世界来了又走了。不过，仍需追问，从薛知微那种满含挑战意味的超自然主义论调（supernaturalism）到现今科学人那种志得意满，两者之间，到底有没有隔着一带别的领土，一带迥异于很久很久以前曾经困惑过达尔文的，然而却同样广袤的迷魅领地。要想去探索这些异样的领地，我们就一定先要对达尔文的世纪再来一番仔细的巡视。

2　前达尔文时代

　　粗略言之，19 世纪上半叶有如下特点：那是生物学的形成期，这一番形成主要导源于法国，但在某种程度上，英国也因约翰·亨特（1728—1793）的成就而与之并驾齐驱。亨特是一名解剖学家，不善著述而功勋卓著。人们日愈注意不同生命形式在解剖学上的一致性与相互联系。由约翰·雷和林奈开始的事业在全球范围家喻户晓，动植物学积累起巨量的知识。庞大的动物群体之间生物类型的一致性已经明显，然而，大多数思想者却依然认为，这个一致性是非物质的，是由神明规定的一种联系。德、法两国虽然在比较生物学方面领先一步，然而，在地层地质学领域，大陆学者却被英国人一时超越。这一情势，或许是由在一个

---

　　2 《朝圣之邀》*Invitation to Pilgrimage*, Oxford University Press, 1942, p. 94.

狭小局限的岛国，兴起了工业革命造成的。无论如何，由于法国革命造成的反动，19世纪初期的英国遂于思想上发生宗教保守主义。与此同时，在地质时代中，发现了互相连续的动物区系，与此类似的，还发现在各动物区系之间，存在明显可辨的形态学相似性，尽管不是全等。那个保守主义，遂与两大发现际会而合流了。

其时，英国适有一些秉持自然神思想的学人，如薛知微和其他有类似观念的人，遂于上述合流中，竖立起"进步论"之说；其说虽云基于自然科学，但本质上却是一种玄学的统绪。完全认同此说的阿加西便如此写道："可以表明，在'创造'的伟大计划中……那原初的发端，乃展现指向目的的特定倾向，透露出它为之努力的大业；一系列的脊椎动物，方向坚定、愈来愈像人的一系列动物，应呼而出，日愈显现，这些连续的演替，都朝向那个最终标的。"[3] 真的，进步论就是既没有体格连续性，也没有地质学连续性来支持的进化论系统。实际上，它可以被称作关于精神性大突变（spiritual macro-mutations）的理论。这一富于浪漫色彩的"进化理论"遭到具有科学头脑的均变论者的激烈反对，后者偏好那些具体可察的、恒定不变的力量。它的兴起，导致了一个令人费解的奇观：科学的地质学实际是反对有机体变迁说的。另一方面，进步主义乃得到一些大

328

3　阿加西，"我们星球的一段历史 A Period in the History of Our Planet"，《爱丁堡新哲学杂志》 *Edinburgh New Philosophical Journal*，1843，Vol. 35，p. 5.

家的赞许，其中有理查德·欧文，路易·阿加西，以及其他一些讨厌达尔文观点的人。而那些均变论者，既然迄今对于生命形式拿不出基于自然的解释，于是在哲学上就暴露出危险的弱点：如果他们承认，是一些神秘力量在生命现象中起作用，而同时又拒绝灾变论者那套地质学，因而必须拒绝承认那些力量，他们就不能自圆其说。

在进步主义的手中，活生生的大自然，跟胡顿所设想的那个安然不离正道的世界机器截然相反——那是牛顿式世界秩序的典范。承认变化和以进步论的神奇方式发生于世，[4] 毁坏了科学定律的一统天下。1801 年，居维叶向世界宣布，他发现有 23 个动物物种现已不存，从那时起，古生物学就对科学地质学造成了这一威胁。对于石头中的那些龙，若没有基于自然的解释，它们实际上就是心智领域的毒龙。它们威胁要将超自然力量之不可预测的介入强加到理性的、胡顿式的世界秩序上。居维叶曾被某些方面谥为撒旦的藏尸房，得到了小鬼翼手龙的形象，实在也没有冤枉了他。 329

19 世纪上半叶期间慢慢发展出来的另一种思潮，乃与时间的本质有关。我们已经看到，地质学知识的增长，甚至就灾变论而言，也已经慢慢加强了公众的接受能力：他们已经能接受地球拥有更久远的历史了。对于莱伊尔及其追随者来说，时间依然具

---

4 读者查阅这个时期的原始文献时，应当注意真正的进步主义 progressionism 与渐进发展理论 progressive-development theory 这一短语的区别。后者偶或适用于真正的演化，尤其是拉马克式的多样化。

有"无限"的意味。它是循环的，在某种程度上还是反复的。从莱伊尔氏对非进步论的态度，就可以窥见这一陈旧观点对一般人的吸引力——他对那个理论的态度是摇摆乃至支持的。这样的时间或许单调无聊，然而却安全、健全，且符合日常经验。亘古以来，百川入海，龙生龙凤生凤，只不过栖息地范围或涨或缩。冬尽春回，昼夜更替，万物去了又来。牛顿式的世界观，诸天运行，万古安稳如机器；天既如此，地又何所逃乎此道哉？行星的轨道虽有偏离，却能自动纠正而无需超自然的干预，那么生命，虽然挨挨挤挤，争争吵吵，岂不是同样处于动态的往复平衡之中吗？约翰·亨特曾经说道："食肉动物只能被认为是被捕食动物数量的矫正者。动物界自有其保持平衡的能力。"生存斗争被他看作是"自然政府"。[5]

应当注意，18世纪几乎每一番检视生存斗争的尝试，都以这些关键词所定的调门而告终，这些词有："平衡力 equilibrium""修整 pruning""监管 policing"和"自然政府 natural government"。就连马尔萨斯的论文，也首先是一个警告，他说，人，也脱不了数量的限制；不断进步是不可能的。要想观察到这一斗争的创造性一面，还有待于对相互联系的几条线索有所识。这些线索实际上全都包含在一单个基本前提中：时间是历史性而非循环性的。说到底，并不是对于更多时间的330 要求，像灾变论者与均变论者之间争论的那样，导致了生存斗

---

5 《评论与观察》*Essays and Observations*, London, 1861, Vol. 1, pp. 46–47.

争的真正重要性。导致它的，宁是时间的独特性质，这个性质正由于天文学和古生物学的研究开始显现。时间一向是有宏大维度的——诚然诚然；这让人想起古希腊-罗马。然而，有史以来第一次，自古以来那些永远变动不居的、不可逆转的、奔流向前的事件连续体，连上了茫茫星河，无量数的恒星和诸有情世界。

在 18 世纪行将结束之际，拉普拉斯曾经心满意足：他提出了星云假说，以解释行星的形成。毫无疑问，这又意味着已逝天文时间之漫长。[6] 然而，拉普拉斯依旧没有发出 19 世纪将要发出的天问，他没有拷问世俗地球的冷却，也没有拷问太阳以多大速率消耗着自己的物质。在某种意义上，当他提出地球起源理论的时候，他曾经考虑过一个历史事件；但那只是一个遥远的、星光闪烁的猜测。然而，在达尔文的世纪，"过去"的独特性和一去不返的性质，却早早地显现出来。能量的本质也得到更好的把握，随之而来的是认识到了热力学第二定律和"热死"的涵义，那个定律无疑在威胁说：整个行星系统行将变成冷宫。岩石里埋藏着一个奇异的、一去不返的动物区系，那是居维叶以极大的技巧从遗忘之海中打捞回来的。国王和贵族在园囿和围场里展现了奇奇怪怪的、见所未见的、换言之"历史性的"生命形态，而这些形态引逗人去尝试通过育种者的选择之手，将一些"不存在"

---

6 莫尔顿 F. R. Moulton, "Influence of Astronomy on Science 天文学对科学的影响"，《科学月报》 *Scientific Monthly*, 1938, Vol. 67, p. 306.

从黑暗中唤出，赋以定形。谁也说不上来，人们检视了一百多年的"生存斗争"，为什么忽然就被好几个人几乎同时地看作一个创造性机制。从基本上说——这在达尔文之后达到了非常强烈的程度——人那是在调整自己，不光让自己适应无限的时间，更重要的是适应**完全的历史性**（historicity），**适应无穷尽出现的新事物**。从今以后，他的哲学就不仅要包括宇宙的日新，也要包括有机界的日新。光说人已经把握了时间还是不够的，哪怕把握了永恒也无济于事。这些东西，他们虽说在过去的不同文化中都已经把握过了，但从来没有过这个特别的"一直往前"的概念。要看见并再造过去，观察它如何塑造当下，人必须拥有下述的知识：日光之下**无非新事**，而它们都按照时间之箭的方向流动，一去不回；时间是不循环的，一去不回的，有创造之力的。18 世纪的"自然政府"已经不行了；古老的"充裕律 principle of plenitude"，上帝的无限创造力，如今直接导了自然界的战争。在这场战争中，随着时间的推移，有生之物被挤进或挤出生存，以彼此为代价扩张或收缩。无限创造力依然天经地义，但是，小心掌握的平衡却成了缺乏历史观点的幻觉。马尔萨斯的可怕计算——生物倾向于以几何级数增长，而资源充其量也只能以算术级数增长——在大众的乐观主义上投下吓人的阴影。尽管莱伊尔对生存斗争做了过渡性的处理（我们知道，他在其中看到了生态学上的收缩与扩张），但更加可能的是，新概念只有充分涵义，"它需要时间"才具有完全涵义。正如我早先着重指出的，有可能——实际上岂但可能，且能证明——达尔文和华莱士对于马尔萨斯原理的运用本是从莱伊尔那里学来的，然而却仰赖马尔萨斯作为他们的灵感来源。饶有趣味的是，华莱士第一次跟人交流自己发现的那篇文章，题目写作《论变种无限偏离原型的倾向》(On the Tendency of Varieties to Depart Indefinitely from the Original Type)，而在莱伊尔的《地质学原理》一书中，出现下面的文字，原是针对法国革命者的："……且让时光流逝足够长久，流过数百千年，让气候、自然地理及其他方面的情况发生革命性的重要改变 (important revolutions)，共同祖先的后裔在特性上就会无限地偏离自己的原型。"[7] 华莱士氏文章的标题与莱伊尔那句话的斜体部分如此接近，让我们有理由疑心，他在构思文章的时候，首先咨询的人是莱伊尔。然而，他自己却信誓旦旦地说，是马尔萨斯让他产生的这一想法。于是，吾人难免要说，马尔萨斯的数学方法中有种东西，对于自然选择原理的最初发现者们有所启发；这种启发效应与自然选择思想发表时对于公众的影响异曲同工。[8] 无论他们的灵感来自马尔萨斯还是来自莱伊尔，他们都似乎不得不承认，马尔萨斯才是最有力的权威来源。既然华氏接受了"无限偏离"云云的措辞，我们就可以说，当 1858 年之顷，华氏便代表了一个新的时间观念，代表了达尔文和他将要留给 20 世纪的遗产——换一个新世界。时间不再是一个媒介——那

332

7　第三版，伦敦，1834，Vol. 2, p. 325.（斜体是笔者加的——L.E.）

8　由于马尔萨斯的生物学观察很少有人评论过，我们或许应该注意：跟其他许多人一样，他也认识到，有选择的育种有改变植物和动物外观的效应，然而他将这种形式上的改变看作是发生在定义模糊的范围之内。

个处于"自然政府"治下的、能够自我调整的、永恒的机器世界赖以循环往复的媒介。相反，它是一条巨大的、混乱无序的亚马孙，漫过无法想象的茫茫荒野，一路倾倒出自己的荷载——"房屋，骨头，花园，厨师和钟表"。

好像非要将这个变化弄得更强调，1859 年，分光镜（spectroscope）也经历了最后的改进。随着伟大的科考远航开辟了海洋和大陆，亘古以来神圣不可冒渎的遥远九天，于今也可以分析研究了。在这个仪器发明之前，天文学家就可以从一点到一点地计算太空的遥远距离了。然而，他们只能通过半信半疑的推论，才认为自己所注意的发光体是由组成地球的相同的物质组成的。自从 1675 年牛顿发现了太阳光其实是由许多光线混合而成的，各色光线可以被弯曲，偏离自己的方向，而由一个透镜分离开，太阳的频谱原则上就是已知的了。大约在 1815 年，在慕尼黑的弗劳恩霍费尔大大改进了观察设备，能够成功地检查光谱中的阴暗条纹了。弗劳恩霍费尔的那些条纹一直没人重视，直到 1895 年，古斯塔夫·基尔霍夫（1824—1887）将它们与地球上各种加热的金属一一对应。这时候，开天辟地头一回，人们有可能窥知外层空间的物质组成了。这无异于用长把的勺子从滚烫的太阳和其他恒星的表面取得了样品。天体物理学终成现实。

"过去七八年来，所有这些令人惊奇、意想不到的现象都给人类认知带来了光亮，"当时的一个观察家这样写道，"这些发现愈走愈远，终于确立了拉普拉斯的假说：整个可见的物质宇宙都是物质演化的结果，起源于分散在空间区域的巨大气态或雾状的物质条带的凝结。"[9] 早在 1863 年之顷，人们就通过这一新的"恒星化学 sidereal chemistry"确认，整个可见宇宙中的物质，与我们自己的太阳系的已知化学元素基本相同。从冥王星猛烈的火焰和漂流的气体中，人开始谋求穿透"迄今为止隔开所谓的无机世界和所谓的有机世界的那层刀枪不入的薄纱"。[10] 公众对于此事的巨大兴趣，从专论分光镜和宇宙演化的科普文章的数量就可见一斑。一时间，对于新宇宙学的勃勃兴趣，跟达尔文学说的纷纷争议，其热闹程度不相伯仲，并且毫无疑问，这促成了对于达尔文学说的接受。从恒星到人类到诸有情世界，无不是出于那个星际气云，它短暂地闪亮了一下，随即消失在黑暗之中。如果永恒的星体都在自行转变，则吾人何疑乎一匹田鼠、一只忘记回归森林的猿猴身内所含之伟力呢？于今，时间已成为不同的东西了。它连古老的斯多葛派的稳定永恒都不是了。它乃是不可逆的、一去不返的东西。正如岩石里保留的生命记录所揭示的那样，它是寂寞远迈，它是奋身孤往。从已逝纪元的废墟中，吾人乃能追溯到那条遗传连续体的银线，蜿蜒向前，向着那永远矗立、永不可知的未来。

334

9　C. Pritchard, "Spectrum Analysis", *The Contemporary Review*, 1860, Vol. 11, p. 487.（斜体是笔者加的——L. E.）

10　同上，p. 490.

3 部分之间的斗争

进步主义一倒，确定的、前定性质的人类进步说随之消解于无形。早先，进步主义者曾前瞻性地看到了地球的早期阶段——那是一个伟大的序幕，其唯一宗旨就是引导人类上场，人类既已登场，生命就不再变化。[11] 自然选择说兴起，人类演化被认为不过是有形身体在修修补补的改变中世代相传，人，和所有其他生命形式一样，成了"'偶然'的孩子"。"达尔文理论的精髓，"海克尔写道，"就是这个简单想法：自然界的**生存斗争**之产生新物种，并不需要预先设计；并不像育种家那样，由人的意志做主，有预谋地产生新的变种。"[12] 整个那个柏拉图式的、预想性理想体式的观念，都已从这个体系中消失。一成不变的生物分类学原是幻觉，源自我们经验的局限。在现实中，每一个活物，都是从一个类型到另一类型的挣扎转变，就像我们在快速播放影片时所能看到的热带森林的生长。长期以来我们认为的物种稳定，只不过是由我们慢速的生活方式所造成的幻觉。

新的哲学堪称完胜。生存斗争，"自然界的战争"，凸显了出来，成了有机体生长的动因。在这方面，达尔文的阴影笼盖了19世纪余下的全部时间。不仅如此。它还提供了恰当的演示，

11 有那么几个进步论者，比如 Lord Brougham，愿意接受人类形成之后继续发展的可能性，但这种想法不代表这一思想者群体。这个流派特重神学，不可避免地遮盖了这样的创议。

12 《人的演化》*The Evolution of Man*, New York, 1896, Vol. 1, P. 95.

说明着一个成功的理论如何被用过了头。身体组织的合作方面，错综复杂的和谐互动，分子化学，等等方面，闹到几乎无人问津。相反，"斗争"则成了当日的主导母题。赫胥黎在 1869 年写道："一个很有可能的假说是：一般说来，世界之于有机体，正如一个有机体之于组成它的分子。分子有千千万万，倾向不一，彼此竞争，为的是自己有机会存活和繁殖；总的来说，那个有机体之为获胜分子的产物，正如一片乡野上的动物区系和植物区系之为这片区域内获胜的有机体之产物。"[13]

对于赫氏此说，达尔文有一番评论。他说："看见你说到分子之间的自然选择了。"吾人难免要疑心，达尔文这时候恐怕是带着一丝体己的窃笑。他先是表示欣赏赫胥黎氏的勇敢——勇敢从来都不是难事——接着就小心翼翼地补充道："对于你的说法，恐怕我不能苟同。"[14] 然而，狂风继续肆虐。德国杰出的胚胎学家威廉·库克斯乃发展出一套理论，论述一个有机体内部各部分间争夺营养的斗争。[15] 魏斯曼甚至走的更远。他把自然选择延 336 伸到种质（germ plasm）里的最小粒子里去了。你可以用带点形象化的笔法说：在一个受精的细胞中，包含着人的列祖列宗，无不在争着抢着要夺门而出重见天日呐！"每一头动物，每一棵草，"达尔文思量道，"都可以比作一片撒满种子的土壤，大多数

13　LLD, Vol. 3, p.119.

14　同上。

15　《生物体中各部分的斗争》 Der Kampf der Theile im Organismus, Leipzig, 1881.

种子很快萌发，有一些躺在那里休眠，还有一些死掉了。"[16]

这个话题就没必要长篇大论了。这个话题，迷魅了许多好人，在胚胎学方面产生了一些夺人眼球的论文，尔后，随着对于细胞机制复杂性的更好的理解，它就淡出、消失了。若要说它有什么作用，那么，它的确表达了那个时期思潮的一斑。生存斗争被人们设想得如此残酷，结果，单是一根改进的刚毛，一只一寸长的角，都会被认为在个体生存中起到决定作用。身体上任何变异，都会招来严重注意，而实际上不过是不能遗传的波动而已。错误强调于此可见一斑。

毫无疑问，在某种程度上，这种实用主义的强调的确是放错了地方。它把人们的注意力从更加不可思议的奥秘上转移开，最大限度地缩小了动物生活中合作的作用。在其更为荒谬的表现中，它让人的理性不免怀疑：假如有机体真的不外乎是一些相互争斗的粒子的集合，那，开初的时候它是怎么做到将这些部分集合成一体的呢？如我们在前面某章里所说的那样，达尔文也好，他的直接追随者也罢，对于有机体内在的稳定与和谐似乎都没有什么特殊感觉。他们在对于外部环境斗争上的观念的成功，使他们通过同一副眼镜看待所有事物。整整一代新达尔文主义者都坚执这一观念。[17]

16　VAP, Vol. 2, p. 483.

17　见 E. S. Russell, "Schopenhauer's Contribution to Biological Theory 叔本华对生物学理论的贡献"，载《科学、医学和历史》 *Science, Medicine and History* 一书，编者 E. A. Underwood. Oxford University Press, 1953, Vol. 2, pp. 205-206.

4　进化与人类文化

　　无独有偶。正当进化哲学发展之时，人类学作为一门科学也在兴起。尽管近年来有一种社会人类学的倾向，就是不顾生物学领域的进展而专心搞自己的一套，尽管这也是专门化使然，但这样的取向不无可议之处：无论如何，了解下过去这两个学科之间的联系还是不无帮助的。我们既然已经长篇大论地检视过生物演化的历史，我们就已经能够看到：任何错误和愚蠢，凡在有机体演化理论的创立过程中固化了的，都不免会在社会研究领域得到复制或产生类似东西；另一方面，为将生物学理论从这些困境中解脱出来而采取的一些步骤，在特定情况下，也被同样成功地用于人类学。

　　实际上，生物学思想和人类学思想一向相互影响着，在长时期内共同营造了知识气候。是人对自身的好奇心，延伸到了他周围世界的起源，才导致了对于演化过程的发现。尽管基督教世界在那之前在创世问题上一直从字面上理解圣经，认为那是一次性的神意施为，同时，它也从没有把自己同下述的科学思想截然分开，那个思想是：较简单的有机体不断地通过自发产生（spontaneous generation）而出现。与此同时，它还从亚里士多德的希腊世界继承了一种分类学阶梯，那是一种冻结了的演化，表现形式就是生物标尺论。[18] 在现代科学之前，由于在西方人的头脑中上述三个似乎互不兼容的信条并行不悖，思索的种子俯拾即是。比如，我们能注意到，拉马克的演化论，实际上就包含着对于自发产生的身体部分的使用，同时包含万物标尺说的解冻。当论及人的时候，他使用了 18 世纪一个广泛相信的社会理论，那就是：自然状态下的人跟现存猿类没有区别；从航海家对猩猩的描述中，我们看到，它就是我们这个物种里不会说话，或没有其他社会倾向的成员，简言之，它是身体方面的，也是"文化上的"活化石。法国启蒙思想者们认为，人的历史有个特点，就是能在社会状态中展现更高的心理属性，逐步获得智慧。他有可完善性 (perfectibilite)，能够进步。[19] 在某些写作里，包含着一些潜藏的生物学思维的成分，这一点从孔多塞的论说中即可看出。他说，"有机体的可完善性，或见于植物界和动物界中多种品系的退化，可被看作是一条普遍的自然规律。这条规律也适用于人类。"[20]

人们有时不免要斗胆设想，是"社会进步"这一思想的增长和普及，导致了进化思想的发展。用不着刻意无视这个影响，人

18　E. T. Brewster，《创世：非演化理论史》Creation: A History of Non-Eoolutionary Theories, Indianapolis, 1927, p. 81.

19　A. O Lovejoy, "Monboddo and Rousseau 孟伯窦和卢梭"，《现代语言学》Modern Philology, 1932—1933, Vol. 30, pp. 277–278.

20　Antoine-Nicolas de Condorcet，《人类思想进步简史》Sketch for a Historical Picture of the Progress of the Human Mind, 1795, Noonday Press ed., New York, 1955, p. 199.

们仍可看到，两个观点似乎一同兴起，而从一开始，特别在法国，不同领域学者的观念之间就有了可观的互动。无论如何，只有地球年龄的延长和古生物学对于过去知识的增加，包括那成群消失的动物，才能驱除早期进化思想表述中的某种漫不经心。只有到了生命的整个深度和令人惊讶的有机多样性为人所知的时候，进化的观念才变得重要起来。

我们前面说到，在 17 世纪和 18 世纪，直线发展的自然标尺说，把人放在了动物界的顶端。在他下边，是一溜阶梯，一级一级下去，直到纤毛虫类。这个链条被认为是一单溜不间断的台阶。这一观念的存在，导致一系列观念：各个种族群体占据这一阶梯不同位置，一头是西方高加索人，一头是大型猿类，各种族群在两者之间。社会学者，如孔多塞者流，倾向于认为野蛮人是可教育的；实际上，也有一些学者，直到 19 世纪，仍认为有可能教会猩猩说话。然而，随着蓄奴制和帝国主义的扩张，那种认为"现存种族是固定不变的，是生物学决定了的，他们低于西方人"的观念顽固不化，在有些情况下还变本加厉，成为一种方便的合理化。文化发展水平常跟生物学潜能相混淆。现存生物标尺观念的影响力如此之大，以至于直到 19 世纪，还有人汲汲于寻找现存的人类"链条"。

1816 年，居维叶与单一直线发展的生物标尺说分道扬镳。取而代之的，他引入四个生物大组，他认为它们的解剖学结构不可能彼此关联，而并入一单个逐级上升的分类学系统，无论是以抽象的计划单位论，还是从进化论方面讲。卡尔·冯·贝尔

（1792—1876）取径比较胚胎学来解决这一问题，稍后又演示说，上述四个大组，每一组的卵都经历单独的发育型式，跟另外几组在发育阶段上不显示任何关联。贝尔和居维叶都不是进化论者，但两人都对进化论事业的最后胜利做出了重大贡献。两人都跟有机体直线相连的观念分道扬镳，让后来的研究者看到了，比如软体动物类的进化，乃代表生命进化树上的单独分支，假如跟脊椎动物有什么联系的话，那也是非常遥远的联系。它们跟人不在同一条标尺上。在叶子上沿自己黏糊糊的小道游行的菜园蜗牛（garden　snail），并不是脊椎动物的先祖。相反，它是沿着自己的发展岔道前行。

340

正是在这一点上，我们能够看出，在生物学中的形态学革命和后来 20 世纪发生的对于文化发展中直线发展范式的反弹，两者之间好有一比。正像早期达尔文主义者们只能高估人与现存猿类之间的密切关联，19 世纪的社会进化论者也是一样，显示了一个倾向：拿过现代未开化民族的各种各样的无文字文化，将其安排成某种系统发生顺序，让它导向先进的西方文化。没有人尝试观察这些群体的实际运作。他们基本像生物学家看待大型猿类那样看待那些群体：它们是现存社会形式的祖先形态，幸存到了现在。

正如生物学家必须脱离"现存猿类全等于我们的第三纪先驱"的观念；正如有必要不再将现存大猩猩和黑猩猩的特点投射到不常见的人类种族类型之上一样，类似地，也有必要脱离一个特殊的社会思维习惯。正如居维叶对于 1816 年那些生物学模式的重新评估产生了影响一样，韦斯特马克于 1891 年质疑运用直线发展"进步"观来探讨特定社会建构的"起源"，也在英国社会人类学领域引起一场温和的阵风。事情渐趋明白，而且 20 世纪的人类学必须强调的是，"世界上每一种文化都有自己独特的历史，因此我们不能说，当今世界上能观察到的任何文化是任何其他文化的早期形式"。[21] 同时代的文化，跟人、猴子和猿类一样，都有自己独有的历史路径。

　　承认事实，并不意味着拒绝，人跟猿有真正的形态学上的 341 亲缘关系，也不是说，孤立的小型社会就不能给人类在这种情况下的心理状态投下一般的光亮。然而，这是一个遥远的呼唤，发自遥远的维多利亚时代生物学家和人类学家两方耽于持有的那个更为死板僵硬的种族中心论。

　　在生物学界的理论发展与人类学事件之间也有一比。我记得，我曾经接触到达尔文的基本兴趣这个课题：生命形式在环境的选择影响下发生的改变。我曾不无痛苦地指出，达尔文，由其兴趣的真正本质所决定，本应是一名研究动物和植物个体特征的学者。他主要关注的本来是差异及其遗传性，满眼都是不固定，变动不居，可以改变。以他那样对于生物学这一方面的辉煌理解力，他居然对于有机体本质这件事本身兴趣缺缺，这不能不令人纳罕。或许，这一事实能部分解释他对他的先驱者及其抽象观念

　　21　C. W. M. Hart, "Social Evolution and Modern Anthropology 社会进化与现代人类学",《政治经济学论文集》*Essays in Political Economy*，编者 H.A.Innis, University of Toronto Press，出版日期不详。p.114.

何以漠不关心。偶尔地，当他面临挑战，必须解释要求身体其他部分同时改变，以便成功适应的那种变异的时候，他只是语焉不详地提到某种"神秘的相关变异律"，那是附和了居维叶的观念。

然而，很明显，处在这些内在的身体奥秘当中，达尔文感到很不舒服，而真心不喜欢探究这些奥秘。我们已经注意到，他的一些追随者有个倾向，就是试图将自然界的战争直接投射到身体里去，让那个给了"外部"如此多解释的方法，也对内部的组织有解释力。通过归谬法（reductio ad absurdum），每一个活的生物都可以简单地还原为一袋子相互斗争的分子，以某种方式从个体的混沌里创造出秩序。人们或许疑心，既然在生命的出现和演化问题上崇奉偶然性原则，如果有一些话题暗示说，身体的组织和协调行为，超出了他的理论所能笼盖的范围，那么，要叫他注意这些话题，肯定不合他的口味，让他不舒服。

他又绝顶聪明，知道完完全全置之不理，殆不可能。但是，就像在"神秘的相关律"案例中一样，他总有办法短短一句话或一段话就把这类话题打发掉，然后赶紧回到自己最钟情的话题上。这样一来，就很难发现他对于生物组织问题有什么真实想法。不难设想，他对那个问题想得少之又少，而认为身体就是"天经地义"的事情，不加论证，便接出下文。达尔文"感觉"极好：有些研究，让他有可能使用他得心应手的手段加以解决，他的反应便极其灵敏。责怪他是无补于事的。有精明的经验主义敏感性，能躲避开当时无法解决，或容易流于玄学或抽象说教的难题，这无可厚非。然而，话又说回来，要发现达氏对于"有机体的生命是一个运行着的整体，只有内部协调良好才能对外执行功能"这样的命题有多么深邃的认识，也很困难。我们说过，他是一个分离主义者，一生专治部分及其改变。他把有机体看作一团有形的云，老在偶然之风的作用下变幻其"形"，而他感兴趣的，仅仅是它的"体"如何排列和演变。至于那团云的内在本质，它之所以为云的稳定性，尽管它可以被抻长拉扁，或者由时间和环境条件的力量压结实了，它仍是一团云——所有这些，他是不为所动的。

非常有趣的是，我们发现，赫胥黎跟他不同，他就在投降达尔文假说之前，还着迷于生物大类的稳定性：

"不但所有这届造物中的现存动物是依据上述五个蓝图组织起来的；而且，古生物学倾向于表明，在地壳含有记录的无量数过往时代中，并无其他关于动物生命的蓝图在我们星球上出现。**这是一个惊人的事实，这个事实对于'动物生命可能是偶然发展出来的'这个见解构成不小的障碍。**"[22] 343

时到 1862 年，他还表示惊讶，"不惊讶于生命的变化……一向如此巨大，倒是惊讶于这些变化如此之小"。[23] 展读赫胥黎氏的早期文章，吾人有一种感觉：他的兴趣宁是有异于达氏的；而他

22　"On Natural History as Knowledge, Discipline and Power"论自然史是知识，是学科，也是权力（1856），《赫胥黎科学回忆录》*Scientific Memoirs of Thomas Huxley*，1898，Vol. 1，p.306.（斜体是笔者加的——L. E.）

23　Anniversary Address 周年讲话，《伦敦地质学社季刊》*Quarterly Journal of the Geological Society of London*，1862，Vol. 18，p. 1.

后来对于达氏理论的皈依，更像是站队，而不像是知识储备上有了什么明显的改变。显而易见，他的兴趣，在于形态的稳定性，在于是什么力量，维持着基本的组织蓝图，在整个整个的时代和纪元中维持得如此坚定不移。后来，他为了达尔文而进行的长期战斗，让他偏离了这个相当有道理的思维领域。

在人类学领域，我们可以再次看到，在探求文化特性和文化复合体（complexes）在广大地区扩散的一个时期之后，在设想文化乃是"出自许多来源的混杂零碎特质组装而成的'百衲衣'"的一段时间之后，事情开始明朗了：不管这些特质最初是从哪来的，它们都被纳入一个按功能运作的社会，而由内在的组织力量加以重塑了。正如达尔文一向是部分论的，社会科学领域的这些早期研究，在很大程度上，也只顾关心他们捡来的那些建构和信念之遗骨。那内在的一致性，那个活着的社会，则逃过了他们的注意。那时候，纯粹描述性的民族志学者（descriptive ethnographer）大行其道，几十年时间，耗费在制作"进化"这件描述性绣品上。我无意责难这些研究，我只想说，事后证明，那些研究，生物学的也好，社会人类学的也罢，都不足以解决所提出的问题。正是在那时，用路得·本尼德克特的话说，各种文化开始像名人一般显赫，"高大形象被搬上银幕，拍成大型专题片，给予很长的时间跨度"。对于这一题目，涌现各种观点和文章，光是先锋人物就有马林诺夫斯基，拉德克里夫-布朗，米德，哈洛韦尔，克拉克洪，以及众多其他人，这些观点和文章，由于本书篇幅所限，不可能一一列举乃至一一讨论。我在这里只

是想指出，正如生物学领域由于人们认识到生物的内在协调性和
自我调整而最终出现整体论和有机体论路径，在社科领域也出现
类似情况。

像有机体一样，社会对来到自己这里的物质材料也有纳有
拒。常常，像有机体一样，吸纳的东西也以一定方式被加工，这
个方式就是，当它作为社会肌体的一部分重新出现的时候，它已
经被改造成适合某一目的，而这一目的是易时易地便不能逆料
的。有时候，一个给定社会，其心理学集合或禀赋，将会在政治
结构（political independence）乃至物质技术改易或消亡之后长
期不变。有一种内在聚合力，它是社会意识（the social mind）
的结晶，就好像身体之有体格特质、有固执不变性，是一个有机
体谐调行为的一部分一样。然而，随着人类大脑的出现，还有社
会的出现，在社会中，社会传统构成新的遗传形式，另一个世界
对人敞开了——从地质时间观点看，这个世界他只拥有几秒钟
时间。重要的是，他的新力量和新局限应得到恰当评估，因为只
有这样，才能指望他享受未来。别忘了，以地质时间论，我们或
许还算生活在复杂人类社会的黎明时分，而这是至为不幸的事
情，因为人，在逐渐了解自己的遗传历史的同时，也继续审视过
去。这是一个包袱，这是科学，尤其是进化生物学，加在人的肩
膀上的，即使肩膀已经尝试过摆脱迷信的枷锁；简言之，人，正
在获得关于自己卑微身世的自卑感。对于他没有做成的事情，破
灭的梦想，这种感觉给他提供了合理化解释。

这种情势是怎么来的？达尔文的一个同时代人如是说："'人

是畜生'，这是我们一代人最大、最特别的自然科学发现。"[24] 这番话说的是，达尔文的全部心力集注于过往。情势如此，是自然的，是常态的，是对于第一次发现生命有历史承续性的世界意料之中的反应。然而，这是对过去的紧紧依恋，它说明了我们太看重"在家"的伟大感觉。在一个"人总是渴望超越自己"的世界里，应当有通过自己本性而推演出来的其他愿景。

人被说服，他原是兴起于第三纪晚期的一族类人猿。通过一番神经学和心理学的研究，他意识到，他的大脑是一个历经地质时期之久逐步累积而成的不完善的工具。它的一些操作层面比另一些层面更加原始，更加古老。现代人得知，我们的头脑，或包含怪异的、非理性的阴影，那是从低于人类的阶段带来的遗物，这些阴影，压力之下，有时会拉长，黑暗地投射到我们理性生活的门槛之外。人已经失去了 18 世纪对于纯粹理性启蒙力量的信念，因为他已经得知，他不是一头一贯讲理的动物。我们被自己的黑暗本性吓到了；我们不是想，"于今咱们是人，而不是野兽了，所以得活出个人样儿来"，而是警惕怀疑地瞅瞅彼此，心里嘀咕，"我不会信托任何人。人是恶的。人是畜生。他是从黑暗的树林和洞穴来的"。

346 　　正如赫胥黎所言，很容易叫人相信自己是猴子。我们内心里都知道这个。真正的努力在于说服自己：我们是人。然而，从前，在什么地方，一帮子猿类——粗野，残忍，脾气凶暴，不

24　William Graham，《科学的信条》*The Creed of Science*, London, 1881, p. 161.

会说话——开始学人的行事，这回终于是人了，但去古未远，远得远远不够。我们内心里可能有一个畜生限度，但达尔文没给我们划定这个限度。一心一意搞物质机器进步真的是量小易满。我们进而还致力于精神追求，要建立世界上所有伟大道德导师谋求着灌输到自己的追随者心中的那个"内在王国"。

在汲汲于传达一个伟大科学真理的时候，很自然地，比达尔文还要执着于达尔文教条的达尔文追随者们，一遍又一遍讲述关于过去的故事，要么就试图冲破那个依然横亘在宇宙演化与有机界演化之间的屏障。海克尔就在 1877 年的一番谈话中坚称："细胞包含着叫作细胞质的物质，那种物质主要是由碳组成的，掺和一点氢，一点氮，一点硫。这些组成成分，恰当地结合一起，就产生生机勃勃的灵魂和形体，保育恰当就成了人。单凭这一论点就解释了宇宙的奥秘，神性不作用了，从此开辟了无限度追求知识的新时代。"[25] 不难看出，这实在是一单非常巨大的生意。

今天，没有一个通情达理的科学家会设想，哪怕他在试管里成功地创生了简单的生命，也不会设想，他凭那个东西就能解释宇宙的奥秘。海克尔的那番话，取决于一个反神学的偏见，和一个为生民立命于"自然"世界的愿望。研究进化论的博物家 W. H. 多德斯韦尔最近说："一味专注于过去的研究，势必要遮蔽现在和将来，从而抱持一个想法，认为进化的进程眼下陷于相对 347

25　转引自 W. S. Lilley，文载《双周评论》The *Fortnightly Review*，1886，Vol. 39，p.35.

停顿的状态，要么就是进展太慢，以至于看不出进展。"[26] 从道德伦理立场看，除非多少考虑到人类心灵方面的自然发生，从而有所制约，不然的话，在不明事理者的手里，这些研究就可能导致对万事万物的某种自满的默许，只除了对于越来越多的物质进步，也就是货财、舒适和官能享受的渴望。

假如进化论对我们有过任何教益，那就是它教会了我们，生命具有无限的创造力。无论一个人接受亨利·伯格森的过程观与否，他作出的最深刻的论述就是，"生命的作用，是往物质里面插进一些不确定"。能做多项选择的高级大脑，在这个星球上，只有人能够代表。他是一个"不确定性的水库"，盛满了为善为恶的无尽可能性。他是大自然摆脱低等世界那对于本能的盲目驯服的最伟大尝试，摆脱在其他所有生命形式中那些演化力量，那些力量表现多样，无所弗届，直达环境中那些狭隘的角落和缝隙。华莱士看到，并且是正确地看到，随着人的崛起，"部分"的演化在很大程度上过时了，而大脑则成了人类命运的仲裁者。

然而，达尔文主义者们本质上是些生物学者。他们习惯于处理低等动物，处理本能，处理遗传习性，处理关于有机体对改变作出反应的研究，而昧于观察生物如何控制自己的环境。他们倾向于将文化行为与他们所远为熟悉的遗传行为混淆起来。他们可以严肃地谈论其他物种似乎"不及我们的狗和马更通人性"，

---

26 《进化的机制》*The Mechanism of Evolution*, Heinemann, London, 1955, p. 1.

但论及是何种社会态度导致了这些启示录般的论调，他们却显然无感。20世纪初年孟德尔遗传学的发展加强了一个严重的倾向，那就是以本能说事儿来界定人类的心理状态。[27] 我们所谓的习得的行为模式，有很多被威廉·詹姆斯，桑代克和其他人标签为遗传本能。生物学的胜利那时正影响着其他领域，这种影响，很像今天的原子物理学的胜利。自私，占有欲，反对妇女权利，都曾在一时间从本能、从"人性"得到辩护。谋求改良或消除比如战争等社会弊病，被认为是"反本能"。当然，反对本能就是干预进化过程，干预生存斗争中所蕴含的神秘莫测的选择智慧。

在这种态度里，在这种不情愿干预"原始人性"的态度里，有可能窥见19世纪思潮中最大的顽固盲点。在这方面，达尔文本人也难辞其咎，尽管没有理由为其追随者所犯的哲学罪恶而责难于他。在他论证自然选择的时候，以及论证演化之偶发性质以针对进步论者的玄学信仰的时候，达尔文在《物种起源》一书中纳入了他那个时代很有势力的实用主义哲学。他非常重视自私的动机，尽管他也承认，群居性动物也固化一些有利于群体的适应性改变。不过，总的说来，他极少注意到后来引起克鲁泡特金亲王所注意的生命当中的合作倾向。[28] 实际上，他对身体本身所表现的合作现象所表示的，正包含这同一种怪异的冷漠。然而，我

348

27　Merle Curti, "Human Nature in American Thought: Retreat from Reason in the Age of Science 美国思想中的人性：从科学时代的理性中退步", 《政治学季刊》 Political Science Quarterly, 1953, Vol. 68, pp. 495－496.

28　《互助论》 Mutual Aid, 1902. （版本众多）

们所居存的这个躯体，正是由成百万个无私劳作与合作的细胞组成的。在长期的进化过程中，一些细胞加入别的细胞个体，甚至

349 不惜牺牲自己以便建造那个更加庞大的个体，而对于那个个体它们一无所知。细胞本身，也是一个实验室，在那里，化学过程在以令人惊叹的谐调方式进行着。正如伯格森在什么场合所说，一个世代，满怀爱意地俯身向下一代的摇篮。所有这些，所意味的并不是达尔文主义者们所孜孜以求的生命方面，而是另外的方面。W. C. 阿利教授的一番话，简洁地表达了更为现代的观点，他不久前说，"动物的亚社会性和社会性生活，显示出两个主要倾向：其一倾向于攻击性，这在人及其脊椎动物伙伴那儿发展得最充分；其一倾向于合作，这些合作，在较低等生物是无意识的，在较高等动物则是有意识的。我跟各种各样的同伴长期实验过两个倾向。其中，朝向合作的驱动力……更为难懂，而更重要。"[29]

5　非决定论的作用

我们前所论述的达尔文思想中的盲点，不限于在漫长的生命史中合作与斗争两面之中不辨轻重。进化论思想还有另一面亟待澄清。我们已经言及，人类大脑是一种非确定性的器官。我们

---

[29] "Biology"生物学，载《什么是科学？》*What Is Science?* 编者 James R. Newman，New York: Simon & Schuster，1955，p. 243.

已通过华莱士看到大脑摆脱机械式特化的能力，它能创造一种自由，那是这个星球上任何其他创造物都不曾有过的。颇具讽刺意味的是，那个自由，那份自主选择，居然诡异地代表了伊拉斯谟·达尔文和拉马克的迟来的胜利。[30]

在这里，意志力终于在自然界占据了一席之地。这个位置，350或许不是这些进化论者所预期的那个位置，而是它终于在人类文化大戏中扮演的角色，这是他们的科学继承人所不能否认的。人的头脑，由于其非确定性，由于其选择的能力和文化交流的能力，由于思想的伟力，已经到达摆脱那个决定论世界控制的边缘——那个世界是达尔文主义者们无意中给人类戴上的枷锁。生物学极端分子加在他身上的那些与生俱来的特性，这下子破碎了。人不是一个事儿，他是许多事儿：他变化多端，他不可捉摸，他能行大善，他能作大恶。他就是他所是的样子——是一个非确定性因子的水库。他代表真正的意志力的胜利，生命几近摆脱了那些造就它的力量。在我们所处的西方世界里，只有一个过时的力量威胁到人类，要摧毁那个希望。那就是他将"进步"一词混同于机械的延伸——那不过代表了他对于生物性选择那个原始荒野的胜利。在某种意义上，这一混淆代表着倒退。那是没有看到，没有与之相伴的内在胜利，机械的胜利乃代表返祖现象的倒退，倒退到了旧时生物学里"部分"的进化所代表的竞争和灭绝。说到人的案例，斗争当然隐蔽着，投射到他的机器里；

30　David Bidney，《理论人类学》*Theoretical Anthropology*，Columbia University Press，p. 82.

然而，现代国家的政府倾注巨额财富于研发战争工具，却揭示某种利维坦，那是恐龙时代的现代回音。这一态度也不限于需要防御的紧急情况。它乃坚执一个理念：所谓体面生活，仅仅与大马力家用汽车和最好的俱乐部才有的社交设施相联系。它是维多利亚朝理念的20世纪版：文化质朴的人种无非是"道德的化石"。

数年以前，在墨西哥的一片僻野之区，笔者和他的伴当迷了路，来到一个墨西哥劳工的营地，筋疲力尽。这个人，他的妻子和新生婴儿在一个用木棍搭建的小小棚舍里栖身，棚舍那么小，你只有手脚并用才能爬进去。他温文和蔼地为我们供给了吃喝。令我们惊讶的是，他温和地拒绝接受任何报酬，带领我们走到他那片不毛之地的边缘，把我们领上正确的出路。夫妇俩举止中有种贵气的质朴，在他们的木棍小窝里，那种生活完全比得上北边那块大陆的优雅生活。那样的生活，不需要机械力的延伸，不需要管家端着闪亮的盘子。我们共用一个容器喝水。我们像在一个高门大户的台阶上那样鞠躬交谈。我看了他的眼睛，从那里看到了，对于自我的超越，用不着求之于外部世界或机械力延伸。那些东西不过是特化进化的另一个版本。它们可以用来助人益人，如果你能实事求是地认识它们；然而，决不要把它们混同于另一个王国——内在王国。在那个王国里，人永远是自由的，这个自由能让他成为他自己都意识不到的更好的他。正是在这里，他所梦想的进步终于能见见了。那就是自从人成为人之后他的伟大道德导师一直告诉他的事情。这个是他的真正世界，而另一个，那个令人目迷心乱的机械世界，对善人或许是有用的，但并不是说它本身就是善的。它的五光十色都是人的大脑赋予的，而人却浑然不知。一旦知道，他将达成完全的自由，脱离达尔文所看到和描画的世界。

不过，关于查尔斯·达尔文，这个不见此星球全牛、只见其皱巴外衣的人，这个看到雕齿兽和人，都无差别地顺着时间之箭的方向往下流淌的人，还有最后一件事情要说。他是个艺术大师，悲悯地进入生命世界。青年时候，在某个地方，在繁星满天的安第斯夜晚，或者，独自在荒岛野泉边喝着清清泉水的时候，在那里，从没学会怕人的野鸟落到他肩上的时候，查尔斯·达尔文看到了幻象。那是一个活的存在所曾获得的最伟大的洞见。赫顿听到了苏格兰山溪摄人心魄的咆哮，史密斯看见一挂脆弱的阶梯，摇摇摆摆垂入已逝时代的深渊；而他，则把两人的知觉结合为一了。他的先驱者中没有人留给我们这样的讯息；没有人以同样方式，在如此广阔的视野中看见过这整个生命世界的远景。还可以补充一句：没有人带着如下句子里所含的悲悯说出："假若我们放飞想象，那么，动物，我们那些生活在疼痛、疾病、苦难和饥馑中的同胞兄弟们，我们那些至为辛劳的奴隶们，我们一起娱乐的伙伴们——它们或许分享着我们的起源，我们乃来自一个共同的祖先——我们或许会融为一体。"[31] 达尔文在笔记本里写下这段话的时候，才 28 岁。即使他从没有构想出自然选择理论，即使他从没有写出《物种起源》，这段话仍然会像先知的预言般

352

---

31 LLD, Vol. 2, p. 6. 1837 的笔记本。

万古不磨。今天，没有几个年轻人会从生物学课堂走出来，停下脚步，指头间夹着一朵黄花，友善地把它插到校园池塘边晒太阳的乌龟壳下，能够对自己说："我们是一个——融合一起。"因了这个，如同因了《物种起源》里那番结结巴巴、要言不烦的推理，达尔文的阴影将会远远地投向未来。那是他从那位英格兰牧师－博物家手里继承到的遗产。

名词解释

均变说 *Uniformitarianism*，科学思想流派，一般与詹姆斯·赫顿和查尔斯·莱伊尔爵士等名字相联系。学说认为，地质现象是自然力的产物，而那些自然力的作用时间极其漫长，速率相当均一，尽管未必完全均一。做了些许修正后，该学说成为20世纪的地质观。19世纪初，这个学说大力反对——

灾变说 *Catastrophism*，地质观，将地球具地层结构这一特点（stratigraphic）解释为在一些长期的平静地质时代中（interspersed）一系列突然、暴烈和灾难性（cataclysmic）扰动。这些扰动常被视为具世界规模，而其效应对于全球的生物完全或几乎完全是致命的。这一理论暗示，在当前时代亦有一些不为人知的力量在起作用，于是就带有一些超自然的味道，尽管其倡导者中那些较多科学头脑的人士并不总是这样表述或宣称。每次这样的灾变过后，都会有新生命创生出来，这一事实加重了该理论的超自然意味。质言之，灾变论代表着摩西律法所描述的创世图景与18世纪末、19世纪初地质学知识的增进之间的一种调和。生物学方面与灾变论相提并论的是——

进步主义 *Progressionism*，认为历经一系列地质时期，生命一直从较为简单的形式向较为复杂的形式攀升。该信条并不意味着从一种形式到另一种形式的诞降，而是认为愈来愈高级的造物连续出现，直到人作为最后的成就登场。这样，生物形态的同一性并不是"经调适而诞降"的产物，而是一系列的造物，只跟某种抽象的同一性相联系，而那个同一性就存在于上帝的心中。跟这个观点相对立的，是那个短命的——

非进步主义 Non-progressionism，由莱伊尔提出，相当于极端均变论在生物学的对等物。非进步主义反对连续的和前进的造物论，方法是显示，较高级和更复杂生命形式如鸟类和哺乳类实际上在古老地层中就已存在。该理论在表述上有些模糊性并设置了一些条件（qualifications）。存在时间不长，然而它代表了前达尔文时期避免超自然主义的尝试；超自然主义令均变论地质学家感到非常讨厌，因为它更喜欢说大自然的神秘力量，而不说未知的神秘力量。最后——

发展主义 Developmentalism，后来称作进化论（evolution），兴起来，是进步主义与均变论自然哲学的合流。进化论的产生，端赖查尔斯·达尔文通过自然选择原理，为以往世界植物区系和动物区系的变迁提供了自然的解释，也就是均变论的解释。

鸣　谢

　　蒙宾夕法尼亚大学行管部门惠予准假，使笔者得以在期间完成大部分写作任务；温纳－格伦（Wenner-Gren）人类学基金会惠予财政支持；美国哲学会惠予机会，让笔者利用其丰富的达尔文文献，并特许引用两封未刊信件：笔者在此一并致以谢忱！

　　此次出版，我做了些微修改，主要是提醒读者注意我最近对于爱德华·布莱斯（Edward Blyth）的研究。其他方面一切仍旧。

洛伦·艾斯利（L. E.）

宾夕法尼亚大学

1960 年 9 月 16 日

常用出处代码表

脚注中经常提到的出处，首见出全称，之后由以下代码字母表示：

D《查尔斯·达尔文贝格尔号航海日记》*Charles Darwin's Diary of the Voyage of H.M.S. "Beagle"*, edited by Nora Barlow, Cambridge Univ. Press, 1933.

FO《物种起源一书的基础》*Foundations of the Origin of Species*, edited by Francis Darwin, Cambridge Univ. Press, 1909.

JR《贝格尔号航海日志》*Journal of Researches*（1839）, facsimile reprint of the first edition, Hafner Publishing Co., New York, 1952.（即坊间流行的《贝格尔号航海志》。本书中为行文考虑，或简称《航海日志》，或《日志》。与《日记》有别。）

LLD《查尔斯·达尔文生平和书信》*Life and Letters of Charles Darwin*, 3 vols., edited by Francis Darwin, London: John Murray, 1888.

LLH《托马斯·赫胥黎生平和书信》*Life and Letters of Thomas Henry Huxley*, 3 vols., edited by Leonard Huxley, Macmillan & Co., London, 1913.

LLL《莱伊尔生平，书信和日记》*Life, Letters and Journals of Sir Charles Lyell*, 2 vols., edited by Mrs. Katherine Lyell, London: John Murray, 1881.

MLD《查尔斯·达尔文书信续编》*More Letters of Charles Darwin*, 2 vols., edited by Francis Darwin and A. C. Seward, London: John Murray, 1903.

N《查尔斯·达尔文和贝格尔号的航行》*Charles Darwin and the Voyage of the "Beagle"*, edited by Nora Barlow, Philosophical Library, New York, 1946.（此书收录达尔文航行途中的原始笔记。）

O《物种起源》*The Origin of Species* by Charles Darwin, reprint of the first edition, Philosophical Library, New York, 1951.（除非另行标明，则 O 均代表本版。）

PG 莱伊尔《地质学原理》*Principles of Geology* by Sir Charles Lyell, 4 vols., third edition, London: John Murray, 1834.（除非另行标明，则所有引用均出本版。）

VAP《驯化下动植物的变异》*Variations of Animals and Plants under Domestication* by Charles Darwin, 2 vols., Orange Judd & Co., New York, 1868.

本书所用部分术语见 399 页"名词解释"。

译者附记

　　本译由李超和李绍明合作完成，李超翻译了第一章到第八章，李绍明翻译了第九章到第十二章。由李绍明负责全书通稿和其他部分（包括全书脚注）的翻译和编排。

　　原书附有总共 6 页、包含 95 题的参考书目。那是作者撰写本书时参考过的大量已刊未刊文字材料的部分出处，可视为探索进化学说形成过程的基本材料。鉴于这些书（文）目基本已详见于本书脚注，且对汉文读者意义不大，兹径从略。

　　还要再补充一句。本书作者在正文中，为了着重而对一些文字加了斜体，本译汉文统作黑体，但此等处所所加的说明，仍作"斜体是笔者加的"云云。

　　还要真诚地说句套话：译者水平有限，错误在所难免，望读者朋友不吝赐教！

李绍明

2019 年 12 月 30 日

威海寓中

扫描二维码，进入一推君的
奇妙领地，回复"达尔文"，
获取本书索引

图书在版编目（CIP）数据

达尔文的世纪 /（美）洛伦·艾斯利著；李超，李绍明译 .—长沙：湖南科学技术出版社，2023.5
书名原文：Darwin＇s Century
ISBN 978-7-5710-1301-1

Ⅰ.①达⋯　Ⅱ.①洛⋯ ②李⋯ ③李⋯　Ⅲ.①进化论 - 研究　Ⅳ.① Q111

中国国家版本馆 CIP 数据核字 (2023) 第 039107 号

Darwin＇s Century
Copyright ©1958 by Loren C. Eiseley
This translation published by arrangement with Doubleday, an imprint of The Knopf
Doubleday Group, a division of Penguin Random House, LLC.
All Rights Reserved
湖南科学技术出版社独家获得本书简体中文版出版发行权
著作权合同登记号：18-2023-076

DAERWEN DE SHIJI
达尔文的世纪

著者
【美】洛伦·艾斯利

译者
李超　李绍明

出版人
潘晓山

策划编辑
吴炜

责任编辑
吴诗

出版发行
湖南科学技术出版社

社址
长沙市芙蓉中路一段 416 号
泊富国际金融中心

网址
http://www.hnstp.com
湖南科学技术出版社

天猫旗舰店网址
http://hnkjcbs.tmall.com

印刷
长沙鸿和印务有限公司

厂址
长沙市望城区普瑞西路858号

邮编
410200

版次
2023 年 5 月第 1 版

印次
2023 年 5 月第 1 次印刷

开本
880mm × 1230mm　1/32

印张
13.125

字数
278 千字

书号
ISBN 978-7-5710-1301-1

定价
89.00 元